초음속 시대!

일반적으로 물체가 시속 1,000~2,000km로 이동하는 것을 실현하기 어려운 기술이다. 국내 기술진은 T(FA)-50에 이어 KF-21 초음속 전투기 개발에 성공했다. 초음속 항공기는 아음속 항공기의 공기역학뿐만 아니라 음속을 돌파하기 위한 구조 면에서 다르게 설계된다. 항공산업은 완전 전기 수직이착륙 항공기부터 초음속 항공기까지 발전했다. 항공기 개발과 첨단 기술은 기초 항공역학을 기반으로 한다. 항공기의 도입과 사용자에서 이제는 주도적 개발과 선도 국가로서의 위상에 맞는 다양하고 심도 있는 항공지식은 미래 항공인 양성의 초석이 될 것을 기대한다. 이 책은 항공 설계와 제작을 위한 역학보다는 모든 항공 분야의 종사자들에게 초음속 항공기에 대한 이해와 기본 지식을 갖추기 위한 수준으로 집필하였다. 초음속과 관련한 용어가 다소 생소할 수 있으나 가능한 한 우리말 표기에 중점을 두었고, 일부 외래어 표기법에 따라 표기하는 것이 이해에 더 도움이 될 수 있기 때문이지만 독자들의 의견을 들어 지속 수정 보완해 나갈 것이다.

-저자 일동-

이강희

청주대학교 영문과, (학점제) 심리학, 육군3사관학교, 장교영어반, (미)항공고등군사반 수료, 육군항공학교 헬리콥터 이론 및 비행교관, FAA 이론 및 비행교관(비행기), 비행연구원 설립 및 집필활동(1996~현재). 저서 및 역서『운항학 개론』,『계기비행』,『계기절차 지침서』,『항공우주용어사전』,『제트엔진』,『항공기 I』,『항법개론』,『항공상식』,『항공교육』,『항공기상』,『항공정보지침서(AIM)』,『조종사 입문서』,『헬리콥터 비행과 역학』,『항공무선통신』,『가스터빈엔진(제트엔진)에 도전하다』,『드론기술 Q&A와 전문용어』,『VFR 항공도 범례집』,『IFR 항로도와 계기접근차트 범례집』『비행착각』『여객기와 전투기 터보팬 엔진』『조종사의 책무』 기타 문제집

유재림

공군사관학교, 경희대학교, 충북대학교 대학원에서 안전공학 및 방재공학(재난관리) 전공. 청주대학교 항공운항학과 교수, 공군 비행교관 및 민항기 기장, 공군항공안전관리단 교육처장, 공군대학 비행안전관리 교관, 미공군 비행안전장교과정 수료, 미 SCSI(SOUTHERN CALIFORNIA SAFETY INSTITUTE)의 SMS(SAFETY MANAGEMENT SYSTEMS) 및 AAI(AIRCRAFT ACCIDENT INVESTIGATION) 과정 수료, 저서 및 역서『비행착각』『조종사의 책무』

■ 초음속 항공기 이해하기

발행일자 2024년 5월 23일

저자 이강희, 유재림

펴낸곳 비행연구원

정가 19,000원

등록번호 1996년 6월 12일 제17-174호

홈페이지/e-mail www.flightin.com/flight-in@hanmail.net

YouTube 비행연구원

ISBN 978-89-87015-99-6 93550

▪ Preface

2022년 7월 19일 KAI KF-21 전투기의 초도비행에 성공했다. 이로써 세계 8번째 첨단(4.5세대) 초음속 전투기를 자체 개발한 국가가 되었다. 이 전투기의 예상 최대속도는 대략 마하 1.81로 시속 2,200km이다. 일반의 상상을 뛰어넘는 소리의 속도(340m/s)보다 1.81배가 더 빠르다는 것을 의미한다. 초음속 영역에서 항공역학은 아음속과는 전혀 다른 현상이 나타난다. 초음속 공기흐름에서 발생하는 대표적인 현상은 충격파다. 충격파는 엄청난 항력 요인이고, 동시에 폭음을 동반한다. 초음속 항공기 날개는 다이아몬드처럼 앞뒤가 뾰쪽하고 매우 얇다. 이 유형의 에어포일은 양력 발생에는 지극히 불리하지만, 음속을 돌파하기 위한 최적의 설계이다.

초음속 운송용 항공기(SST) 역시 이미 오래전에 개발되어 운항했으나 여러 본질적 문제와 사고가 이어지면서 모두 운항이 중지되었지만, 2024년 NASA에서 X-59 QueSST 시제기를 개발하여 시험비행을 앞두고 있다. 이 시제기의 명칭 "Quiet"가 의미하는 것처럼 더 조용한 초음속 항공기를 개발하는 것이 핵심이다. 이것은 초음속을 돌파하면서 발생하는 충격파로 인한 폭음이 민간항공에서 승인될 수 있는 수준으로 낮출 수 있는 기술이 핵심이다. 이 기술이 성공한다면 머지않아 초음속 민항기의 운항을 다시 보게 될듯하다.

이제 항공산업은 전기 수직이착륙 항공기(eVTOL)의 상용화가 임박해 있다. eVTOL 항공기는 교통체증으로 인한 도심 교통의 일부를 담당할 뿐만 아니라 화물 운송, 도서 지역, 관광, 경찰과 군사용, 감시 등 많은 역할을 할 것으로 예상한다.

이처럼 항공산업은 전기 항공기에서 초음속 항공기까지 하늘길의 물류 영역은 더 다양해지고 선택의 폭은 더 넓어졌다. eVTOL 항공기가 허브 공항을 중심으로 새로운 교통망을 형성할 것으로 예상하지만, 지구촌 여행을 위한 더 빠르고 안락한 항공 여행을 위한 기술 개발 역시 계속되고 있다. 제트엔진을 대체할만한 동력장치는 금세기에는 없을 것으로 본다면 제트엔진을 기반으로 한 초음속 항공역학은 미래 항공산업을 주도할 기초 항공지식이다.

이 책은 앞서 발행된 "가스터빈엔진(제트엔진)에 도전하다", "여객기 전투기 터보팬 엔진"에 이어 제트엔진의 최종 지식인 초음속 항공역학을 집중적으로 다루었다. 항공인뿐만 아니라 일반인들도 초음속 항공기가 어떻게 비행하는지에 관한 기초 항공역학을 이해하기 쉽게 설명하였다. 아울러 초음속 항공기 개발 역사를 포함하여 다양한 초음속 항공기 사례를 들어 설명함으로써 이해를 돕고 있다. 초음속과 관련한 전체적인 내용을 이해한 후 세부 항목을 다룬다면 충분한 학습 효과를 달성할 것이다. 쉽지 않은 주제이지만, 세계적 수준의 항공지식 필요성과 소명감으로 집필하였다. 끝으로 이 책이 초음속 항공기를 설계 제작하는 설계자와 조종사 및 정비사는 물론이고 예비 항공기까지 초음속 항공역학에 대한 기초 지식을 쌓는 데 도움이 될 것으로 기대한다.

이강희 • 유재림

■■ Table of Contents

1 Chapter 대기와 비행

1.1 개요

대부분 항공기는 음속 이하의 속도 영역에서 비행한다. 제트엔진이 개발되면서 음속에 근접한 속도 또는 초음속 비행이 일반화되었다. 고속 항공역학 또는 초음속 항공역학은 아음속 항공역학과 전혀 다른 현상이 발생한다. 음속을 돌파하기 위해서는 소리의 장벽을 돌파할 수 있어야 한다. 음의 장벽(sound of barrier)을 돌파한다는 것은 아음속에서는 상상할 수 없는 속도와 공기 저항에 직면한다. 이를 위해 엄청난 추력이 필요하고 동시에 폭음이 발생한다. 추력은 엔진 성능 개량으로 달성했다. 실제 대부분 현대 전투기는 초음속 비행이 일반화되었다. 그러나 전투기와 달리 민간 초음속 여객기는 2003년 콩코드가 공식 퇴역한 후 현재까지 개발되지 못하고 있다. 이후 NASA에서는 2024년 X-59 QueSST 초음속 여객기 개발을 위한 시험비행 단계에 와있다. 이제 음속폭음을 낮추기 위한 기술 개발만 성공한다면 초음속 여객기(SST)의 운항을 다시 보게 될 것이다.

일반항공 항공기는 통상 고도 10,000피트(3,000m) 미만에서 운항하지만, 여객기의 운항 고도는 통상 25,000~40,000피트이다. 이 고도는 대략 대류권계면에 해당한다. 항공기는 출력이나 추력 생산을 위해서 화석 연료의 연소 산물에 의존한다. 아음속 항공기는 전체 이륙중량의 30~40%를 연

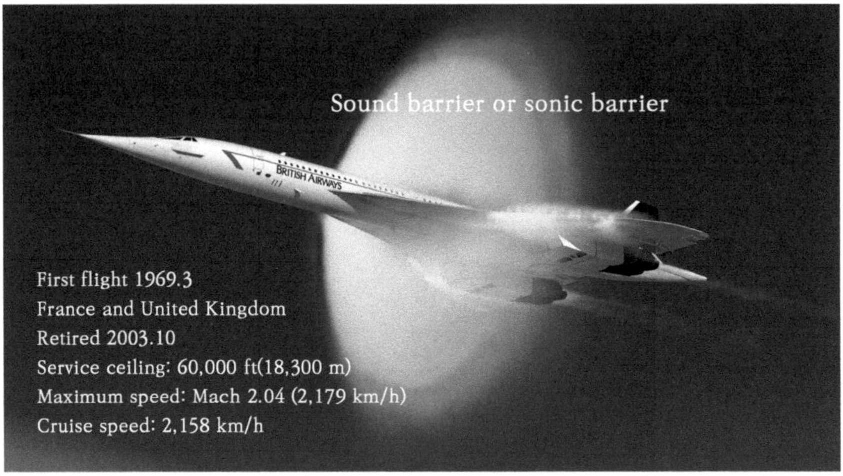

【그림1-1】 초음속 항공역학은 아음속과는 전혀 다르다. 이들 항공기는 음속장벽이라는 보이지 않는 장벽을 뚫고 통과할 수 있는 강력한 엔진과 함께 충격파라는 보이지 않는 소리의 파장과 함께 발생하는 폭음을 처리할 수 있는 기술이 초음속 운송용 항공기 개발의 핵심 기술이다.

료로 사용하는 반면, 콩코드와 같은 초음속 항공기의 연료 중량은 대략 절반 이상이다. 대량의 연료 소모로 인한 배출가스와 함께 음속폭음은 공항 주변에 미치는 영향으로 규제 대상이 되었다. 금세기 제트엔진을 대체할 수 있을 정도의 다른 동력원은 없을 것으로 본다면 대안으로 배출가스를 최소화할 수 있는 청정연료 개발에 많은 연구와 투자가 진행되고 있다. 대표적으로 수소는 물을 형성하는 두 원소 중 하나로서 바다, 강, 호수 그리고 대기에 존재하는 미래 에너지원으로 주목받고 있다. 또한, 전기 에너지를 포함한 재생 가능한 에너지로 연료 소모가 낮은 초음속 항공기 개발을 위해 노력하고 있다. 이외에도 이륙 소음, 환경 위협, 항공 교통 관리, 운영 비용 증가 등 많은 문제가 있다. 초음속 항공기들은 대부분 오존층에 근접한 성층권에서 운항하기 때문에 오존층을 파괴할 수 있다는 우려도 제기되고 있다.

1.2 대기

항공기(aircraft)란 공기의 작용(action)에 의한 반작용(reaction)으로 대기 중에 떠 있을 수 있는 비행체(vehicles)라고 정의한 것과 같이 공기의 존재를 무시하고 항공기의 존재를 생각할 수 없다. 과학의 발달은 공기에 의존해야 하는 비행체만으로 한정하지 않고 우주 비행체의 개발에 많은 투자와 연구가 진행되고 있다. 항공기에 작용하는 공기역학을 논하기 전에 대기(atmosphere)의 성질을 먼저 다루는 것은 모든 항공기가 대기 속에서 운용되고 있으므로 대기의 성질을 정확하게 알아야 날개와 같은 여러 표면(surfaces)에 작용하는 공기하중(air load), 양력(lift), 항력(drag), 그리고 각 힘의 모멘트(moments) 등을 이해하는 기초가 되기 때문이다.

1.2.1 대기의 구조

지구 대기는 기체층(gas layer)으로 둘러싸여 있고, 공기는 단일 물질이라기보다 다양한 기체들로 혼합되어 있다. 공기를 구성하고 있는 물질은 [그림1-2]와 같은 기체들로 이루어져 있고 특이한 점은 전체 기체 총량의 약 99%가 질소(nitrogen)와 산소(oxygen)로 채워져 있다. 비록 공기가 다양한 기체성 물질들로 구성되어 있다 하더라도 고도 80~100km까지는 대기에 존재하는 바람과 난류가 전 방향으로 고르게 작용하기 때문에 공기는 거의 동일 성분으로 구성되어 있다. 수증기(water vapor) 함량은 전체 기체 총량의 평균 0.41%(0~5%) 정도가 된다. 그러나 수증기는 지리적 특성에 따라 가변성이 매우 커 기준을 정하기가 어렵다. 이외에도 먼지 입자들을 포함한 각종 미생물 등이 혼합될 수 있다. 최근에는 산업화가 발달한 지역에서는 일산화탄소, 이산화황 등과 같은 인체 및 자연환경에 해로운

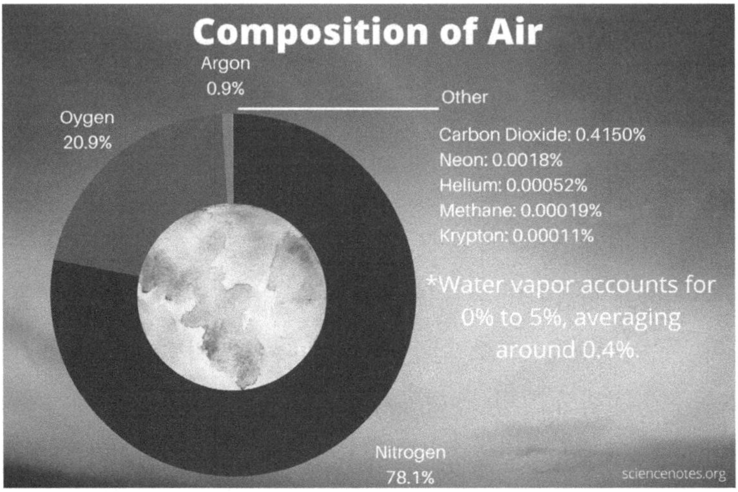

【그림1-2】 해수면에서 맑고 건조한 대기를 구성하고 있는 공기의 성분이다.

각종 유해 환경 물질들이 차지하는 비중이 높아지고 있다. 대기가 다양한 성분으로 구성되어 있다 하더라도 공기역학적으로 다루게 될 공기 대부분은 이들 기체 성분이 균등하게 혼합된 것으로 고려한다. 공기의 성질을 정의하는 데 사용되는 일반적인 요소들은 항공역학뿐만 아니라 항공기 성능(performance)을 결정하는 주요소들이기도 하다. 그러나 고도 80~100km 이상에서는 모든 가스가 균등하게 분포되기보다 기체 종류에 따른 밀도에 따라 제일 아래층에서부터 산소, 헬륨 그리고 수소와 같이 가벼운 순으로 층을 형성하고 있다.

대기는 지구에서 80~100km 높이를 기준으로 두 개의 외피/층(shells or strata)으로 분류한다. 고도 80~100km 이하의 외피 층에서 공기를 구성하는 모든 기체가 균등하게 분포되어 있어 이를 균질권(homosphere)이라 한다. 그 이상의 고도에서는 밀도에 따라 층을 이루고 있고 이를 이질권 또는 비균질권(heterosphere)이라고도 한다. 이처럼 고도에 따른 분류가 대기

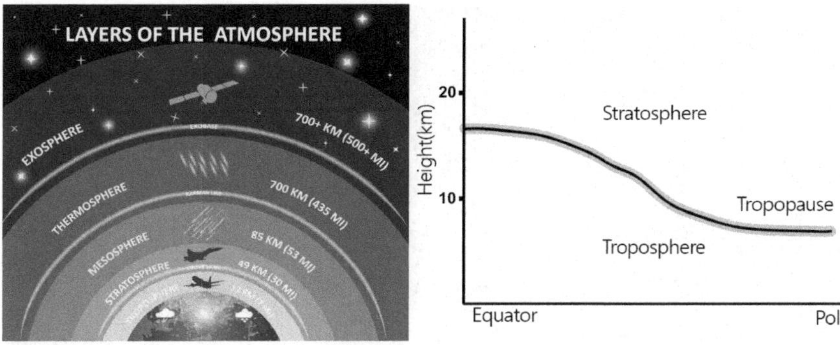

【그림1-3】 대기의 5대 층과 대류권계면 높이이다. 대류권계면은 적도 지역에서는 대략 16~17km로 높고, 극지방에서는 대략 7~8km로 낮다.

층을 구분하는 한 방법이기는 하지만 이보다 더 일반적인 대기의 분류 기준은 기온(temperature)이다.

대기는 [그림1-3, 4]와 같이 대류권(troposphere), 성층권(stratosphere), 중간권(mesosphere), 열권(thermosphere), 그리고 외기권(exosphere)으로 분류한다. 각 층의 중간에는 완충지대의 역할을 하는 계면(pause) 층이 존재하고 각각 대류권계면(tropopause), 성층권계면, 중간권계면으로 구분한다. 대류권과 대류권계면은 조종사는 물론이고 공학자를 비롯한 항공기에 관련된 모든 사람에게 매우 중요한 대기층이다. 이것은 대부분 항공기가 이 층에서 운항하고, 인간 및 동식물 생존에 필수 물질이면서 모든 기상 현상이 이 층에서 발생하기 때문이다.

지구 타원체(편구; oblate spheroid)는 지축을 기준으로 북극과 남극 그리고 중간의 적도로 분류한다. 지리적으로 극지방의 공기는 찬 공기가 자리 잡으면서 밀도가 높지만, 적도 지방에서는 강한 태양열의 가열로 인한 더운 공기가 자리 잡으면서 공기밀도는 상대적으로 낮다. 찬 공기와 더운 공기의 밀도에 따른 수직높이를 비교했을 때 찬 공기는 수축되어 밀도가 높고, 밀도고도(density altitude)는 낮다. 반면 더운 공기는 팽창되어

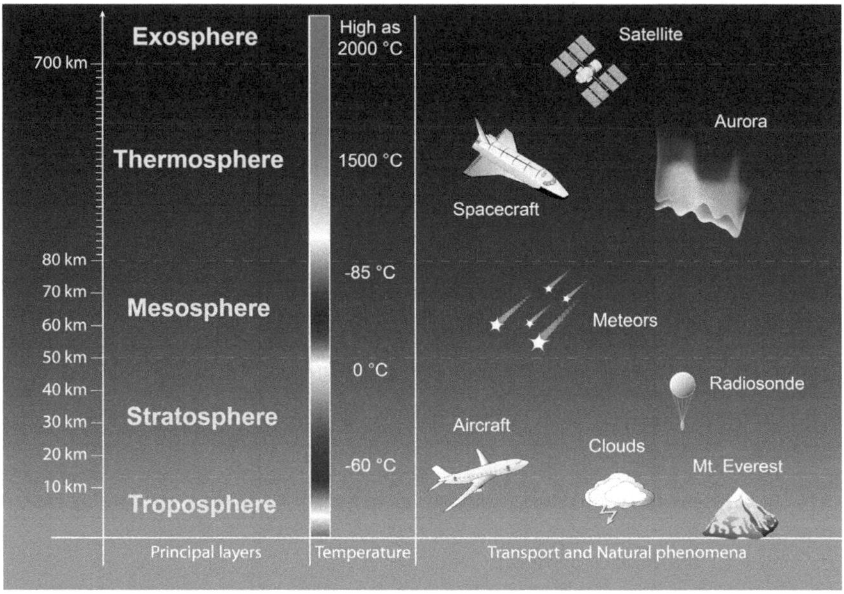

【그림1-4】 기온에 따른 대기층의 분류이다. 지표면으로부터 약 80~100km를 기준으로 균질권과 비균질권으로 분류한다. 대류권과 대류권계면 이하에서 대부분 지구 기상과 운송용 항공기의 최대고도이다.

밀도는 낮고 밀도고도는 높다. [그림1-3]에서 극지방과 적도지방의 대류권 높이가 다른 이유는 공기밀도에 따른 밀도고도의 차이에 의한 것으로 설명할 수 있다. 이처럼 대기층을 분류하고는 있지만, 실제 항공기는 10~12km 내외 고도에서 운항한다.

(1) 외기권

외기권(exosphere)은 대기의 가장 외측에 있는 층으로 지구로부터 약 600~10,000km(375~6,200마일)까지 확장된 층이다. 이 층에서 원자와 분자는 우주로 떨어져 나가고 위성이 지구 주위를 돈다. 외기권 하층은 열권계면(thermopause)이라 하는 천이 층이 있다.

(2) 열권

열권(thermosphere)은 지구로부터 약 85~600km(53~375마일) 사이에 상층 대기이다. 이 층은 극도로 얇지만, 열권의 가스는 지구로 내려갈수록 점점 더 밀도가 높아진다. 따라서 태양에서 입사되는 고에너지 자외선과 X선 복사는 이 층의 분자에 의해 흡수되기 시작하면서 기온은 급격히 상승한다. 이 흡수 때문에 기온은 높이에 따라 증가한다. 열권 하층에서 기온은 -120°C(-184°F) 그리고 상층 근처에서 2,000°C(3,600°F)까지 올라갈 수 있다. 이처럼 높은 기온에도 불구하고 이 대기층은 인간의 피부에 매우 차갑게 느껴진다. 높은 기온은 분자에 의해 흡수되는 에너지의 양을 나타내지만, 이 층에 존재하는 분자가 너무 적어 총 분자 숫자는 인간의 피부를 가열하기에 충분하지 않기 때문이다. 열권의 하층은 중간권으로 이어지는 중간 권계면(mesopause)이 존재한다.

(3) 중간권

중간권(mesosphere)은 지구에서 약 50~85km(31~53마일)까지 확장된 층이다. 이 층을 구성하는 가스는 지구로 갈수록 계속해서 밀도가 높아진다. 따라서 지구로 향할수록 기온이 높아져 하층에서는 대략 -15°C(5°F)까지 상승한다. 중간권의 가스는 대기로 떨어지는 유성들을 늦출 수 있을 만큼 아주 두껍고, 유성들은 밤하늘에 불타는 흔적을 남긴다. 이 층은 아래에 있는 성층권과 열권 사이의 층이다. 중간권과 성층권을 분리하는 천이 경계는 성층권계면이라 한다.

(4) 성층권

성층권(stratosphere)은 지구로부터 약 6~20km(4~12마일)부터 50km(31마일)까지 확장된 층이다. 이 층은 대기 가스의 19%를 포함하고 있지만,

수증기는 거의 없다. 이 층에서는 높이에 따라 기온이 상승한다. 오존이 형성되는 과정에서 열이 발생하며, 이 열은 대류권계면에서 평균 -51°C(-60°F) 그리고 성층권 상층에서 최대 -15°C(5°F)까지 기온 상승의 원인이 된다. 기온이 높이에 따라 상승하면서 더 따뜻한 공기가 찬 공기 위에 위치하게 된다. 이 층에서는 가스가 수직 위로 이동하지 않기 때문에 대류가 발생하지 않는다. 이 층의 하층에서 적란운의 모루 모양의 꼭대기가 형성되는 것을 쉽게 볼 수 있다. 성층권의 하층에 있는 천이 층이 대류권계면이다.

(5) 대류권

대류권(troposphere)은 지구에서 가장 가까이 있는 층으로 지구 기상의 대부분이 이 층에서 발생한다. 대류권은 지표면에서 시작하지만, 대류권 상층의 높이는 다양하다. 적도에서는 18~20km(11~12마일), 북위/남위 50°에서는 9km(5.5마일), 극지방에서는 6km(4마일)로 층 두께가 얇다. 대류권에서 가스 밀도는 높이에 따라 감소하므로 공기는 고도가 높아짐에 따라 더 희박해진다. 따라서 대류권 기온 역시 높이에 따라 낮아진다. 대류권에서 기온은 고도에 따라 계속 낮아져 대류권계면에서 평균 약 17°C(62°F)에서 –51°C(-60°F)까지 떨어진다.

1.2.2 표준대기

항공기, 로켓 그리고 우주선 등은 지표면으로부터 수직 상공이 주요 활동 영역으로 이들 비행체에서 필요로 하는 공기역학적 특성, 성능 또는 사용 목적에 따른 설계에 반영하기 위한 기온(temperature), 기압(pressure), 밀도(density), 그리고 음속(speed of sound) 등에 관한 지식이 필수이고, 이들 요소를 항공기 운항에 영향을 미치는 주요 4대 요소라 한다. 대기과학이 충분히 발달하기 전에 공기는 단순히 양력과 항력의 존재로만

Height (km & ft)	Temperature °C	Pressure hPa	Lapse rate (°C/1000ft)	Lapse rate (C/1000m)
0 km MSL	15.0	1013.25	-1.98 (tropospheric)	-6.5 (tropospheric)
11km(36,000ft)	-56.5	226.00	0.00 (stratospheric)	0.00 (stratospheric)
20km(65,000ft)	-56.5	54.70	+0.3 (stratospheric)	+0.1 (stratospheric)
32km(105,000ft)	-44.5	8.68		

- P(기압) = 1013.25 hPa = 29.92 inHg = 14.696 psi
- T(기온) = 15°C = 59°F = 518.67°R = 288.15K
- ρ(밀도) = 1.225 kg/m^3 = 0.0764734lb/ft^3
- g(가속도) = 9.80665m/s^2 = 32.1741ft/s^2
- a(음속) = 340.294m/sec

※ 해수면, 건조 공기, 북위 40°, 청정 공기

【표-1】 ICAO 표준대기

인식되었으나 대기과학의 발달과 함께 고고도 고속비행을 위해서는 이들 요소가 미치는 영향을 확실하게 이해할 수 있어야 한다. 대기는 특정 시간과 장소에 결코 일정하게 남아 있지 않기 때문에 대략 예상할 수 있는 가상 모델을 지정하게 되었고, 이것이 잘 알려진 표준대기(standard atmosphere)이다. 표준대기에서 공기 모델은 해수면에서 먼지, 습기, 수증기 등이 제거된 맑은 건조 공기(dry clean air)로 가정하고 또한 바람이라든지 난류의 영향이 없는 상태이다.

최초의 표준대기 모델은 1920년대 미국과 영국에서 발전시켰으며 그 후 약간의 수정을 거쳐 1952년 국제민간항공기구(ICAO)에서 공식으로 표준대기를 채택했다. 이 표준대기는 해수면 위로부터 5~20km 미만까지 확장된다. 그러나 1952년 이후 대기과학의 발달과 고고도 우주 관찰 및 위성들의 개발로 인하여 더 넓은 표준대기의 필요성이 요구되었다. 최종적으로 1962년 미국에서 20km 이상의 대기를 포함하는 새로운 표준대기를 발간하였고, ICAO에서도 이에 동의하여 현재 가장 일반적인 표준대기로 채택되어 활용되고 있다. [표-1]의 표준대기는 해수면에서 매우 유용하게 활용된다.

Pressure altitude (feet)	Density ratio $\rho/\rho_0 = \sigma$	$\frac{1}{\sqrt{\sigma}}$	Temperature (℃)	Temperature (℉)	Speed of sound (knots)	Millibars	Pressure in.Hg	Pressure Ratio $P/P_0 = \delta$
0	1.0000	1.0000	15.000	59.0	661.7	1013.2	29.92	1.0000
1,000	.9711	1.0148	13.019	55.4	659.5	977.3	28.86	.9644
2,000	.9428	1.0299	11.037	51.9	657.2	942.1	27.82	.9298
3,000	.9151	1.0454	9.056	48.3	654.9	908.2	26.82	.8962
4,000	.8881	1.0611	7.075	44.7	652.6	875.0	25.84	.8637
5,000	.8617	1.0773	5.094	41.2	650.3	843.2	24.90	.8320
6,000	.8359	1.0937	3.113	37.6	647.9	812.1	23.98	.8014
7,000	.8106	1.1107	1.132	34.0	645.6	781.9	23.09	.7716
8,000	.7860	1.1279	-.850	30.5	643.3	752.5	22.22	.7428
9,000	.7620	1.1456	-2.831	26.9	640.9	724.3	21.39	.7148
10,000	.7385	1.1637	-4.812	23.3	638.6	696.9	20.58	.6877
11,000	.7156	1.1822	-6.794	19.8	636.2	670.2	19.79	.6614
12,000	.6932	1.2011	-8.775	16.2	633.9	644.4	19.03	.6360
13,000	.6713	1.2204	-10.756	12.6	631.5	619.4	18.29	.6113
14,000	.6500	1.2404	-12.737	9.1	629.1	595.3	17.58	.5874
15,000	.6292	1.2607	-14.718	5.5	626.7	572.0	16.89	.5643
16,000	.6090	1.2814	-16.700	1.9	624.3	549.3	16.22	.5420
17,000	.5892	1.3028	-18.681	-1.6	621.9	527.3	15.57	.5203
18,000	.5699	1.3247	-20.662	-5.2	619.4	505.9	14.94	.4994
19,000	.5511	1.3470	-22.643	-8.8	617.0	485.6	14.34	.4791
20,000	.5328	1.3701	-24.624	-12.3	614.6	465.6	13.75	.4595
21,000	.5150	1.3935	-26.605	-15.9	612.1	446.3	13.18	.4406
22,000	.4976	1.4176	-28.587	-19.5	609.6	428.0	12.64	.4223
23,000	.4806	1.4424	-30.568	-23.0	607.2	410.1	12.11	.4046
24,000	.4642	1.4678	-32.549	-26.6	604.7	392.8	11.60	.3876
25,000	.4481	1.4939	-34.530	-30.2	602.2	375.9	11.10	.3711
26,000	.4325	1.5207	-36.511	-33.7	599.7	360.0	10.63	.3552
27,000	.4173	1.5480	-38.492	-37.3	597.2	344.4	10.17	.3398
28,000	.4025	1.5763	-40.473	-40.9	594.7	329.2	9.72	.3250
29,000	.3881	1.6051	-42.455	-44.4	592.1	314.9	9.30	.3107
30,000	.3741	1.6348	-44.436	-48.0	589.5	301.1	8.89	.2970
31,000	.3605	1.6656	-46.417	-51.6	587.0	287.5	8.49	.2837
32,000	.3473	1.6969	-48.398	-55.1	584.4	274.6	8.11	.2709
33,000	.3345	1.7292	-50.380	-58.7	581.8	262.1	7.74	.2586
34,000	.3220	1.7624	-52.361	-62.2	579.2	249.9	7.38	.2467
35,000	.3099	1.7963	-54.342	-65.8	576.7	238.4	7.04	.2353
36,000	.2981	1.8315	-56.324	-69.4	574.0	227.2	6.71	.2243
37,000	.2844	1.8753	-56.500	-69.7	573.8	216.7	6.40	.2138
38,000	.2710	1.9210	-56.500	-69.7	573.8	206.6	6.10	.2038
39,000	.2583	1.9677	-56.500	-69.7	573.8	196.7	5.81	.1942
40,000	.2462	2.0155	-56.500	-69.7	573.8	187.6	5.54	.1851
41,000	.2346	2.0646	-56.500	-69.7	573.8	178.8	5.28	.1764
42,000	.2236	2.1148	-56.500	-69.7	573.8	170.3	5.03	.1681
43,000	.2131	2.1662	-56.500	-69.7	573.8	162.2	4.79	.1602
44,000	.2031	2.2189	-56.500	-69.7	573.8	150.8	4.57	.1527
45,000	.1936	2.2729	-56.500	-69.7	573.8	147.3	4.35	.1455
46,000	.1845	2.3282	-56.500	-69.7	573.8	140.5	4.15	.1387
47,000	.1758	2.3848	-56.500	-69.7	573.8	134.1	3.96	.1322
48,000	.1676	2.4428	-56.500	-69.7	573.8	127.7	3.77	.1260
49,000	.1597	2.5022	-56.500	-69.7	573.8	121.6	3.59	.1201
50,000	.1522	2.5631	-56.500	-69.7	573.8	115.8	3.42	.1144

Standard Sea Level Air: Po = 14.70 lb/sq in. = 29.921 in. of Hg 1 in. Hg = 70.727 lb/sq ft = 0.49116 lb/sq in.
T = 15℃ (59℉) w = 0.07651 lb/cu ft ρo= 0.002378 slugs/cu ft

【표-2】 ICAO 표준대기표

ICAO 표준대기는 기압고도(pressure altitude)에 따른 밀도비, 압력비, 기온, 음속, 그리고 운동 점성을 산출해 놓았다. 기압고도 “0”의 값이 해수면의 값으로 표준이 된다. 고도(36,000피트)까지는 대류권의 기온감률(lapse rate)이 일정하지만, 그 이상의 고도는 성층권에 접어들면서 등온 구역이 시작되는 층을 나타내고 있다. [그림1-5]의 다중 그래프에서는 해수면에서 고도 100km까지 기압, 밀도, 기온, 그리고 음속의 변화를 비교 관찰할 수 있다. 대류권에서 기온의 변화는 성층권의 등온층(isothermal layer)에 도달할 때까지 고도와 함께 일정하게 변하고 있다. 음속을 나타내는 그래프 역시 기온 선과 유사하게 변하고 있는 것을 관찰할 수 있다. 밀도와 기압의 변화는 고도와 함께 급격하게 감소하고 있는 것을 관찰할 수 있다. 특히 밀도의 변화는 에어포일의 양력 발생과 흡기엔진(특히 제트엔진)의 효율에 직접 영향을 미치는 중요한 고려 요소이다. 표준대기가 중요한 이유는 항공기의 모든 성능이 표준대기를 기준으로 비교되고 평가될 뿐만 아니라 항공기의 모든 계기 역시 표준대기를 기준으로 보정되기 때문이다.

따라서 특정 운용 조건이 표준에 적합하지 않다면 항공기 성능과 항공기 계기 등은 이에 적절하게 수정 및 보정되어야 한다. 그러나 실제 대기는 태양으로부터 불규칙한 지표면의 가열, 대륙과 해양, 지구의 자전과 공전 등이 조화되어 대기는 일정하게 존재할 수 없다. 표준대기 이외의 대기를 비표준대기(nonstandard atmosphere)라 하고 이를 적절히 반영하기 위해서 기압고도(pressure altitude)와 밀도고도(density altitude)가 사용된다.

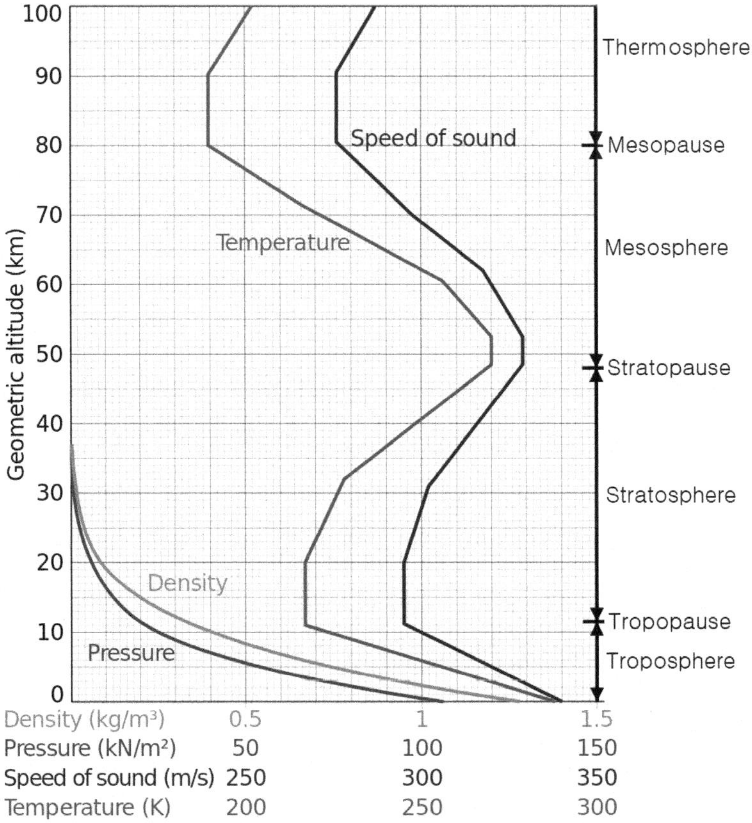

【그림1-5】 고도 대비 밀도, 기압, 음속, 그리고 기온의 대략적인 변화를 보여주고 있다. 음속과 기온 그리고 밀도와 기압은 거의 유사한 변화 패턴으로 나타나고 있다. 항공기의 주요 운항 공역이 포함되고 있는 대류권계면 이하에서 4대 요소들은 모두 고도와 함께 감소한다. 이들 요소 중 밀도의 변화는 저고도에서는 그리 중요시되지 않지만, 고고도 초음속 비행에서는 압축성 효과에 상당한 영향을 미치는 중요한 요소로 작용한다.

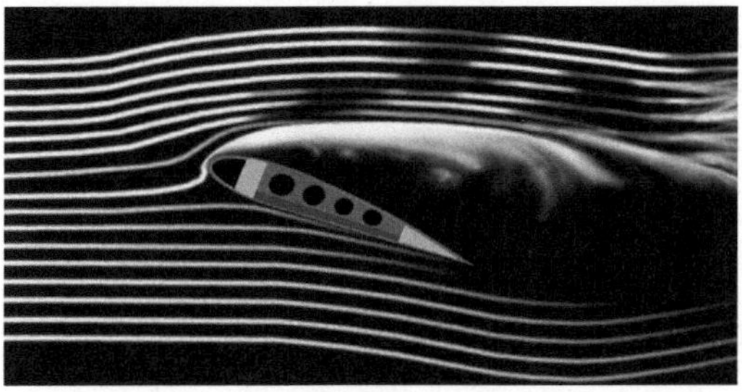

【그림1-6】
동적 공기역학 실험에서 에어포일 주변 공기흐름 줄기를 관찰할 수 있다.

1.2.3 동적 공기역학

대기를 구성하고 있는 공기의 성분과 표준대기를 바탕으로 에어포일에 직 간접적으로 영향을 미치는 공기 분자(air molecules)들의 집합체로서 어떠한 특성이 있고 영향을 주게 되는지에 대한 기본 지식을 먼저 다룬다. 공기는 동식물의 생존에 필수적인 요소이지만 항공에서 다루게 될 공기는 생존과 다른 차원의 공기 성질을 연구하게 될 것이다. 공기가 비록 자연 상태의 한 물질로 존재하지만, 이것을 활용하는 방법에 따라 정적(static; 정지 상태) 또는 동적(dynamic; 움직이는 상태)으로 구분할 수 있다. 물체의 이동으로 인해서 발생한 것을 [그림1-6]과 같이 동적 공기흐름 또는 동적 공기역학(dynamic airflow or aerodynamic)이라 한다. 앞으로 다루게 될 내용에서 이들 동적 공기흐름 또는 동적 공기역학의 용어에서 "동적"이란 용어를 굳이 사용하지 않더라도 이들 흐름은 동적 공기흐름에 관한 것이다. 또한, 이들 동적 공기흐름은 공기 중에 놓여 있는 항공기와 같은 물체의 영향을 전혀 받지 않은 상태의 공기흐름과 구분되어야 하고, 내용을 설명하는 과정에서 이들 공기를 자유공기 또는 자유공기흐름(free air or free airstream)이라 한다. 이 같은 동적 공기흐름은 정지 상태의 "0"에서부터 음속을 초과하는 초음속 비행 영역까지 일반화되어 가는 추세이고, 대략적인 속도 영역은 [표-3]과 같이 구분한다.

모든 일반항공(general aviation)과 대부분의 운송용 항공기(airliner)들은 아음속 흐름(subsonic flow)을 집중했지만, 최신 전투기들은 아음속 영역을 넘어 초음속 영역에서의 비행이 일반화되어 천음속과 초음속 흐름에 관한 내용 역시 심도 있게 다룬다. 다음은 항공역학을 이해하는 데 필요한 공기 성질에 관한 것이다.

❖ 일상생활 속 음속

① 채찍을 휘두를 때 채찍 끝에서 들리는 강렬한 파열음은 채찍을 통해 전달되는 파동 이동 속도가 음속을 돌파할 때 나는 소리(음속폭음; sonic boom)로 알려져 있다.

② 일반적으로 탄환 속도는 초음속이며, 일부 소총 탄환은 마하 3을 훨씬 넘는다.

③ 대부분 우주선은 낮은 공기밀도 속에서 우주선에 미치는 영향이 크지 않지만, 재진입의 구간은 초음속이다. 일반적으로 우주선이 상승하는 동안 공기 항력을 줄이기 위해 30km(약 98,400피트) 이하까지 아음속 비행을 유지한다.

Regime	Mach mph km/h m/s	공기역학적 특성
Subsonic (아음속)	〈0.8 〈610 〈980 〈270	대부분 일반항공, 프로펠러 그리고 상용 터보팬 항공기 운항 영역이다. 높은 가로세로비 날개와 둥근 모양의 앞전 그리고 운송용 항공기와 같은 높은 아음속 항공기 기수는 둥근 모양이다. 비압축성 특성이 주류이다.
Transonic (천음속)	0.8-1.2 610-915 980-1,470 270-410	천음속에서는 항력이 크게 발생한다. 항공기는 항력발산을 지연시키기 위한 후퇴익, 초임계 에어포일, 그리고 Whitcomb Area rule(면적법칙)에 따라 설계된다. 이 영역에서의 비행은 높은 조파항력으로 인해 지속 비행이 어렵다.
Supersonic (초음속)	1.2-5.0 915-3,840 1,470-6,150 410-1,710	초음속 항공기는 M=1.0 이상의 흐름 형태의 급격한 차이로 인해 공기역학적 설계에 큰 차이가 있다. 초음속 날개는 기수와 날개 앞전이 뾰쪽하게 설계되고, 가동 꼬리날개와 커나드 설계가 일반적이다. 이외에도 짧은 스팬과 후퇴익 설계가 필수이다. 현대 전투기는 저속 기동을 위해서 적절한 절충 설계가 필수이다.
Hypersonic (극초음속)	5.0-10.0 3,840-7,680 6,150-12,300 1,710-3,415	고도로 집적된 냉간 니켈 티타늄 외피와 짧은 날개로 설계된다. (상당한 간섭 효과로 인해 비선형 행태는 분리 구성품의 중첩원리가 무효하다는 것을 의미한다) NASA X-43은 새로운 방식의 연소장치를 활용하여 극초음속 비행에 성공했다.
High -hypersonic (극극초음속)	10.0-25.0 7,680-16,250 12,300-30,740 3,415-8,465	공기역학적 열 제어가 주요 설계 고려 요소이다. 이를 위해서 구조물은 고온에서 작동하도록 설계되거나 특수 규산염 타일 또는 유사한 재료로 보호되어야 한다. 또한, 화학적으로 반응하는 흐름은 매우 빠른 속도로 흐르는 자유 원자 산소와 함께 비행체의 외피 부식을 초래할 수 있다. Hypersonic 설계는 곡면 반지름의 감소와 함께 공기역학적 가열 상승 때문에 뭉툭한 형상이 필수이다.
Re-entry speeds (대기권 재진입속도)	〉25.0 〉16,250 〉30,740 〉8,465	융제 열 차폐(열이 내부에 전달되는 것을 막는 외피); 날개가 작거나 없음; 뭉툭한 형상

【표-3】 속도의 영역 [주] 자료에 따라 수치에는 차이가 있을 수 있음

1.2.4 공기의 성질

(1) 정압

항공에서 공기의 절대 정압(static pressure)은 중요한 특성이다. 공기의 정압이란 대기의 어느 층에서든지 공기 질량(air mass) 자체가 갖는 무게이고, 이 무게는 이미 토리첼리(1643)에 의해서 측정되었다. 표준 해수면에서 공기의 정압은 1013.25hPa(14.7psi, 29.92"Hg)이다. 정압은 고도에 따라 변하는 요소로 고도 40,000피트에서는 해수면의 약 19%까지 감소한다. 공기역학과 항공기 성능 특히 가스터빈엔진의 성능을 결정하는 데 정압비(static pressure ratio)가 주로 사용된다. 정압비(δ: delta)는 주변 정압(ambient static pressure: p)을 표준 해수면 정압(standard sea level static pressure: p_0)으로 나눈 값이고, 다음과 같은 방정식으로 나타낼 수 있다.

$$\text{정압비} = \frac{\text{주변 정압}(ambient\ static\ pressure)}{\text{표준 해수면 정압}(standard\ sea\ level\ static\ pressure)}$$

$$\text{또는 } \delta = p/p_0$$

(2) 기온

공기 온도를 나타내는 기온 역시 공기 질량의 주요 성질 중 하나이다. 기온은 물이 어는 온도인 빙점(freezing point)을 기준으로 측정되지만, 절대영도(absolute zero temperature)는 -273°C에서 얻을 수 있다. 따라서 해수면 표준기온은 15°C이고, 절대온도는 288K이다. 해수면 표준기온 대비 주변 기온의 비율을 기온비(temperature ratio: θ: theta)라 하고 압축성 효과와 제트엔진 성능을 결정하는 요소로 활용된다. 기온비는 다음과 같은 방정식으로 나타낼 수 있다.

$$\text{기온비} = \frac{\text{주변 기온}(ambient\ temperature)}{\text{표준 해수면 기온}(standard\ sea\ level\ temperature)}$$

$$\text{또는 } \theta = T/T_0 \text{ or } \theta = \frac{℃ + 273}{288}$$

(3) 밀도

공기밀도(density)는 단위 부피에 채워져 있는 공기 분자의 수이고, 공기역학을 연구하는 데 가장 중요한 공기의 특성이다. 대기의 여러 조건에 따라 공기밀도에는 차이가 있으며 이는 항공기의 각종 표면, 항공기 엔진 특히 제트엔진의 성능을 결정하는 주요소이다. 따라서 표준 해수면에서 세제곱피트당 공기 무게는 0.0765파운드이고 밀도는 0.002378 슬러그(slugs)이다. 공기밀도는 고도 증가에 따라 감소하는 데 고도 40,000피트에서 공기밀도는 해수면의 약 25%에 불과하다. 항공기의 성능을 결정하기 위한 밀도비(density ratio: σ: sigma)가 적용되고, 밀도비는 주변 공기밀도(ambient air density: ρ: rho)를 표준 해수면 공기밀도(standard sea level air density: ρ_0)로 나누어 얻은 값으로 다음과 같이 나타낼 수 있다.

$$\text{밀도비} = \frac{\text{주변 공기밀도}(ambient\ air\ density)}{\text{표준 해수면 공기밀도}(standard\ sea\ level\ air\ density)}$$

$$\text{또는 } \sigma = \rho/\rho_0$$

기체 법칙(gas laws)에서는 상태의 변화 또는 열전달이 없다고 가정했을 때 압력, 기온, 그리고 밀도 사이의 관계는 "밀도는 압력에 비례하고,

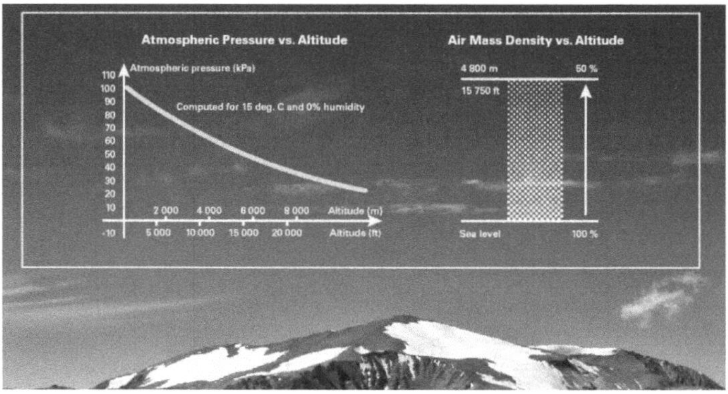

【그림1-7】 대기압은 고도가 높아짐에 따라 감소한다. 공기밀도는 고도가 높아짐에 따라 공기 분자의 수가 감소함에 따라 감소한다.

기온에 반비례한다"라고 정의한다. 습하고 무더운 공기는 건조한 공기보다 밀도가 낮고 밀도고도는 높다. 이 같은 이유는 물 분자의 질량(18)이 공기 분자의 질량(29)보다 작기 때문이다. 따라서 부피가 일정한 용기 속에 수증기가 더해졌을 때 압력 또는 온도의 증가 없이 공기 분자의 수는 동일 수의 수증기 분자 수만큼 감소한다. 따라서 단위 부피의 가스(밀도)는 감소한다. 이들 관계는 항공역학을 이해하는 기초가 될 뿐만 아니라 항공기 성능의 한 부분에서 필수 요소로 적용된다. 이것을 공식으로 정리하면 다음과 같다.

$$\text{밀도비} = \frac{\text{압력비}\,(pressure\ ratio)}{\text{기온비}\,(temperature\ ratio)}$$

$$\text{또는}\ \frac{\rho}{\rho_0} = \left(\frac{P}{P_0}\right)\left(\frac{T_0}{T}\right), \quad \sigma = \delta/\theta$$

(4) 점성

공기 점성(viscosity)은 스케일과 마찰 효과(scale and friction effect)에 매우 중요한 요소이다. 일반적으로 유체 흐름에 관한 절대점성계수는 전단 응력(shearing stress)과 속도 구배(velocity gradient) 사이의 비율이다. 그러나 기체 점성은 특이하게도 온도 단독으로의 역할이고 온도가 증가하면 점성도 증가한다. 대부분의 항공역학에서 점성과 밀도의 고려사항을 포함하고 있으므로 점성은 절대점성계수(dynamic or absolute: mu: μ)와 밀도의 비율로 측정하는 것이 더 일반적이다. 이들의 관계를 동적 점성(kinematic viscosity: nu: ν)이라 하고 다음과 같은 방정식으로 나타낸다. 표준 해수면에서 공기의 동적 점성은 초당 0.0001576ft^2이고, 고도 40,000피트에서 동적 점성은 초당 0.0005059 ft^2로 증가한다.

$$\text{동적 점성} = \frac{\text{절대점성계수}(coefficient\ of\ absolute\ viscosity)}{\text{밀도}(density)}$$

또는 $\nu = \mu/\rho$

❖ 일상생활 속 음속

④ 음속은 최대 25km까지 고도에 따라 다소 감소하는 것은 기온이 감소하기 때문이다. 그 이상 고도에서 기온이 증가하기 시작하고 그에 따라 음속도 증가한다.

⑤ 부풀려진 풍선이 터지면서 찢어진 라텍스(고무) 조각들이 초음속으로 수축되어 날카롭고 큰 “펑” 소리가 나는 것으로 알려져 있다.

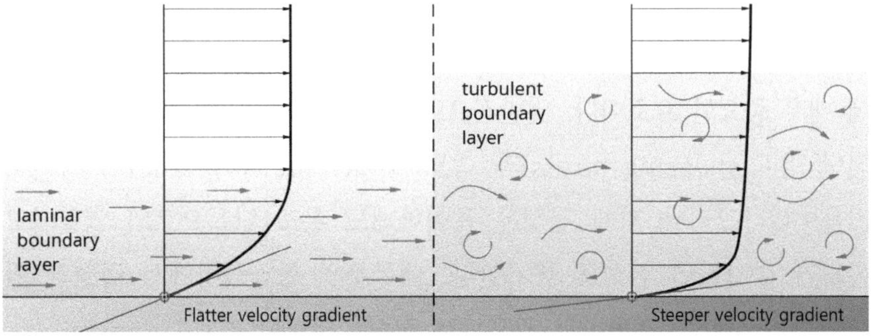

【그림1-8】 유체 역학에서 점성 유체에 대한 “no slip” 조건은 물체와 유체 경계 표면에서 유체가 “0”의 속도를 갖는다고 가정한다. 따라서 표면과 접해 있는 유체 흐름은 정지 상태이다. 물체 표면에서 더 멀어질수록 유체 속도는 점차 증가하여 어느 층에서는 자유공기흐름과 같아진다.

1.2.5 경계층

공기 성질 중 또 다른 중요한 요소가 경계층(boundary layer)이다. 이 층은 [그림1-8]과 같이 표면에 접해 있는 공기층에는 자유공기흐름과 다른 흐름의 행태가 나타난다. 경계층 분리(flow separation)는 층류 흐름이 더 이상 지속하지 못하고 난류 흐름으로 변질되는 것이다. 유체가 물체 주위를 흐를 때 유체와 표면 사이에 점성으로 인해 힘이 작용한다. 이러한 분자간 힘은 항력의 원인이 된다. 그러나 작용하는 힘으로 인해 물체 표면 흐름을 속박(부착)하려는 경향이 있다. 또한, 이것은 유체가 표면에 들러붙어 있는 성질로 이때 슬립이 발생하지 않는다(no slip). 이 속박된 유체 층 위의 층은 분자 사이의 인력과 압력 힘이 층 사이에 작용하기 때문에 단순히 그 자체를 떼어낼 수 없다. 따라서 물체 주위를 흐르는 모든 유체 흐름은 표면의 프로파일(profile)을 따라 흐른다. 공기흐름의 점성은 표면 위의 국지 속도를 감소시키고 표면마찰 항력의 원인이 된다.

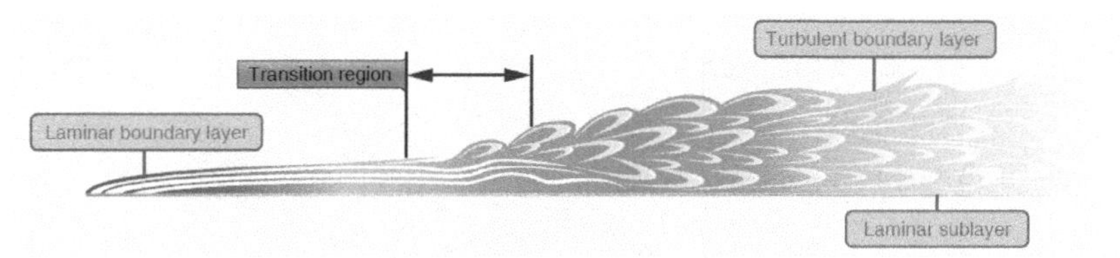

【그림1-9】 유체 흐름이 항상 유연하게 흐르는 것은 아니다. 유체 흐름 속에 놓여 있는 물체 앞부분에서는 층류로 흐르면서 어느 지점에 이르러서는 난류 흐름으로 변한다. 이들 흐름 사이에 천이 구역이 존재한다. 에어포일에서 층류와 난류 흐름을 적절하게 제어하고 절충함으로써 에어포일의 효율을 높일 수 있다.

날개 표면 위의 공기흐름은 점성에 의해서 속도가 느려지거나 움직임이 없는 얇은 층이 존재하고 이것이 경계층이다. 이 같은 경계층에는 [그림 1-9]와 같이 층류(laminar)와 난류(turbulent) 경계층 두 종류가 있고, 이들 사이에 천이(transition) 구역이 존재한다.

(1) 층류 경계층 흐름

층류 경계층은 매우 유연한 흐름이지만 난류 경계층은 와류(eddies) 또는 소용돌이가 일어나고 있는 흐름이다. 층흐름은 난류 흐름에 비해서 표면마찰 항력이 더 작다. 날개 표면 위의 경계층 흐름은 앞전부터 유연한 층류로 시작해서 뒤쪽 흐름에서 층류 경계층 두께는 점점 두꺼워진다.

(2) 난류 경계층 흐름

앞전에서 약간 뒤쪽에 있는 유연한 층류 흩어지면서 난류 흐름으로 바뀐다. 항력 면에서 분석했을 때 층류에서 난류 흐름으로 천이가 가능한 한 뒤쪽에서 발생하거나, 경계층의 층류 구역 안에서 더 많은 층류가 날개 표면을 차지하는 것이 바람직하다. 그러나 층류 에너지는 작고, 난류층보다

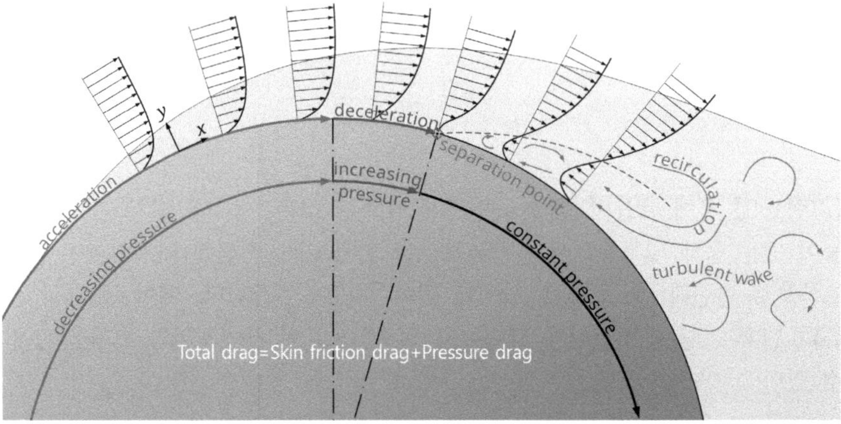

【그림1-10】 원통과 같은 곡면에서 경계층은 유체 흐름 속도와 정압의 관계에 따라 뒤쪽은 순환 흐름이나 소용돌이 흐름으로 변질될 수 있다. 이때 흐름은 압력 구배가 음(negative)으로 되어 역류하는 흐름이 존재할 수 있다. 층류와 난류 흐름 패턴 사이에 분리점(버블점)이 생성된다. 이들 흐름 속에서 속도 프로파일이 다르게 형성되고 있다. 특히 버블점에서 흐름 역류가 발생한다. 이 흐름은 날개 양력 발생에 매우 불리하게 작용한다. 와류발생기(터뷸레이터)는 이를 제거하기 위해서 부착한다.

더 급격하게 소멸하는 경향이 있다.

(3) 경계층 분리

점성 흐름과 관련된 또 다른 현상은 [그림1-10, 11]과 같이 공기흐름의 분리이다. 이것은 공기흐름이 에어포일 표면으로부터 떨어져 나가는 현상이다. 에어포일 선상에서 분리가 발생하는 지점을 분리점(separation point)이라 한다. 공기흐름이 층류 경계층에서 난류 경계층으로 자연스럽게 흐르는 동안 날개 형상과 비행 조건에 따라 공기흐름의 분리가 발생한다. 공기흐름은 에어포일의 최대 두께 지점까지 가속되고 압력은 감소한다. 이를 순압력 구배(favourable pressure gradient)라 하고, 최대 두께 지점을

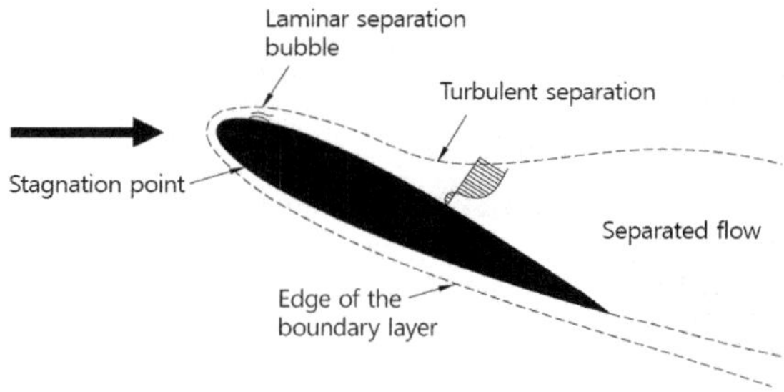

【그림1-11】 높은 받음각에서 층류와 난류 분리점 그리고 그에 따른 흐름 행태를 관찰할 수 있다.

지난 후 속도는 감소하고 압력은 증가하는 역압력 구배(adverse pressure gradient)가 형성되어 공기흐름의 분리가 발생한다. 이 공기흐름 분리는 박리하고도 하며 층류에서 박리를 층류 박리(laminar separation) 난류에서의 박리를 난류 박리(turbulent separation)라 한다. 공기흐름 분리는 높은 항력을 유발하며 양력은 크게 줄어든다. 경계층 분리점은 [그림1-11]과 같이 날개에서 받음각이 증가함에 따라 앞으로 이동한다.

일부 와류발생기(vortex generator)는 [그림1-12]와 같이 천음속 비행에서 직면할 수 있는 경계층 분리로 인해서 발생하는 충격파(shock wave)를 지연시키거나 방지한다. 이 장치는 공기흐름 속에 약 12~15° 각도로 부착되는 작은 가로세로비의 에어포일이다. 와류발생기는 도움날개 또는 다른 조종면의 앞쪽에 수 센티 간격으로 배열되어 와류(vortex)를 발생시켜 표면 바로 위에 있는 고에너지 공기흐름과 경계층 공기흐름을 혼합시킨다. 공기가 충격파를 가로질러 이동할 때 공기흐름은 갑자기 에너지를 상실할 수 있다. 이때 에너지 손실이 너무 커서 저속 실속에서처럼 공기흐름은 충격파 뒤의 에어포일로부터 분리될 수 있다. 예를 들어 에일러론이나 승강타가 충격파 뒤에 있다면 분리된 공기흐름은 조종면을 비효율적으로 만들고, 이것은 항공기 조종을 불가능하게 할 수 있다. 이러한 고속 상황에서 와류발생기는 경계층 외부에서 높은 에너지의 공기를 끌어와 경계층 내부의 공기와 혼합하여 분리를 방지할 수 있다. 또한, 충격파를 교란

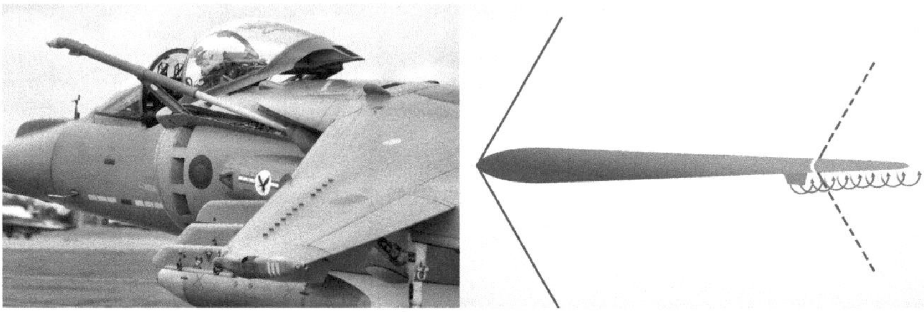

【그림1-12】 날개에 있는 와류발생기는 높은 받음각 실속 지연 또는 방지한다. 꼬리 조종면을 통과하는 공기흐름이 천음속으로 가속되어 충격파를 형성될 수 있다. 스태빌라이저 하부에 있는 와류발생기는 공기흐름을 에어포일에 부착시켜 승강타를 통해 고속에서 피치 조종을 유지한다.

시켜 공기가 파동을 통과할 때 손실되는 에너지의 양을 줄일 수 있다.

(4) 역압 구배

경계층 분리는 흐름의 급격한 천이의 발생을 의미한다. 층류에서도 정체가 발생할 수 있다. 이것은 물체 주위를 흐를 때 흐름이 상당히 느려지는 경우이다. 결과적으로 정압이 너무 증가하여 [그림1-10]과 같이 흐름을 반대 방향으로 밀어낼 수 있다. 이로 인해 재순환 영역이 발생하여 흐름 분리가 발생한다. 유체의 감속이 모든 물체에서 발생하기 때문에 경계층 분리의 가능성은 유체가 흐르는 모든 물체에 존재한다. 예를 들어 원통에 흐르고 있는 유선 흐름은 곡면을 따라 흐르고 이를 코안다 효과(Coanda

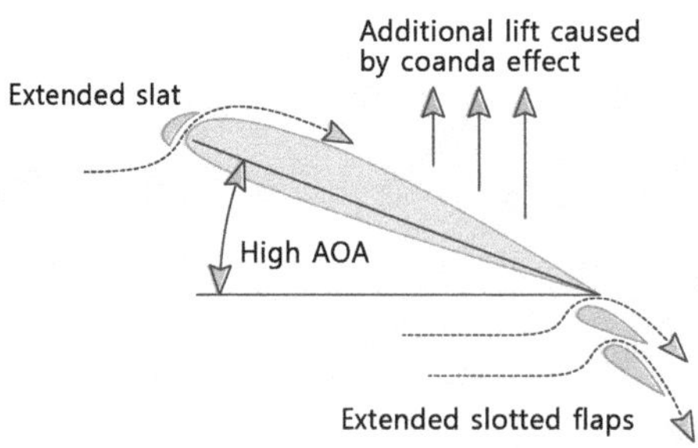

【그림1-13】 날개 위의 공기흐름에서 관찰할 수 있는 코안다 효과

effect)라 한다. 원통 주위로 흐르는 유체는 연속방정식(질량 보존)에 따라 같은 질량의 유체가 이동해야 하므로 결과적으로 유속이 빨라지고, 최종적으로 원통의 가장 두꺼운 지점에서 최대 유속에 도달한다.

베르누이의 원리에 의하면 운동 에너지의 변화는 정압의 변화와 직결된다. 이 경우 운동 에너지의 증가는 압력(에너지)의 감소를 동반한다. 따라서 정압은 원통의 가장 두꺼운 지점까지 최소로 감소한다. 이 지점에서 압력 구배는 음의 값을 갖는다. 원통 단면이 감소함에 따라 유효 단면이 증가한다는 것은 흐름은 더 많은 공간을 차지한다는 것을 의미한다. 흐름은 점점 더 느려지고 정압이 높아져 최종적으로 대기 수준에 도달한다.

실제 흐름 방향에 작용하는 이러한 압력 기울기를 역압 구배라 한다. 물체의 모양에 따른 역압 구배는 속도의 감소로 인해 매우 커질 수 있고 경계층 두께는 더 커진다. 원통과 같은 물체에서 역압 구배가 너무 커져서 흐름이 실제 흐름 방향에 대해 뒤로 작용할 수 있다. 이로 인해 역류 영역이 발생하고 층류는 이 지점에서 분리가 발생하여, 물체 뒤로 난류 후류(turbulent wake)가 형성된다.

(5) 흐름 분리와 항력

경계층 흐름에서 발생한 분리점 이후의 흐름은 더 이상 물체의 표면에 부착되지 않기 때문에 표면마찰(skin friction) 항력은 거의 “0”에 가깝지만 동시에 난류 후류에서 에너지 소산으로 인해 압력이 크게 떨어진다. 이는 압력 항력(pressure drag)의 현저한 증가로 이어지는데, 이것은 표면마찰 항력의 감소보다 훨씬 더 크다. 따라서 전체적으로 흐름 분리가 발생했을 때 항력이 크게 증가한다. 결론적으로 경계층 분리가 발생하면 표면마찰 항력은 감소하지만, 압력 항력이 증가하여 전체 항력은 크게 증가한다. 흐름 분리에 의한 항력을 형상항력(form drag)이라 한다. 물체 주위의 흐름은 층류일 뿐만 아니라 레이놀즈수가 증가할 때도 난류일 수 있다. 일반적으로 물체 주위의 층류는 흐름 손실을 최소화하기 위해서 사용되어야 한다. 일반적으로 난류 경계층은 층류보다 물체의 프로파일을 따라 더 길게 흐를 수 있다. 이것은 유체 층 사이의 운동량 운반이 증가하고 경계층 내에서 더 가파른 속도 프로파일로 이어지기 때문이다.

(6) 경계층에서의 속도 프로파일

난류 경계층에서는 수직 방향의 속도가 층류 경계층보다 더 빠르게 증가한다. 이것은 [그림1-10]과 같이 표면 근처의 더 큰 속도 구배(기울기)를 의미하므로 경계층의 더 높은 속도 분력을 의미한다. 경계층의 더 높은 운동 에너지는 역압 구배에 더 큰 반작용을 할 수 있다. 난류 경계층에서 분리점은 더 하류로 이동한다. 난류 후류(wake)는 분리점의 이동에 따라 점점 좁아진다. 이는 흐름 손실을 감소시키고 따라서 압력 항력을 감소시켜 궁극적으로 전체 항력을 감소시키는 효과를 얻을 수 있다. 난류 경계층은 흐름이 발생하는 물체 표면에 더 오래 부착되어, 압력 항력이 현저히 낮다. 따라서 흐름이 분리될 가능성이 있다면 난류 경계층을 지향해야 한다.

이 사실은 골프공의 사례에서 찾아볼 수 있다. 골프공의 홈(dimple)은 소용돌이를 일으키고 골프공 주위에 난류를 일으킨다. 분리점은 더 하류로 이동하고 항력은 1/4로 줄어 골프공은 훨씬 더 멀리 날아간다. 항공기 날개에 장착된 와류발생기도 유사한 효과를 이용한 것이다. 와류를 발생하는 작은 베인들은 층류에서 난류로 천이되도록 한다. 날개 위에 더 오래 남아 있는 난류 경계층은 항력을 감소시킬 뿐만 아니라 실속 위험도 감소시킨다. 이외에도 [그림1-13]과 같이 슬랫(slat)이나 슬롯티드 플랩과 같이 구조의 틈 사이로 공기가 흐르게 하여 층류를 난류 흐름으로 변질시켜 유사한 효과를 얻는 데 사용된다.

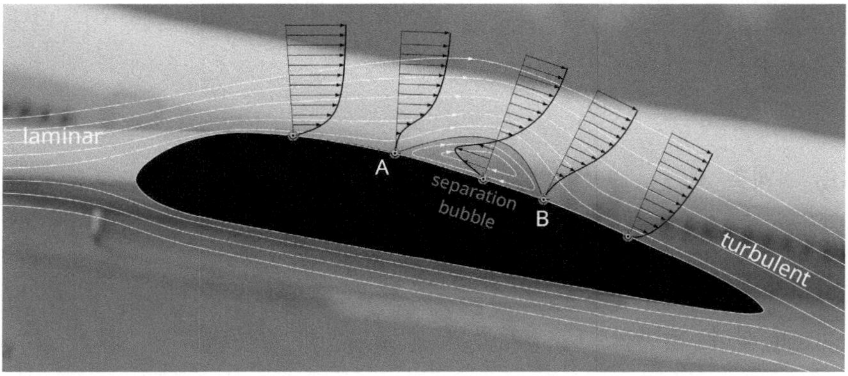

【그림1-14】 에어포일 중간에서 분리 버블이 발생했다. 이것을 제거하기 위해 이 지점에 와류발생기를 부착할 수 있다.

(7) 분리 버블

물체 위의 분리된 흐름이 [그림1-14]와 같이 다시 표면에 부착될 수도 있다. 예를 들어 에어포일 위의 층류의 어느 한 지점에서 분리가 발생하여 일종의 순환 에어 쿠션을 형성하여 다른 지점에서 흐름이 표면에 다시 들러붙을 수 있고, 이것을 분리 버블(separation bubble)이라 한다. 이것은 흐름이 분리되고 다시 들러붙어 생성되는 흐름장의 재순환 영역이다. 에어포일 주위에 공기가 흐를 때도 분리 버블이 형성될 수 있다. 날개 주위의 층류는 한 점에서 분리되고 받음각이 너무 높지 않다면 날개 하류에 다시 들러붙는다. 층류 분리점과 난류 재부착 지점 사이의 영역에서 층류 분리 버블이 형성된다. 따라서 분리점 이전의 흐름은 층류이다. 층별 분리와 난류 재부착에서 천이는 흐름의 교란으로 일어나며, 이는 파도처럼 쌓이고 마침내 불안정해진다. 이러한 분리 버블은 날개 전체의 압력 분포에 상당한 영향을 줄 수 있다. 이것은 결과적으로 항력이 크게 높아질 수 있어 에어포일에서 분리 버블이 발생해서는 안 된다. 이 지점에 와류발생기를 부착한다면 이것은 난류 천이를 강제하여 경계층의 분리 없이 날개에 부착된 상태로 유지되거나 최소한 분리 지점이 가능한 한 뒤로 이동되도록 한다.

(8) 경계층 제어

경계층에서 공기흐름 속도 프로파일은 표면에 가까울수록 더 낮아지고 있음이 명백하다. 날개와 같은 부분에서 낮은 에너지의 경계층은 제어할 수 있어야 한다. 일반적으로 경계층 제어는 다음과 같은 방법이 있다.

① 터뷸레이터 또는 와류발생기

② 슬랫/슬롯

③ 흡수 표면

④ 송풍(blowing) 방식

⑤ 흡입(suction) 방식

1.3 고속비행

1.3.1 제트엔진과 고속비행

제트 운송용 항공기는 더 빠르고, 소음이 낮은 그리고 안전성을 추구하면서 대부분은 음속에 근접한 속도에서 운항한다. 이처럼 고속비행을 위해서는 필연적으로 높은 출력의 엔진이 필요했다. 제트엔진 개발과 함께 시속 800km를 돌파하면서 동시에 엄청난 항력에 직면했고, 이를 극복하기 위한 새로운 항공기 설계가 필요했다. 고속비행을 위한 제트엔진 개발이 첫 번째 성공 요소였다면, 두 번째 성공 요소는 날개의 후퇴익 설계이다.

항공기 속도가 음속에 근접함에 따라 항력이 극적으로 증가한다는 것을 알았다. 결국, 항공기는 엔진의 추력과 항력의 크기에 의해 제한된다. 대부분 제트 운송용 항공기는 터보팬 엔진을 탑재함으로써 더 큰 추력을 생산하는 데 성공했고, 날개를 뒤로 더 젖힘으로써 항력을 최소화한 형상은 모든 고속 및 초음속 항공기 외형이 날렵한 모양이 되었다. 항공기 설계의 변화 외에도 더 높은 고도로 비행함으로써 공기 저항을 낮추기 위한 고고도 항공역학에 관한 연구가 활발하게 진행되고 있다. 항공기가 더 높은 고도에서 비행할수록 공기가 희박해져 속도는 더 빠르고 연료를 절약할 수 있어 경제적이다. 그러나 너무 높은 고도는 산소가 희박해져 엔진 성능에 영향을 줄 수 있다. 이것이 절대상승한도와 실용한승한도이다.

1.3.2 공기 압축성

일반항공에서 다루는 아음속 에어포일에서 발생하는 공기역학적 양력은 비압축성으로 고려한다. 아음속은 대략 마하 0.3~0.4 이하이고, 특정 고도에서 압력이 변하더라도 공기밀도는 거의 일정하게 남아 있는 특성이 있

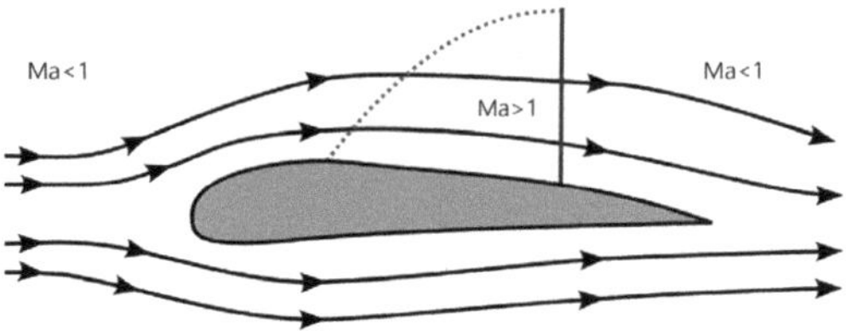

【그림1-15】 고속 아음속 날개 윗면에서 수직충격파가 발생할 수 있는 조건이 형성된다. 수직충격파는 뭉툭한 물체의 앞쪽, 원통과 같은 관 속에서도 형성될 수 있다. 수직충격파를 통과한 흐름의 속도가 아음속으로 감속하는 특성을 엔진 흡입구에서 초음속 흐름을 아음속까지 감속하는 데 유용하게 활용된다.

다. 아음속 공기역학에서 공기는 물과 같이 압력이 일정한 유체의 한 종류로 간주한다. 또한, 공기의 점성은 무시하고 이상유체(ideal fluid)에 적용되는 연속성의 법칙, 베르누이 정리(Bernoulli's principle), 순환이론을 적용할 수 있다. 그러나 실제 공기는 압축할 수 있고 점성도 존재한다. 압축성 효과(compressibility effect)는 저속에서 무시할 정도이지만, 음속에 가까워지면 공기는 압축되고, 압축되면서 공기밀도가 증가하므로 압축성 효과가 크게 작용한다.

비행 중 날개 윗면으로 흐르는 공기가 가속되면서 양력이 발생한다. 날개 윗면을 흐르는 공기의 속도는 항공기 속도보다 빠르므로 비록 항공기가 아음속에서 비행하고 있을지라도 [그림1-15]와 같이 국지적으로 음속에 도달할 수 있다. 일부 항공기는 받음각이 클 때 날개 윗면을 지나는 공기의 속도가 항공기 속도의 2배가 되기도 한다. 이 같은 상황에서 비행 중인 항공기에는 아음속과 초음속 흐름이 동시에 존재한다. 이 구역에서 공기 속도가 음속에 도달하는 최대 캠버(maximum camber)에서 공기의 압축 효과가 발생한다. 이에 따라 충격파(shock wave)가 발생하여 항력이 급증하고, 심한 진동(buffeting)을 동반하면서 항공기 안정성이 떨어지고 때로는 조종이 어려울 수 있다.

1.3.3 고도와 속도의 관계

고고도에서 제트엔진에 영향을 줄 수 있는 기온과 밀도는 해수면과 비교해서 현저히 낮다. 음속 역시 고도가 높아짐에 따라 기온이 낮아지기 때문에 감소한다. IAS, CAS, EAS, TAS 그리고 마하수의 관계는 비행 환경에 따라 달라질 수 있다. 여기서 IAS와 CAS는 거의 등가이고, EAS는 주로 구조적 하중을 결정하는 데 사용된다면 고속비행에서 IAS, TAS 그리고 마하수의 관계를 이해해야 한다.

(1) IAS와 TAS

고도가 높아짐에 따라 공기밀도가 감소하므로 진대기속도(TAS)는 [그림 1-16]과 같이 지시대기속도(IAS)보다 점진적으로 증가한다. TAS는 항공기가 비행하고 있는 공기에 상대적인 대기속도이므로 상승함에 따라 TAS는 속도계가 지시하는 대기속도보다 더 높다. 이것은 상승함에 따라 기압이 감소하고 피토관에 유입되는 공기밀도가 감소하기 때문이다. 이 때문에 지시대기속도(IAS or CAS)는 진대기속도(TAS)보다 낮게 지시한다. 대략 TAS는 IAS보다 고도 1,000피트당 2% 더 높게 지시한다. 예를 들어 표준대기에서 IAS 100노트와 15,000피트로 비행하고 있는 항공기는 TAS 126노트로 비행하고 있다는 것을 의미한다. 일반적으로 IAS, CAS, EAS를 대략 등가라고 한다면 IAS와 TAS의 관계를 다음과 같이 나타낼 수 있다.

[저속] $$IAS \approx CAS \approx EAS = TAS\sqrt{\frac{\rho}{\rho_0}}$$

$$TAS = \frac{EAS}{\sqrt{\sigma}}$$

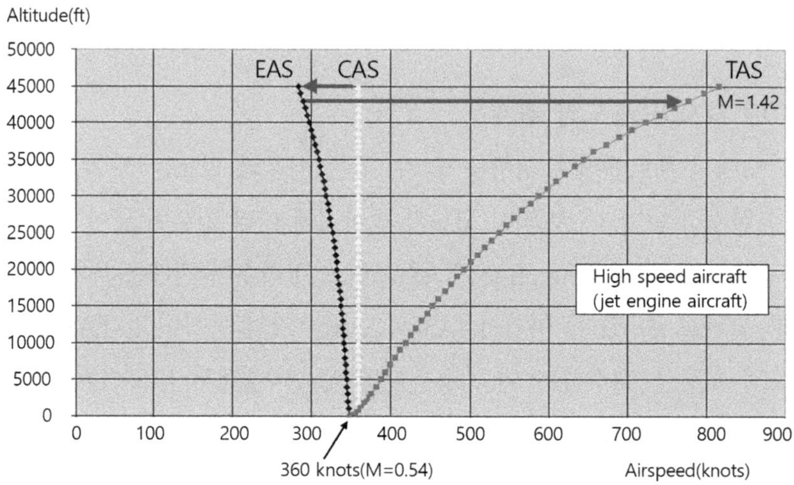

【그림1-16】 항공기는 360노트(M=0.54)의 일정한 속도(CAS)로 상승하고 있다. 고고도에서 EAS에는 감소했지만, TAS는 M=1.42까지 증가했다.

[고속] 마하수(M)와 정적 기온비를 이용한 TAS는 다음과 같다.

$$TAS = a_0 M \sqrt{\frac{T}{T_0}}$$

- σ= 해수면과 고도에서의 밀도비($\frac{\rho}{\rho_0}$)
- a_0= 해수면 음속
- $\frac{T}{T_0}$= 해수면과 고도에서의 기온비

국제표준대기의 해수면 그리고 압축성을 무시할 수 있는 저속에서 IAS와 TAS는 같지만, 공기밀도나 기온이 표준대기 해수면 조건과 다를 때 IAS와 TAS는 상당한 차이가 발생하므로 항공기 성능에 반영하지 않는다. 고도나 기온의 증가로 인해 공기밀도가 감소할 때 속도계 지시(IAS)는 TAS보다 낮다. 이러한 이유로 TAS는 직접 측정할 수 없고, 비행 계산기

나 컴퓨터를 사용해서 계산해야 한다.

(2) TAS와 마하수

저속에 필요한 데이터는 정적 기온, 기압고도 및 IAS(CAS)이다. 그러나 약 100노트 이상에서는 밀도 오차가 크게 증가하며 고도가 증가함에 따라 더 높은 속도 및 고도(FL250 이상)에서 TAS는 IAS와 상당한 차이가 발생한다. TAS가 대략 300노트 이상일 때 대기속도는 마하수를 기준으로 해야 한다. 마하수(Mach number)는 압축성 효과를 포함하여 위의 데이터를 통합하기 때문이다. 최신 항공기 계기 시스템에서는 에어 데이터 컴퓨터를 사용하여 실시간으로 TAS, GS 그리고 마하수를 전자 비행계기 시스템에 직접 표시한다. TAS와 마하수의 관계는 기온 변수만 있고, 항법 컴퓨터 또는 다음과 같은 공식으로 구할 수 있다.

$$TAS = Mach\ No \times 38.95\sqrt{T}$$

[사례] 다음과 같은 조건에서 TAS는 얼마인가? (T: 절대온도)

• OAT=−47°C

• Mach number=0.82

OAT -47°C = (273 - 47) = 226K

TAS = 0.82 × 38.95 × $\sqrt{226}$ = 480 knots

(3) IAS와 마하수

일반적인 상승 경로와 이를 따르는 속도는 저속에서 IAS 그리고 고속일 때 마하수를 사용한다. 고고도 고속비행에서 이들 두 속도의 관계를 이해해야 하는 것은 어느 하나 또는 다른 한계에 근접했을 때 항공기에 미치는 영향을 경고해 주기 때문이다. 저속일 때는 실속될 수 있는 저속 버핏 경계에 직면할 수 있음을 경고하고, 고속에서의 한계는 고속 버핏으로 윙 드롭(wing drop) 또는 마하턱에 직면할 수 있음을 경고한다.

고고도 고속비행에서 IAS와 마하수는 저속과 고속비행에서 항공기 운항에 관한 유의미한 관계를 알 수 있다. 기본적으로 IAS는 항공기에 대한 공기의 동적 압력(dynamic pressure)을 나타내므로 날개에서 필요한 양력을 얼마나 생성할 수 있는지를 나타내는 지표이다. 예를 들어 비행기가 이륙한 후 안전 속도 155노트에서 받음각이 증가하여 날개 내리흐름이 더 이상 유효하지 않은 속도로부터 대략 30노트 정도 마진을 유지하고 있을 때 이 속도보다 더 낮추면 공기흐름의 분리가 발생하여 결국 저속 버핏 경계를 초과하여 실속될 수 있다. 또한, 임계 마하수 이하를 유지하는 동안 고도가 더 높아졌을 때 IAS는 더 감소하고 다시 한번 저속 버핏 경계(buffet margin)에 가까워져 고고도 실속이 발생할 수 있다.

일정한 IAS(CAS)를 유지하고 상승했을 때 [그림1-16]과 같이 TAS와 마하수는 증가한다. 이와 같은 맥락에서 일정한 마하수로 상승할 때 IAS와 TAS 모두 점진적으로 감소함으로써 고도가 높아질수록 이들 두 속도가 서로 교차하게 되는 속도 회랑(speed corridor)에서 비행하게 된다. 항공기가 이들 속도의 정점 경계에 도달했을 때 이것은 코핀 코너(coffin corner)라 한다. 일반적으로 여객기는 순항고도에서 저속 및 고속 버핏에 대한 충분한 마진을 유지하고 비행하지만, U2와 같은 매우 높은 고고도에서 비행하는 항공기는 순항고도 70,000피트에서 각 버핏 경계까지 단 몇 노트 정도의 마진을 유지하고 비행한다.

(4) IAS, EAS, TAS 그리고 마하수

항공기가 일정한 속도(예, IAS/CAS)로 상승했을 때 다른 속도에 미치는 영향은 다르게 나타난다는 것을 강조했다. 일반적으로 대류권계면(극과 적도에 따라 대략 36,000피트)까지 기온은 일정하게 낮아진다. 그러나 대류권계면 위의 등온층(isothermal layer)으로 인해 대류권계면 아래의 층과 다른 결과가 나타난다. 대류권계면까지 기온은 일정 비율로 낮아진다. 그 이상 높이로 계속 상승했을 때 기온이 변하지 않는 층이 존재한다. 일반적으로 성층권에서는 고도가 높아짐에 따라 기온이 높아지는 역전 현상이 발생한다. 이 같은 현상은 태양에 의해 방출되는 자외선을 잘 흡수하는 성층권 오존(ozone)의 존재로 인한 것이다. 태양에너지가 아래로 투과할 때 성층권 아래로 갈수록 점점 더 적은 양이 되어 기온은 낮아진다. 위로부터의 태양에너지 흡수로 인한 아래쪽 열전달 감소는 성층권 하부에 등온층을 생성하면서 발산하는 열로 상쇄된다. 결과적으로 성층권 아래와 대류권계면 사이에 등온층이 형성된다. 따라서 대류권계면을 기준으로 다음과 같은 변화를 예상해야 한다.

① 대류권계면 아래

- 일정 IAS/CAS로 상승한다면 TAS 및 마하수는 증가한다.
- 일정 마하수로 상승한다면 IAS/CAS 그리고 TAS가 모두 감소한다.
- 일정 TAS로 상승한다면 마하수가 증가하지만, IAS/CAS는 감소한다.

② 대류권계면 위

- 일정 IAS/CAS로 상승한다면 TAS 및 마하수는 증가한다.
- 일정 TAS 또는 마하수로 상승한다면 IAS/CAS는 감소한다.

❯ **CAS - TAS - MACH Envelope**

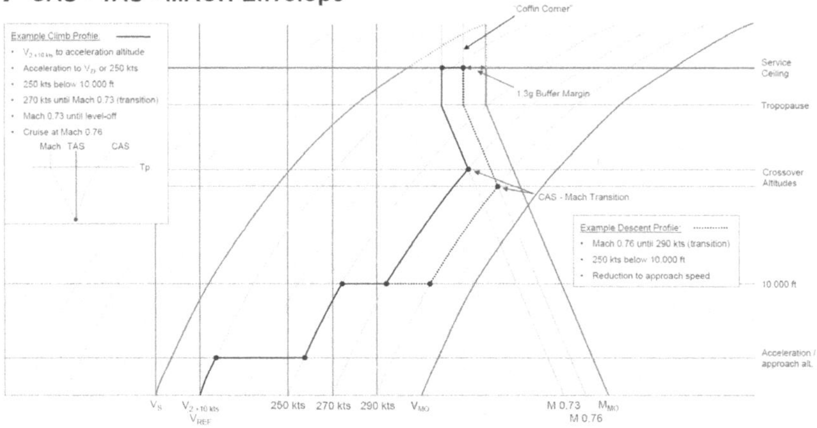

【그림1-17】 IAS, TAS 그리고 마하수의 변화에 따른 VS, VMO, MMO 그리고 코핀 코너의 관계를 관찰할 수 있다. 항공기는 이들 한계 내에서 충분한 마진을 유지하고 비행해야 한다. 서비스 실링에 다가가면서 저속 버핏 경계와 고속 버핏 경계는 점점 더 좁아지고 있다. 그 이상 고도에서는 코핀 코너에 진입할 수 있다. 그리고 상승 중 TAS가 일치하는 CAS와 마하수가 교차하는 고도에서 IAS(CAS)에서 마하수로 전환해서 관찰해야 한다.

운송용 제트항공기는 고도의 증감에 따라 운항과 직접 관련한 IAS(CAS)에서 마하수(상승)로 그리고 마하수에서 IAS(CAS-강하)로 변경해서 모니터해야 한다. [그림1-17]의 사례를 보자. 항공기는 대기속도(VMO, 구조물 하중과 관련한 속도)와 마하수(MMO, 충격파 형성으로 버핏)에 의해 제한된다. 저고도에서는 음속이 높아 항공기는 지시대기속도(IAS)에 의해 제한되고, 고고도에서는 음속이 낮아 항공기는 마하수에 의해 제한된다. 일반적으로 항공기는 최대속도 한계로 비행하므로 어느 고도에 도달해서 IAS 한계에서 마하수 한계로 전환해야 한다. 이것은 일정한 IAS를 유지하고 상승했을 때 마하수는 지속 증가하고, 반대로 일정한 마하수를 유지하고 상승했을 때 IAS는 감소하기 때문이다. [그림1-17]의 차트는 표준대기를 가정할 때 고도 증가에 따른 다른 속도의 변화이다. 항공기는 해수면에서 IAS 250노트로 상승을 시작했다. 고도 10,000피트에서 IAS 270노트로 가속했고, 이후 일정한 IAS를 유지하고 상승함에 따라 TAS와 마하수 모두 증가한다. 교차 고도(crossover altitude)에서 마하 0.73으로의 전환이 이루어진다. 마하 속도가 MMO에 가까워지고 있는 것을 볼 수 있다. 이 시점부터 TAS와 IAS 모두 감소한다. 대류권계면(대략 35,000피트)을 통과하면서부터 등온층이 되고 TAS는 거의 일정하게 유지된다. 항공기는 수평으로 전환하고 마하 0.76으로 순항한다. 이때 MMO에 가까워지고, 1.3G 마진을 유지하고 있다.

1.3.4 VMO/MMO

V_{MO}/M_{MO}는 운송용 제트항공기의 최대운용속도(maximum operating speed)이다. [그림1-18]과 같이 V_{MO}는 지시속도 또는 수정속도(IAS or CAS)로 노트 단위로 표시되고, M_{MO}는 마하수로 표시된다. V_{MO}는 V_{NE}와 같이 저고도에서 구조적 하중과 플러터(flutter)와 관련이 있고, M_{MO}는 고고도에서 압축성 효과와 플러터 발생과 관련이 있다. 고도가 낮을수록 구조적 하중과 관련한 버핏이 발생할 수 있고, 고도가 높아질수록 압축성 효과와 관련된 버핏이 발생할 수 있다. 따라서 이 속도제한을 준수함으로써 플러터 또는 동압으로 인한 문제(마하턱, 도움날개 역효과, 공기역학적 소음)를 방지하고, 압축성 효과로 인한 항공기 조종성 문제를 감소시키면서 양력 손실 또는 진동이나 버핏을 초래하는 충격파로 인한 공기흐름의 분리를 방지한다. 예를 들어 항공기가 VMO까지 가속하여 일정 CAS로 상승하고 있다고 했을 때 CAS 그리고 마하수와 관련해서 서로 다른 변화가 발생한다. 상승함에 따라 공기밀도는 낮아지고 TAS는 증가한다. 반면 기온은 점점 더 낮아지면서 음속은 감소한다. 이들 두 효과에 의해서 마하수

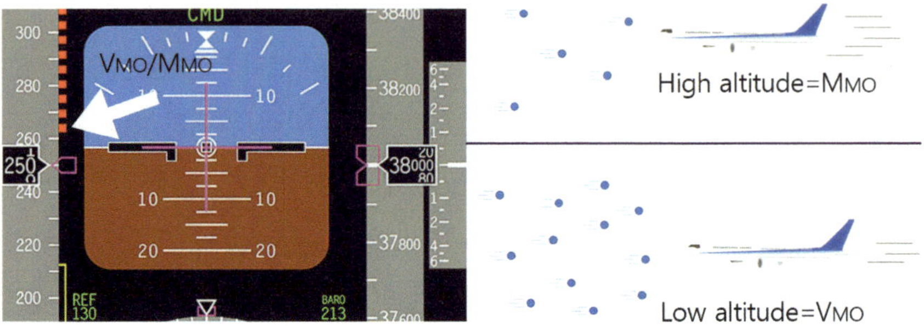

【그림1-18】 VMO/MMO는 비행기가 초과해서는 안 되는 구조적 최대속도이다. 대기는 저고도일수록 공기밀도가 높아 대기속도에 대한 공기 압력은 상대적으로 크다. 따라서 속도는 높이면 저고도에서는 VMO에 먼저 도달한다. 그러나 고고도에서는 공기밀도가 낮아 속도를 높여도 공기 압력은 상대적으로 크지 않다. 이때 VMO는 여유가 있지만, 공기 입자에 대한 대기속도가 음속에 가까워지기 때문에 MMO로 제한된다. 고고도에서는 음속 기준의 속도가 MMO를 넘지 않도록 주의해야 하므로 조종실 속도계에는 마하수로 나타낸다.

는 증가한다. 결국, 마하수가 MMO에 도달하게 되고, 이 시점부터 VMO가 아닌 MMO에 의해 제한되어야 한다. VMO와 MMO가 같아지는 고도는 이들의 정확한 값과 실제 환경 조건(예: 기온)에 따라 달라진다. 조종사는 이를 적절하게 제어할 수 있어야 한다. 초기 민간 운송용 제트항공기의 표준대기에서 대략 FL 310까지 V_{MO} 제한은 306 CAS였다. 이 고도에서 306 CAS와 등가의 M_{MO}는 0.82이다. 이 고도 이상에서 M_{MO} 0.82는 항상 306 CAS보다 낮은 CAS와 동등하다. 따라서 이것이 M_{MO} 속도제한을 초과하지 않고 M_{MO} 제한속도에 도달하지 않아야 하는 운용제한이 된다.

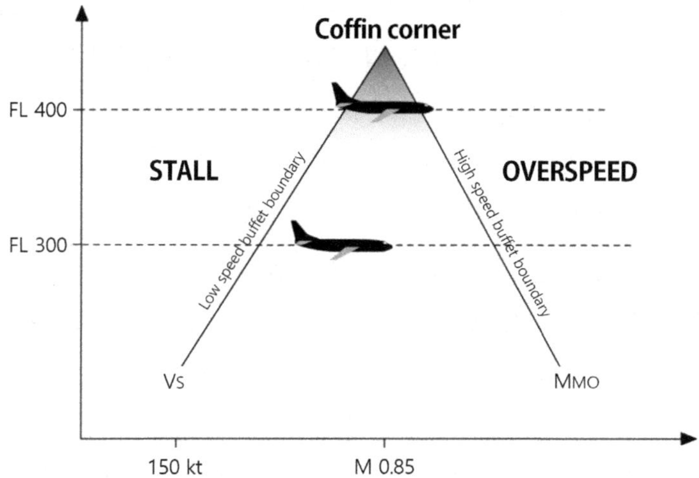

【그림1-19】 일정한 마하수로 계속 상승했을 때 특정 고도에서 지시속도가 실속속도 영역에 진입할 수 있다. 이때 조종사가 속도를 낮추면 저속 버핏 경계에 진입할 수 있고, 속도를 높이면 고속 버핏 경계에 들어갈 수 있다. 이를 코핀 코너라 한다.

1.3.5 코핀 코너: 마하수 대비 대기속도

코핀 코너(coffin corner; 공기역학적 실링 또는 Q-코너)는 [그림1-17, 19]와 같이 주어진 총중량과 G-힘 하중에서 고속으로 비행하고 있지만, 아음속 비행기의 실속속도가 임계 마하수 근처에 있는 비행 영역이다. 이 비행 영역에서 비행기를 안정적으로 비행하는 것이 매우 어렵다는 의미에서 붙여진 용어이다. 실속속도는 수평비행을 유지하는 데 필요한 최저 속도이기 때문에 속도의 감소는 비행기 실속과 함께 급격한 고도 상실을 초래할 것이다. 또한, 임계 마하수는 흐름 분리와 충격파에 의해 공기가 양력을 잃지 않고 날개 위를 이동할 수 있는 최대속도이기 때문에 속도의 증가는 비행기가 양력을 잃거나 급격한 노스-다운(nose-down)으로 상당한 고도를 상실하게 될 것이다. 코핀 코너는 실속속도와 임계 마하수가 서로 몇 노트 이내에 있는 비행영역선도 꼭대기에 있는 삼각형 모양으로 나타난다. 실속속도와 임계 마하수가 일치하는 속도가 항공기의 절대상승한도(absolute ceiling)이다.

대기속도가 마하수에 따라 어떻게 변화하는지 이해하는 것은 중요하다. 운송용 제트항공기의 실속속도가 고도의 증가에 따라 어떻게 변하는지를 생각해 보자. 고도가 증가함에 따라 공기밀도와 기온은 감소한다. 예를 들어 한 여객기의 순항비행 총중량이 550,000파운드라고 가정하자. 이 여객기는 해수면에서 실속속도는 약 152노트(CAS)이다. 해수면이기 때문에 실속이 발생하는 진대기속도(TAS)는 CAS와 같은 152노트(TAS)가 되고 마하수 0.23이다. FL 380에서 여객기는 여전히 152노트(CAS)에서 실속될 수 있지만, 진대기속도 287노트(TAS), 그리고 마하수 0.50에서 실속될 것이다. 이 사례에서 실속속도는 CAS와 같을지라도 마하수와 진대기속도는 증가한 것을 알 수 있다.

고도의 증가와 함께 공기밀도가 감소하는 것을 고려한다면 CAS/IAS를 동일하게 유지하기 위해서는 더 빠른 진대기속도가 요구된다는 것을 의미한다. 위의 사례에서 날개의 동압은 FL 380에서 진대기속도 287노트(TAS)와 해수면에서 진대기속도 152노트와 동등하지만, 이것은 더 높은 마하수로 비행하고 있음을 의미한다.

또 다른 고려 요소는 음속이다. 음속은 기온에 비례하므로 기온 감소는 음속의 감소를 의미한다. 따라서 항공기의 고도 상승과 함께 외부 기온의 감소는 음속의 감소를 의미한다. 해수면에서 음속은 대략 661노트이고, FL 380에서는 574노트이다. 그리고 위의 사례에서 운송용 제트항공기가 실속이 발생하는 속도는 해수면에서 152노트(TAS)이며, FL 380에서는 287노트(TAS)이다. 이를 마하수로 환산하면 마하 0.23(152÷661)에서 0.50(287÷574)으로 증가했다. 실속은 변함없이 152노트에서 발생한다.

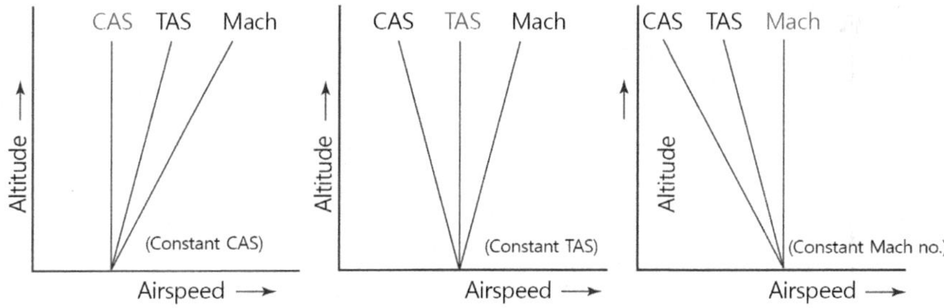

【그림1-20】 이 그래프는 대류권계면 아래에서 고도 증가에 따른 CAS, TAS, 그리고 마하수의 대략적인 변화를 보여준다. 일반적으로 조종사는 IAS를 참고해서 비행하기 때문에 일정한 CAS(IAS)로 상승한다면 TAS와 마하수는 증가한다. 일정 마하수로 상승한다면 CAS와 TAS 모두 감소한다.

이것은 여객기가 고도 증가와 함께 일정한 CAS에서 발생하는 것이지만 상승 중 일정한 마하수를 유지했을 때 다른 속도의 변화를 설명하고 있다.

일반적인 운송용 제트항공기 운용에서 상승은 10,000피트까지 250노트(IAS, 또는 중형 항공기는 더 높은 속도)로 상승한 다음 순항고도까지 일정한 마하수에서 상승할 수 있는 20,000~30,000피트 사이의 고도에 도달할 때까지 지정된 순항항로 상승 속도로 상승한다. 예를 들어 해수면에서 M_{MO} 0.82에서 FL 380까지 상승하는 것을 가정했을 때 CAS는 543노트에서 261노트로 감소한다. 각 고도에서 IAS는 동일 행태에 따르고 단지 몇 노트 정도 차이가 난다. 마하수는 음속과 진대기속도의 비율이다. 이것은 일정한 마하수에서 상승할 때 CAS(TAS, 또는 IAS)는 감소한다는 것을 의미한다. 다시 말해서 CAS(TAS, 또는 IAS)의 감소와 함께 일정한 마하수에서 상당한 고도까지 계속 상승한다면 항공기는 실속속도에 접근하고 있음을 의미한다. 일정한 마하수를 유지하고 상승 중 실속속도의 일부 비행 영역이 해당 항공기의 M_{MO}와 동등해질 수 있고, 이때 조종사는 속도를 더 낮추지도(실속 없이) 속도를 더 높이지도(최대운용속도 초과함이 없이) 못하

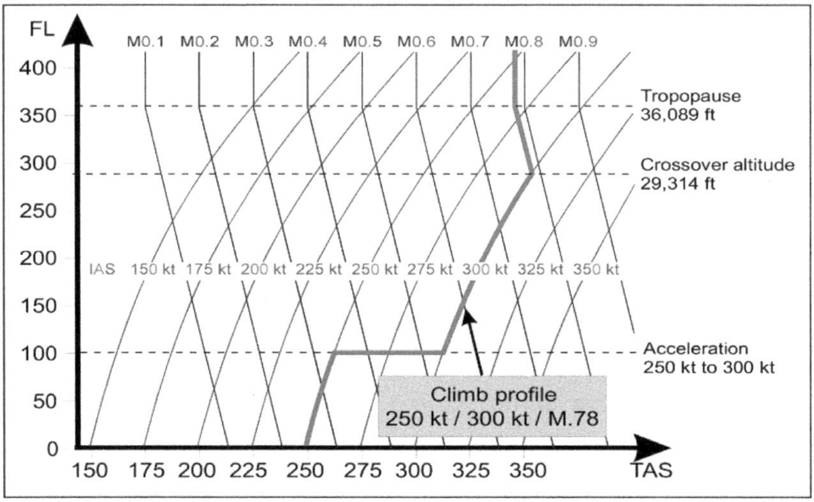

【그림1-21】 교차 고도는 IAS(CAS), TAS, 그리고 마하수에 따라 다르게 지시함으로 특정 고도에 도달해서는 IAS(CAS)에서 마하수로 전환해 속도 변화에 따른 운용제한을 피할 수 있다.

게 된다. 이 상황을 코핀 코너(coffin corner; Q corner)라 한다.

1.3.6 교차 고도

교차 고도(crossover altitude or changeover altitude)는 지정된 CAS와 마하수가 동일 TAS를 나타내는 고도이다. 이 고도 이상에서는 마하수를 기준으로 전환하여 모니터해야 한다. 이 고도는 상승 및 강하 프로파일에 자주 사용된다. [그림1-21]의 사례에서 항공기는 250노트, 300노트 그리고 마하 0.78 속도로 상승하고 있는 속도 프로파일이다. 이 항공기의 교차 고도는 29,314피트이다.

대기속도는 피토관을 통과하는 공기로 지시되므로 고고도에서 공기밀도가 희박해짐에 따라 실제 지구에 대해 비행하는 것보다(TAS) 더 낮은 속도를 지시한다. 고고도에서 속도계는 항공기가 실제로 비행하는 것보다 훨씬 낮은 대기속도를 지시한다. 이것은 공기밀도가 낮기 때문이다. 속도계는 항공기의 전진으로 인해 피토관 입구에 영향을 미치는 압력을 측정하므로 고고도에서 공기 분자가 적기 때문에 압력이 더 낮다. 항공기가 대략 28,000피트 상승하면 항공기는 CAS가 아닌 마하수를 지시하기 시작한다. TAS는 항공기가 공기 속을 이동하는 실제 속도이다. 이것은 마하수와 TAS는 속도와 고도 표시를 제공하는 에어 데이터 컴퓨터에 의해 자동으로 계산된다.

1.3.7 마하 버핏

마하 버핏(Mach buffet)은 항공기의 비행 속도가 아니라 날개 위의 공기흐름의 속도에 대한 함수이다. MMO 근처에서 속도가 너무 빠르거나 높은 받음각과 같이 날개 위에서 양력 발생 필요가 너무 클 때마다 "고속 버핏"이 발생한다. 또한, 너무 낮은 속도에서도 "저속 버핏"이 발생할 수 있다. 항공기 총중량과 고도와 관련해서 너무 저속으로 비행했을 때 높은 받음각이 필요하고, 이때 저속 마하 버핏이 발생할 수 있는 조건이다. 이처럼 높은 받음각에서 비행은 고속 버핏 조건과 마찬가지로 충격파와 버핏의 영향이 발생할 때까지 날개 윗면의 공기흐름 속도를 증가시키는 효과가 있다. 날개의 받음각은 항공기의 고속 또는 저속 경계에서 마하 버핏을 유도하는 데 가장 큰 효과가 있다. 비행 중 받음각을 높이는 비행 조건, 날개 윗면의 공기흐름 및 마하 버핏 발생 가능성은 다음과 같다.

① 고고도: 항공기가 더 높은 고도에서 비행할수록 공기는 얇아지고, 수평비행을 유지하는 데 필요한 양력을 생산하는 데 더 큰 받음각이 필요하다.

② 중량: 항공기가 무거울수록 날개는 이를 지지하기 위한 더 큰 양력 생산이 필요하고, 다른 모든 요소의 변화가 없을지라도 받음각은 증가해야 한다.

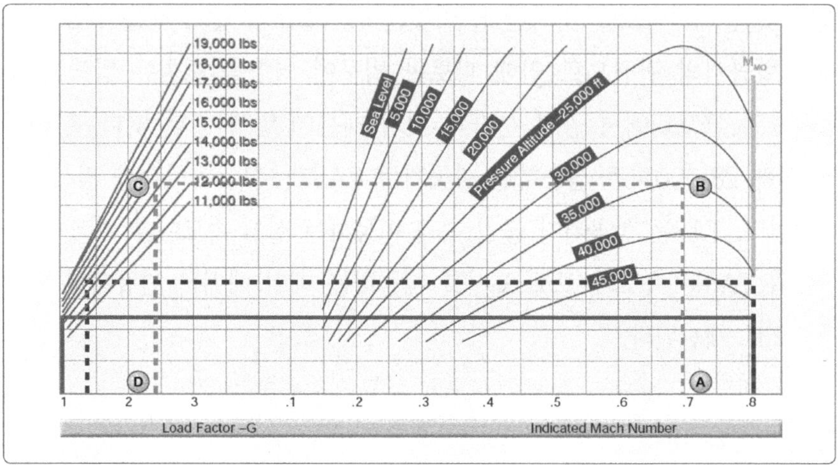

【그림1-22】 Mach buffet boundary chart

③ G-하중: G-하중의 증가는 항공기의 무게를 증가시키는 것과 동일 효과가 있고, 선회, 과격한 조종, 난기류 등의 상황에서 날개 받음각을 증가시키는 것과 같은 효과가 있다. [그림1-22]와 같이 하중계수(G-factor)가 증가하면 저속 버핏 속도를 증가시킬 수 있다. 예를 들어 고도 51,000피트, 1G 하중계수에서 마하 0.73으로 비행하는 비행기는 하중계수 1.4G에 직면할 수 있다. 따라서 조종사는 특정 기종 및 연식에 따른 기동 및 난기류에 충분한 여유를 가질 수 있는 권장 난기류 통과 속도의 최대 순항 비행 고도와 속도를 선택해야 한다. 이 속도는 일반적으로 고속 버핏과 저속 버핏 사이에 가장 큰 마진을 제공한다.

❖ 후퇴익

후퇴익(sweep wing)이라는 용어는 일반적으로 날개를 뒤로 젖힌 형태의 날개를 의미하지만, 앞쪽으로 젖힌 전진익, 날개를 사선 모양으로 젖힌 형태 그리고 젖힌 각도를 변화시킬 수 있는 형태 또는 끝단을 약간 절단한 변형된 형태의 델타 날개 등이 있다.

❖ 용어 정의

- V_{MO}: Maximum operating (limit) speed
- M_{MO}: Maximum operating Mach number
- 플러터(fluter): 공기흐름에 의한 에너지를 받아 발생하는 진동이다. 비행기 속도가 빨라졌을 때 주날개의 내리흐름이 꼬리날개에 강하게 부딪히는 공기역학적 힘으로 인해 발생하는 심한 진동 현상이다.
- 버핏(buffet): 비행기가 외부 공기흐름(강한 난기류 또는 유도 난기류)이 항공기의 어느 부분에 강하게 부딪히면서 발생하는 흔들림 현상이다.
- 버즈(buzz): (윙윙) 울리는 공기역학적 소음.

❖ 스틱 푸셔와 스틱 셰이커

스틱 셰이커(stick shaker)는 실속 경고 장치이지만, 스틱 푸셔(stick pusher)는 실속 회피 장치이다. 스틱 셰이커는 조종사에게 임박한 실속을 경고하기 할 수 있도록 조종간을 심하게 흔들면서 경고음을 발생시키는 기계장치이다.

❖ 관성 커플링(inertial coupling)

관성 커플링 또는 관성 롤 커플링(inertial roll coupling)은 고속비행 현상으로 무거운 동체의 관성이 항공기를 안정시키기 위해 날개와 공력에 의해 발생하는 공기역학적 힘과 모멘트의 능력을 초과할 때 발생한다. 제트 전투기와 연구용 항공기가 피치 및 요 관성에 비해 길고 고밀도의 긴 동체로 인해 상대적으로 롤 관성이 작은 좁은 날개폭으로 개발되면서 이 현상이 발생했다.

❖ 윙 드롭(wing drop)

높은 받음각으로 비행 중 한쪽 날개에서 양력이 감소하면서 롤링 모멘트가 생성되어 날개가 그쪽으로 기울어지는 현상으로 비행기의 롤링 자세 제어력이 상실될 수 있다. 이 현상은 날개 무게의 불균형으로 인한 날개 기울어짐은 아니다.

1.4 고고도 비행

1.4.1 고고도 비행의 이점

대부분 운송용 제트항공기는 [그림1-23]과 같이 고고도에서 고속으로 비행하기 때문에 지상에서 유심히 관찰하지 않으면 거의 보이지 않는다. 이들 항공기가 높은 고도에서 비행하는 데는 고고도 비행에 따른 상당한 이점이 있기 때문이다. 민간 항공기의 순항고도는 이륙하여 상승한 후 계획된 고도에서 수평으로 비행하는 고도이다. 이 고도에서 비행함으로써 관제기관으로부터 수평 및 수직 분리 고도를 할당받아 항공기 사이의 충돌을 방지하고 경제적 비행을 할 수 있다. 항공기는 다양한 목적에 맞게 순항고도를 결정하지만, 해당 항공기의 최적 운항 효율을 고려해서 순항고도를 결정한다. 운송용 제트항공기의 순항고도는 통상 25,000~40,000피트 사이이다. 대륙을 횡단하는 것과 같은 장거리 비행이라면 순항고도는 여러 차례 변화가 있을 수 있다. 일반적으로 조종사는 항공기 무게에 따른 최적 순항고도를 결정한다. 고고도(high altitude)는 25,000피트 이상으

【그림1-23】 고고도 운송용 제트항공기에서 뿜어내는 비행운으로 항공기 존재를 관찰할 수 있다. 전형적인 여객기 순항고도는 대략 25,000~40,000피트 사이 그리고 속도는 대략 마하 0.85 내외이다. 콩코드 여객기의 순항고도는 대략 60,000피트에서 Mach 2.00으로 순항 비행한다면 지상에서 육안으로 식별하기 어렵다.

로 고려된다. 이것은 항공기 인증 필수요건으로 객실 오버헤드 패널 산소 마스크 드롭다운 시스템(oxygen mask drop-down system)을 의무적으로 설치해야 하는 고도이기도 하다. 이 고도 이상으로 계속 상승한다면 다음과 같은 현상들이 점점 더 중요하게 작용할 것으로 예상하지만, 이것으로 한정하지 않는다.

① 항공기를 조종할 수 있는 대기속도 범위가 지속 감소한다.

② 진대기속도(TAS)가 고도와 함께 증가하면서 항공기 운동량도 함께 증가한다. 그러나 공기역학적 제어와 안정성 효과는 모두 지시대기속도(IAS)에 달려있기 때문에 크게 변하지 않는다. 따라서, 조종면의 비행 제어가 비행경로에 영향을 미치거나 업셋(upset) 자세에서 회복하는 능력은 고도가 증가함에 따라 점진적으로 감소한다.

③ 감압 사고가 발생했을 때 산소가 부족한 탑승자의 유용의식시간이 급격히 감소한다.

④ 높은 고고도에서 탑승자는 더 많은 우주 방사선에 노출될 수 있다.

1.4.2 제트엔진과 고고도 비행

고고도에서 제트엔진의 높은 효율은 낮은 기온으로 인한 차고 밀도가 낮은 공기로 인해 최고의 연비로 최적의 순항 속도로 비행할 수 있다. 이처럼 낮은 기온은 엔진 RPM과 진대기속도(TAS)와 관련해서 제트엔진의 비연료소모(specific fuel consumption)를 감소시킨다. 또한, 고고도 순항비행은 일부를 예외로 하고 가장 높은 산(에베레스트산의 높이는 약 29,000피트)과 같은 장애물보다 훨씬 높은 고도이다. 조종사는 순항항로 선상에 있을 수 있는 최고 지형 높이에 주의해야 하지만, 대부분 고고도 비행은 이들 장애물로부터 안전한 충분한 고도이다. 제트엔진 항공기가 고고도 비행에 따른 이점은 기온, 공기밀도, 열효율, 항력 등이지만, 이것으로 한정

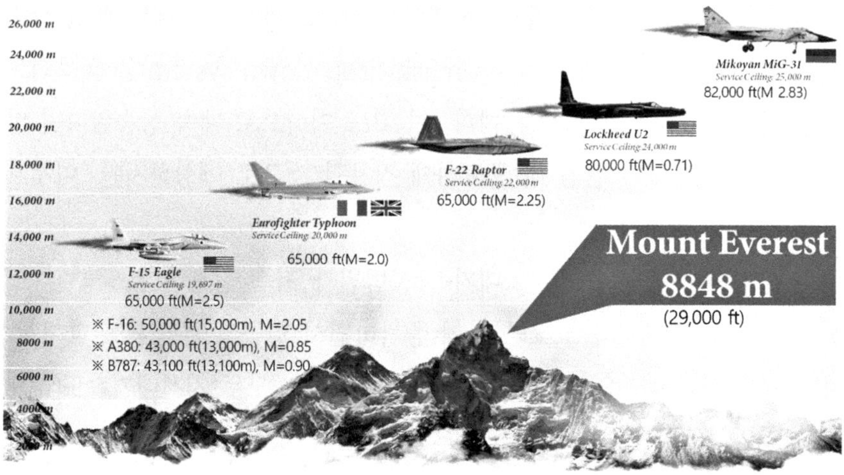

【그림1-24】 제트엔진 전투기의 서비스 실링 비교이다. 음속은 전투기와 아음속 운송용 항공기의 속도를 결정하는 요소이다. 대부분 전투기의 서비스 실링은 대략 50,000피트 정도이지만, MIG-31은 최대 82,000피트(25,000m)에서의 비행을 기록했다.

하지 않는다.

(1) 기온

기온은 고도와 함께 낮아지고, 제트엔진이 높은 고도에서 더 효율적인 이유 중 하나로 찬 공기를 가열하면 뜨거운 공기를 가열하는 것보다 더 큰 팽창 효과를 얻을 수 있기 때문이다. 제트엔진의 터빈을 구동하는 것은 가스의 팽창이기 때문에 압축기 효율이 높고 연소 가스의 팽창이 커질수록 낮은 연료 소모로 더 큰 추력을 발생시킨다. 일반적으로 표준 기온감률은 대류권(대략 36,000피트)에서 1,000피트당 약 2°C(3.5°F)이다. 그 이상에서 80,000피트까지 기온은 −55°C(−65°F)로 일정한 것으로 고려한다. 또한, 열 엔진의 특성으로 제트엔진은 주변 기온이 높을수록 성능은 떨어진다. 실제 기온이 높고 습한 날 항공기는 중량을 낮추거나 아니면 기온이 떨어질 때까지 대기한 후 출발하는 것은 이 같은 이유 때문이다. 고고도에서 찬 공기는 제트엔진이 극단적인 온도에 도달하지 않고 더 많은 연료를 연소하는 데 도움이 된다.

(2) 공기밀도

항공기가 상승함에 따라 흡입구(intake)에 유입되는 공기밀도 역시 점차 희박해진다. 따라서 흡입구를 통해 들어오는 공기량을 초당 일정하게 유지하기 위해서 항공기는 더 빠른 속도로 이동해야 한다. 항공기는 고고도에서 더 빠르게 이동함에 따라 밀도가 낮은 공기는 압축기에서 더 빠르게 가속되고 더 높은 압력비로 압축될 수 있다.

(3) 열효율

일반적으로 고고도에서 차고 밀도가 낮은 공기는 공기 대비 연료 혼합비가 낮아져 연료 효율이 향상된다. 제트엔진의 열효율은 흡입구 공기 온도와 배기노즐 배출 온도로 결정된다. 따라서 흡입되는 공기 온도가 낮을수록 효율은 높다. 고도가 높아질수록 공기밀도는 낮고 기온 역시 낮아진다. 고고도에서 차고 밀도가 낮은 공기가 흡입되면서 압축기에서 수행되는 일(work)이 그만큼 수월해진다. 이것은 엔진의 열효율을 증대시킨다. 밀도가 낮은 공기가 더 빠른 속도로 압축기로 유입되고 연료와 혼합되는 연소실로 보내진다. 연소실에서 연료-공기 혼합물은 거의 일정한 압력과 제한된 부피로 연소되어 압축가스는 최대로 팽창된다. 공기밀도는 일정한 압력을 받기 때문에 가열됨에 따라 감소한다. 연소실의 연소 가스와 흡입구의 연소되지 않은 가스의 밀도 비율은 절대온도로 측정된 온도비에 비례한다. 열효율은 흡기 온도가 낮을수록 높아지며, 외부(대기) 기온과 엔진 가스 온도의 차이는 더 커진다. 항공기는 더 높은 고도까지 상승함에 따라 최적의 순항고도에 도달한다.

(4) 항력

지구 대기의 공기는 고도가 증가함에 따라 희박해진다. 즉, 공기밀도의 변화가 발생하여 공기 분자의 수가 적어지고 이것은 항공기에 대한 공기 저항이 낮다는 것을 의미한다. 항력 면에서 동일 추력이라면 더 높은 고도에 있는 항공기가 더 빠르게 이동한다는 것을 의미한다. 이것은 결국 고고도에서 비행체를 추진시키는 데 필요 추력이 더 작다는 것으로 항공기는 더 효율적으로 비행하게 한다. 고고도일수록 공기 마찰이 작고 마찰이 작으며 대기속도는 높다. 이로 인해 엔진의 연료 연소가 감소하므로 연료 효율이 향상되어 항공기는 더 먼 거리를 비행할 수 있다.

❖ 고고도와 제트엔진 추력

항공기의 추진 시스템은 다른 방식으로 추력을 생산한다. 이것은 어느 한 추진 시스템이 다른 추진 시스템보다 연료 효율이 높을 수 있다. 항공기의 임무에 따라 특정 추진 시스템은 주어진 항공기에 더 적합할 수 있다. 일반적으로 높은 추력의 항공기는 낮은 추력 항공기보다 연료 효율이 높지 않다. 제트엔진 추력은 고도가 증가할수록 감소한다. 아래 그래프는 Pratt & Whitney JT8D-17 jet engine 사례이다.

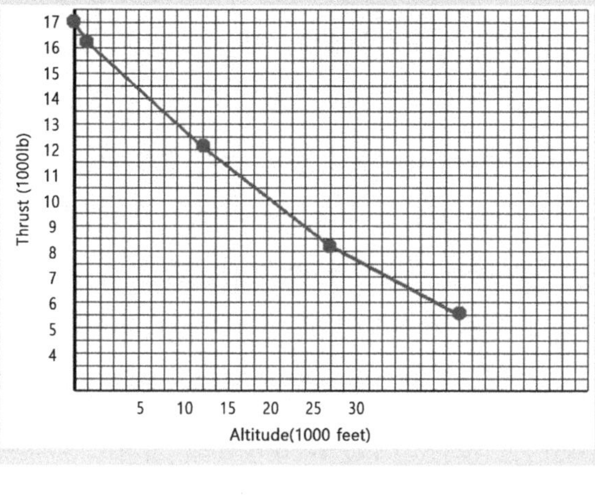

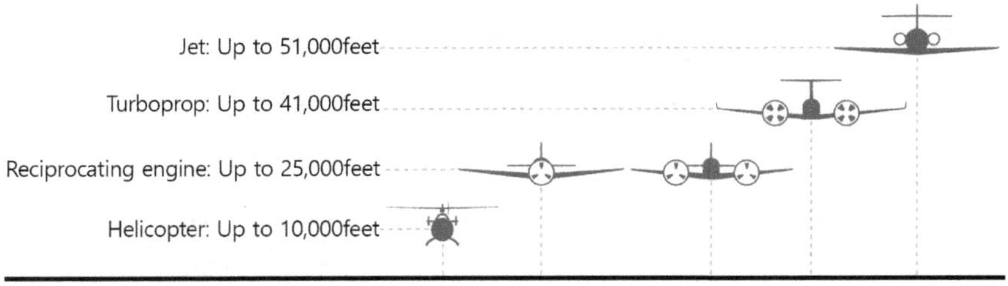

【그림1-25】 항공기에 따른 대략적인 상승한도가 있다. 일부 엔진은 출력 증대를 위해서 터보과급기를 사용하거나 재연소기를 탑재하여 더 높은 고도에서 비행할 수 있다.

1.4.3 상승한도(실링)

항공기는 무한정 고도까지 비행할 수 없으며 [그림1-25]와 같이 엔진 종류에 따라 도달할 수 있는 고도가 제한된다. 일반적으로 왕복엔진 항공기는 고도 10,000피트까지로 제한되지만, 터보프롭이나 과급기(supercharger or turbocharger)를 장착했다면 더 높은 고도까지 비행이 가능하다. 항공기 엔진 중 최정점에는 제트엔진이 있고, 더 높은 고도에 도달하기 위한 기술적 도전은 계속되고 있다. 여러 제한 사항 중 하나가 성능 제한으로 항공기 흡기엔진(air-breathing engine)은 공기의 밀도와 밀접한 관련이 있다. 일반적으로 왕복엔진이 고도 10,000피트로 제한되는 것은 엔진에 공급되는 공기밀도의 부족으로 엔진 성능에 영향을 줄 수 있기 때문이다. 이에 대처하기 위해서 터보 기계장치를 갖춘 왕복엔진은 더 높은 고도까지 비행할 수 있다.

(1) 실용 상승한도(서비스 실링)

항공기 성능과 관련한 실링(ceiling)은 [그림1-26]과 같이 비행영역선도(flight envelope)로 결정되는 일련의 조건에서 항공기가 도달할 수 있는 최대 밀도고도(density altitude)이다. 서비스 실링(service ceiling)은 상

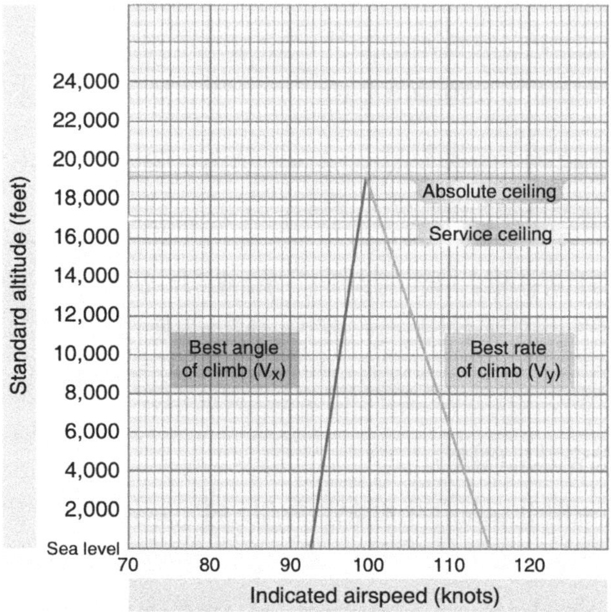

【그림1-26】 항공기 비행영역선도 사례

승률이 규정된 값 이하로 떨어지기 시작하는 밀도고도이다. 따라서 서비스 실링은 다음과 같은 조건에서 정상 운항 중인 항공기의 최대 고도이다.

① 클린 형상(플랩-업, 랜딩기어-업)

② 최고 상승률 속도

③ 모든 엔진 정상 작동

④ 최대 연속 동력

⑤ 주어진 상승률을 유지할 수 있는 밀도고도

⑥ 최대중량

일반 왕복엔진의 서비스 실링은 분당 100피트(0.51 m/s), 그리고 제트엔진 항공기는 분당 500피트(2.5 m/s)를 상승할 수 있는 고도이다. 대부분의 상업용 제트 여객기 서비스 실링은 약 42,000피트(12,800m), 그리고 비즈니스 제트기의 서비스 실링은 약 51,000피트(15,500m)이다. 참고로 콩코드 여객기의 서비스 실링은 약 60,000피트(18,300m)였다. 서비스 실링의 또 다른 정의는 항공기가 최대로 사용 가능한 고도이다.

(2) 절대 상승한도

절대 실링(absolute ceiling)은 항공기가 수평비행을 유지할 수 있는 가장 높은 고도이다. 다시 말해서 이보다 더 높은 고도에서는 최대 동력을 적용한다 해도 공기가 희박하여 날개에서 충분한 양력을 생산할 수 없다는 것을 의미한다. [그림1-26]에서 서비스 실링은 약 17,000피트이지만, 절대 실링은 약 19,300피트이다. 절대 실링은 엔진이 최대 추력으로 작동하는 고도이지만 양력은 항공기 무게와 일치하는 고도(수평비행만 가능)이기도 하다. 따라서 항공기는 더 상승할 수 있는 초과 성능이 없다.

또 다른 의미에서 절대 실링은 최대지속 상승률(대기속도 감속 없이)이 "0"이 되는 고도이다. 서비스 실링과 비교하여 상업용 항공기의 절대 실링은 표준 운용 목적보다 훨씬 높다. 재연소기와 같은 추력 증대 장치가 일시적으로 추력을 증가시키지 않고서는 대부분 점근적으로 상승률 "0"에 접근하는 수직 속도 때문에 도달하는 것이 불가능하다. 일시적 추력 증대에도 불구하고 일부 항공기가 절대 실링에 도달하는 것을 불가능하게 하는 또 다른 요인은 항공기가 "코핀 코너(coffin corner)"에 놓일 수 있다. 절대 실링은 기온 및 항공기 총중량(통상 MTOW에서 계산)에 따라 다르다.

1.4.4 최적 순항고도

운송용 제트항공기의 최적 순항고도는 주어진 추력 설정에서 최대 비행거리에 도달할 수 있는 고도이다. 제트엔진 항공기의 최적 순항고도가 높은 이유는 낮은 기온과 낮은 공기밀도와 관련이 있다. 항공기의 최적 순항고도에서 산소의 양은 연료/공기 혼합비가 이상적이고 항력 역시 매우 낮은 최적의 고도이다. 그러나 최적 순항고도는 대기 조건과 항공기 무게에 따라 달라질 수 있으므로 장거리를 비행하는 시간에 따라 변할 수 있다. 최적 순항고도에서 가장 경제적 작동으로 장거리 순항 비행하기 때문에 최저 연료 소모를 달성할 수 있어 최고의 경제성을 달성할 수 있다. 특히 기온의 큰 변화는 고도의 증가에 상응하는 기온의 감소와 함께 최적 고도를 크게 변화시킨다. 최적 고도에서 가장 경제적인 (economical; ECON) 모드로 운항할 때 운용 비용은 최소가 되며 장거리 순항(Long Range Cruise; LRC) 모드일 때 최저 연료 연소를 위한 순항고도이기도 하다. 두 경우 모두 항공기 중량이 낮아짐에 따라 최적 고도는 높아질 수 있다. 항공기가 최대 인증 고도 또는 고도가 운용적 상한일 때 중량 감소에 따른 속도 감소는 최저 연료 연소 프로파일을 유지하는 데 도움이 된다.

1.4.5 최대 운용 고도

최대 운용 고도(maximum operating altitude)는 각 항공기 기종에 고유한 세 가지 기본 특성을 참고하여 결정된다. 다음 중 가장 낮은 고도를 선택한다.

① 최대 인증 고도

항공기 비행 매뉴얼(AFM; airplane flight manual)에 명시된 최대 인증 고도로 이것은 구조적 한계이며, 통상 동체에 대한 가압 하중 한계로 지정된다. 그러나 구성 요소별 최대 작동 영역선도는 최소장비목록(MEL; minimum equipment list) 완화에 따라 출발할 때 하한을 지정할 수 있다.

② 추력 제한 고도

항공기 운용 중량 및 환경 조건에서의 추력 제한 고도로 특정 최저 상승 속도를 제공하기 위해 충분한 추력을 사용할 수 있는 고도이다. 특히 선회할 때 일반적인 제어 한계이며 사용 가능한 추력은 매우 작을 수 있다.

③ 버핏 발생 고도

일반적인 항공기 운용 중량과 환경 조건에서 선회, 기동 또는 난기류로 인한 [그림1-17]과 같이 1.3G의 하중이 저속 실속 또는 마하 실속과 관련된 버핏에 직면하지 않을 수 있는 최대고도이다.

Configuration C612	
MDGW	25,000 lbs
Fuel (Max)	8,700 lbs
Payload	600 lbs
Design Mach	1.4
Loudness	<75 PLdB
Engine	1xF414-GE-100
Landing Gear	F-16 Blk25 NLG F-16 Blk25 MLG

Control Surfaces	
Aileron	12.9 sq ft/+35/-25 deg
Flap	12.4 sq ft/+30/-3 deg
Stabilator	39.9 sq ft/+20/-15 deg
Rudder	8.5 sq ft/+25/-25 deg
T-tail	5.7 sq ft/+10/-0 deg

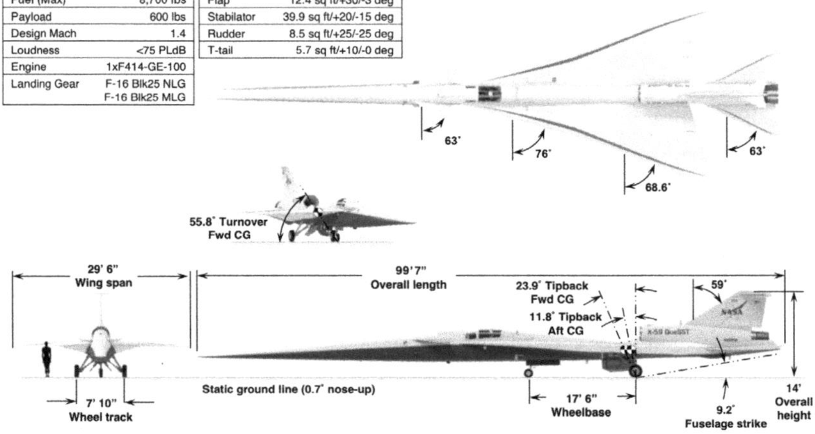

2 Chapter 초음속 공기역학

2.1 개요

2022년 7월 19일, 국산 전투기 KF-21이 첫 비행에 성공했다. 한국형 전투기(KF-X) 개발 사업이 지난 2000년 시작된 후 약 22년 만의 쾌거이다. KF-21(Borame)은 세계 여덟 번째로 개발 중인 4.5세대 초음속 전투기로 기록되었다. 이로써 대한민국은 경비행기부터 헬리콥터 그리고 T(FA)-50 경전투기와 중무장 초음속 전투기까지 자체 생산하는 국가 반열에 올랐다.

인간이 공기 존재를 가장 잘 느낄 수 있는 것 중 하나가 바람이다. 예를 들어 바람에 날리는 연기나 깃발 등을 보면서 바람의 존재를 관찰할 수 있다. 태풍급 바람이 부는 날에는 사람이 서 있을 수 없을 정도의 강한 바

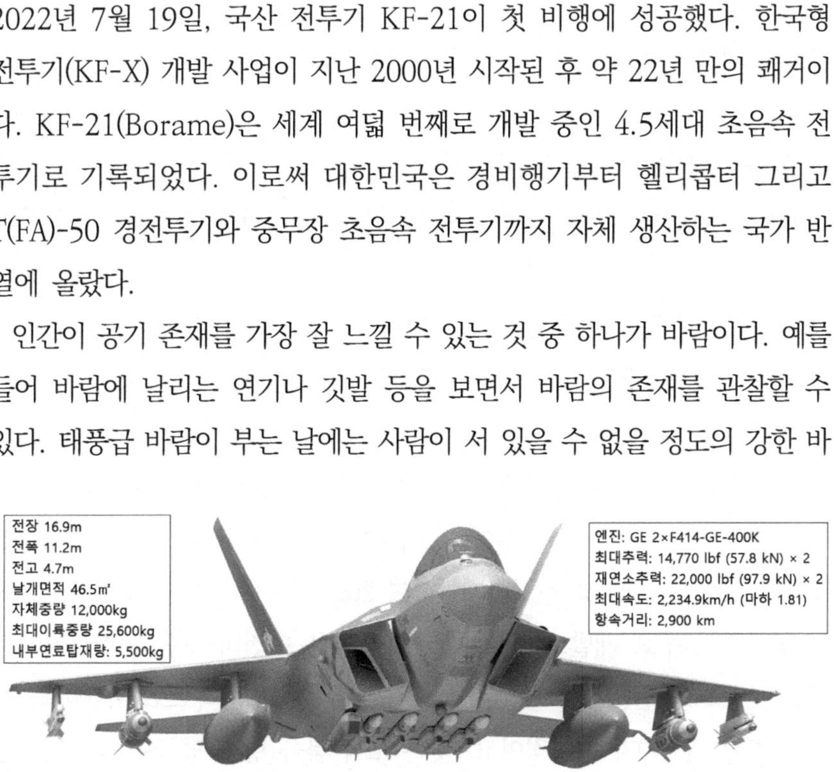

【그림2-1】 KF-21 초음속 전투기

【그림2-2】
콩코드(1969~2003),
TU-144(1968~1999)

람의 존재를 경험한다. 이때의 강한 바람은 초속 30m 이상이다. 우리가 말하고 듣는 소리는 초속 340m이다. 이 기준을 음속(speed of sound)이라 한다. 초음속이란 음속 이상의 속도이다.

여기서 음속을 거론하는 것은 이제 초음속 전투기를 조종하는 조종사와 정비사뿐만 아니라 예비 항공인과 일반인까지 음속에 관한 지식의 필요성이 강조되기 때문이다. 민간 운송용 항공기로써 초음속 비행으로 잘 알려진 항공기는 [그림2-2]와 같은 구소련의 Tu-144(Maximum speed: Mach 2.15) 그리고 영국-프랑스의 콩코드(Concorde; Maximum speed: Mach 2.04)가 있지만, 모두 퇴역하고 현재 운항 중인 민간 초음속 여객기는 없다. NASA는 [그림2-3]과 같이 실험용 초음속 항공기인 X-59 QueSST(Quiet SuperSonic Technology)를 개발하여 2024년 시험비행을 앞두고 있다. 이 항공기의 주요 개발 목표는 콩코드와 같은 이전의 초음속 항공기에서 발생하는 소닉 붐(sonic boom)을 더 낮추면서 초음속으로 비행하는 것이다. 만약 X-59가 성공적이고, 낮은 소닉 붐을 항공 당국이 승인한다면 더 발달한 항공 기술을 바탕으로 차세대의 초음속 여객기가 등장할 것이

【그림2-3】
X-59 QueSST

다. 이들 초음속 항공기의 외형을 관찰해보면 공통으로 기수 부분이 뾰쪽하고 동체와 날개가 마치 와인(wine) 잔과 같이 유려하게 설계되어 있다. 실제 NASA에서 공개한 미래 초음속 운송용 항공기의 외형 역시 크게 다르지 않다. 이것은 초음속 공기역학과 관련이 있기 때문이다. 이제 초음속 시대에 부응하고 선도하기 위해서는 초음속 항공역학은 선택이 아닌 필수이다. 초음속 항공기라 할지라도 모든 비행영역이 초음속에 해당하는 것은 아니다. 최신 운송용 항공기의 최대속도는 초음속은 아니지만, 음속에 가까운 속도로 비행하고 있다. 또한, 헬리콥터의 최대속도는 음속에 한참 미치지 못하지만, 메인 로터 블레이드의 회전 속도가 음속에 근접한다. 고속 항공역학은 이들 항공기의 비행과 관련한 현상을 이해할 수 있어야 한다.

- B-777: Mach 0.87~0.89(924~945km/h)
- B-787: Mach 0.85~0.90(903~956km/h)
- A380: Mach 0.85~0.89(903~945km/h)
- A350: Mach 0.85~0.89(903~950km/h)
- 헬리콥터 최고속도: Westland Lynx 400km/h

[주] 수치는 자료에 따라 다를 수 있음

2.2 초음속

2.2.1 초음속 시대

2차 세계대전 중 전투기의 속도는 시속 1,000km에 도달했다. 그러나 이 속도에 도달하기 전 시속 800~900km에서 전투기는 심한 진동과 함께 방향타가 정상 작동하지 않는 등 여러 이상 현상이 발생하는 것을 발견했다. 이 속도 영역을 천음속이라 한다. 천음속을 돌파한 후에도 이처럼 강력한 저항에 부딪혔다면 아마도 초음속 비행은 불가능했을 것이다. 그러나 천음속을 통과한 후부터 다시 안정적으로 비행할 수 있다는 사실이 입증되면서 초음속 비행이 가능해졌다.

항공기 발전의 한 축에는 더 빠른 항공기를 개발하기 위한 치열한 경쟁이 큰 몫을 담당했다. 항공역사에서 군사적 필요가 절대적 역할을 했음은 물론이고, 인류의 역사 속에서 수많은 전쟁을 치르면서 항공 전력의 중요성이 절대적으로 요구되었고, 이에 더 빠른 항공기의 개발은 계속되고 있다. 대부분 현대 고속 전투기는 초음속 비행이 가능할 정도로 일반화되었다. 대형 운송용 항공기 역시 초음속 비행이 가능한 기술 수준에 도달했다.

소리(sound)는 공기라는 매질을 통해서 초당 340m의 속도로 전달된다. 일상생활에서 음속으로 이동하는 물체를 찾아보기 쉽지 않지만 숙련된 사람이 사용하는 채찍의 끝부분이 공기를 가르면서 내는 날카로운 소리는 음속을 돌파하는 것으로 알려져 있다. 일반 재래식 비행기에 초음속 비행이 가능한 엔진을 탑재하여 음속을 돌파했다면 어떻게 될까? 이 비행기는 강력한 공기 저항을 견디지 못하고 날개 등의 주요 구조물이 모두 떨어져 나갈 것이다. 항공기의 공기역학적인 면에서 가로세로비(aspect ratio)가 큰 날개가 유리하지만, 추력(thrust)이 획기적으로 증가하면서

【그림2-4】 초음속 비행에 적합한 날개의 설계(얇은 다이아몬드 모양 앞전, 높은 테이퍼비), 동체-날개 일체형, 전체작동 꼬리 조종면, 뾰쪽한 기수, 마하콘 영역을 회피하기 위한 면적법칙의 적용과 엔진을 포함한 무장 시스템 등이 모두 내장되었다.

양력 발생에 유리한 큰 가로세로비의 날개가 오히려 고속비행에 장애가 된다는 것은 아음속 비행 특성에서 충분히 다루었다.

[그림2-4]는 최신예 전투기로 알려진 F-22 Raptor를 위에서 본 모양으로 전형적인 초음속 항공기의 형상이다. 재래식 고속항공기라든지 혹은 일반 항공기의 외형과 매우 다르다는 것을 한눈에 알 수 있다. 뾰쪽한 기수부터 공기 흡입구(intake) 그리고 날개뿌리의 첫 부분까지 유연하게 설계되어 있다. 날개가 동체에 장착되는 부분 역시 아음속 비행기와 달리 뒤쪽에 장착되고 상당한 후퇴각(swept)을 갖도록 설계된 것은 고속비행으로 인한 충격파를 회피 또는 지연시키기 위한 설계상의 특징이다. 한국항공우주산업(KAI)은 T-50(Golden Eagle) 초음속 경전투기 개발에 성공했고, 성능의 우수성을 인정받아 공군의 주력 제트 훈련 기종으로 채택되었을 뿐만 아니라 KF-21 초음속 전투기 개발의 발판이 되었다.

【그림2-5】
Navy F/A-18 전투기가 음속을 돌파할 때 주변 습기가 급속 응축되어 나타나는 현상을 관찰할 수 있다.

2.2.2 음속장벽

음속장벽(sound barrier)이란 비행기가 천음속에서 초음속으로 비행할 때 발생하는 급격하고 강력한 조파항력(wave drag)에 의한 장벽이다. 현재의 기술력은 특별한 문제 없이 음속장벽을 통과할 수 있지만, 이 기술이 개발되기 전에는 항공 공학자들에게 가장 큰 도전적 과제가 되었던 문제이다. 초음속 비행의 가능성이 제기되었던 것은 제트엔진(jet engine)의 개발이다. 제트엔진의 발명은 항공기 추진력을 획기적으로 증대시킨 전환기가 되었다. 그러나 기존의 비행기 모델에 제트엔진을 탑재한 상태에서는 속도 한계를 극복하는 데 어렵다는 것을 인식하게 되었고, 고속비행에 따른 새로운 개념의 항공역학이 연구되면서 이에 적합한 항공기의 설계도 전면 변화되었다.

[그림2-5]는 U.S. Navy F/A-18이 음속장벽을 돌파하는 극적인 장면을 보여주는 것으로 항공기 후방에 형성되는 하얀 후광(halo)은 주변 공기의 압력이 떨어지면서 급속 응축된 물방울에 의해서 형성된 것으로 추정된

【그림2-6】 Bell X-1, 로켓엔진 동력 항공기
[출처] wikipedia

다. 음속을 돌파하는 순간 발생하는 충격파는 비행기 구조물을 파괴하기에 충분한 거대한 힘이기 때문에 이를 회피할 수 있는 공학적 설계와 이에 견딜 수 있는 구조적 강도가 필수이고, 이와 함께 외부에는 강력한 충격파 폭음이 동반한다. 고고도에서 발생하는 충격파 폭음을 음속폭음(sonic boom)이라 하고 음속폭음의 강도는 지상의 건물이 흔들리고 유리창이 깨질 정도로 강력하다.

항공기 발전사에서 음속을 돌파하기 위한 수많은 시도가 있었다. 항공기가 아닌 자체 추진체(propellant)로서 음속을 돌파한 것은 1942년 10월 3일 독일의 V-2 대륙간 탄도미사일이 처음 성공했고, 이후 V-2 로켓은 종말 강하 단계에서 마하 4(4,900km/h)의 속도에 도달했다. [그림2-6]과 같이 미국 정부의 후원을 받아 개발된 X-1 항공기는 1947년 10월 14일 "Chuck Yeager"는 고도 45,000피트(13.7km)에서 수평 비행으로 음속을 돌파한 첫 인물로 기록되었다.

초음속에서의 공기흐름 특성을 효과적으로 실험할 수 있는 풍동장치들이 개발되면서 초음속 흐름에서 발생하는 충격파를 회피 또는 지연하기 위한 기술들이 개발되었고 "음속장벽"은 이제 큰 의미가 없게 되었다. 항공기가 음속장벽을 돌파하면서 본질적으로 기수가 급격히 숙여지는(pitch-down) 마하턱(Mach tuck)에 의한 조종성의 문제가 발생하지만 별 어려움 없이 초음속 비행을 할 수 있다. 1950년 이후 전투기들은 초음속 비행이 일반화되었고, 민간 항공에서도 초음속 에어라인(supersonic airliners; SST) 개발에 착수하여 Tupolev Tu-144와 콩코드(Concorde)가 개발되었다.

아음속에서는 결코 경험할 수 없는 보이지 않는 거대한 공기 저항을 극복하고 소리의 속도보다 빠르게 비행할 수 있었던 것은 항공기 속도 한계를 극복하는 결정적인 전환점이 되었다. 초음속이란 소리의 속도보다 빠르게 비행하는 것으로 음속 이상으로 비행하기 위해서는 아음속 항공기와는 다른 공기역학적 설계 외에도 일반의 상상을 뛰어넘는 거대한 힘을 이겨내기 위한 강력한 힘(추력)과 열 제어 기술 그리고 구조적 견고함을 모두 갖추어야 한다. 항공기만 음속을 돌파한 것은 아니다. 모험가들은 자동차를 이용해서 음속 돌파에 도전했다. 마침내 1997년 10월 15일 영국에서 개발한 ThrustSSC(supersonic car)는 세계 최초로 음속을 돌파한 제트 자동차로 기록되었다. 이 자동차는 대략 10톤 무게의 2개의 제트엔진에서 생산되는 약 223 kN의 추력으로 1,228km를 달성했다. 이것을 F-16 전투기에 탑재된 엔진과 비교했을 때 F100-PW-229 엔진의 기본 엔진 추력은 79 kN이고, 재연소기를 작동했을 때 추력은 대략 129.7 kN이다.

2.2.3 음속

(1) 정의

음속(speed of sound)은 음파가 탄성 매질(공기)를 통해 전파되는 단위 시간당 이동 거리이다. 음파는 전파되는 매질뿐만 아니라 기온에 따라 크게 달라진다.

① 0°C(32°F): 331m/s(1,086ft/s, 1,192km/h, 740mph, 643knots)

② 20°C(68°F): 343m/s(1,125ft/s, 1,235km/h, 767mph, 667knots)

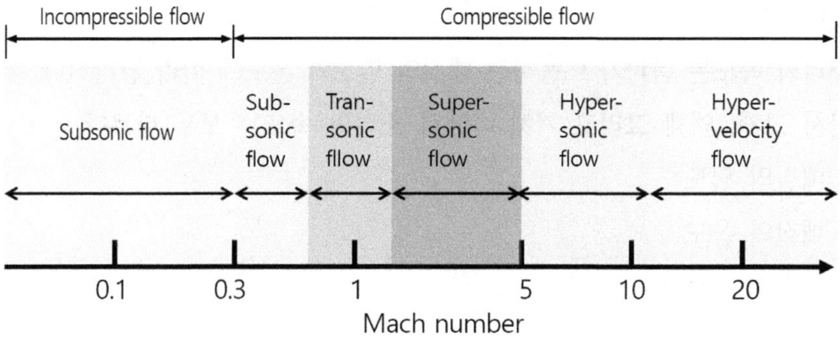

【그림2-7】 유체 흐름에서 대략 마하수 0.3(367km/h)은 압축성과 비압축성을 구분하는 중요한 기준이 된다. 일반적으로 마하수 0.3보다 작을 때 흐름은 비압축성으로 고려하고 밀도의 변화가 발생하지 않지만, 그 이상에서는 밀도의 변화가 발생한다.

또한, 이 속도는 1km를 2.91초, 1마일을 4.69초로 이동하는 속도이다. 이것은 소리의 속도는 음파의 진동이 얼마나 빨리 이동하는지를 의미한다. 아음속에서 공기흐름은 [그림2-7]과 같이 비압축성이라는 가정하에 연구되었고, 항공기 속도가 점차 증가함에 따라 비압축성 흐름을 적용하는 데는 많은 오류가 발견되어 초음속에 대한 개념의 정립이 필요한 이유이다. 공기흐름의 비압축성 속도의 한계는 항공기가 공기 속을 통과하는 음속이 중요한 기준이 된다.

❖ 음속과 광속

음속은 대략 343m/s이지만, 빛의 속도(광속)는 대략 300,000km/s이다.

❖ 극초음속 비행(Mach 5.0 이상)

현재까지 지구상에 가장 빠른 비행체는 Mach 9의 속도를 기록한 NASA의 X-43A 무인비행체이며, 유인 비행체로는 Mach 6.7을 기록한 North American X-15 로켓 엔진 비행체가 있다.

(2) 음속에 영향을 미치는 요소

소리의 속도는 음파가 이동하는 매질의 밀도와 온도에 따라 달라진다. 따라서 고체, 액체 그리고 기체 속에서 소리의 속도는 모두 다르다.

- 매질의 밀도
- 매질의 온도
- 매질의 탄성

매질 분자가 조밀할 때 소리의 속도는 더 빠르다. 따라서 소리의 속도는 매질의 밀도가 증가함에 따라 증가한다. 또한, 소리의 속도는 온도에 정비례한다. 따라서 온도가 증가할수록 소리의 속도는 증가한다. 일반적으로 소리는 기체보다 액체에서 더 빠르고 액체보다 고체보다 더 빨리 이동한다. 아래 [표-4]는 고체, 액체 그리고 기체의 밀도와 속도를 비교한 것이다.

Material	Density(g/cm^3)	Speed(m/s)
Copper	8.90	6,420
Steel	7.86	5,940
Aluminum	2.58	6,420
Water	1.00	1,496
Air	0.00139	331.45
Helium	0.000178	965

【표-4】 재료에 따른 소리의 속도

① 고체에서 음파 속도

소리는 입자들 사이의 충돌로 인해 전파되는 교란이라고 한다면 고체는 액체나 기체보다 훨씬 밀도가 높다. 이것은 분자들을 매우 빠르게 충돌할 수 있다는 것을 의미한다. 이러한 성질 때문에 고체에서 소리의 속도는 액체나 기체보다 빠르다. 고체 상태의 음속은 대략 초속 6,000m이지만 강

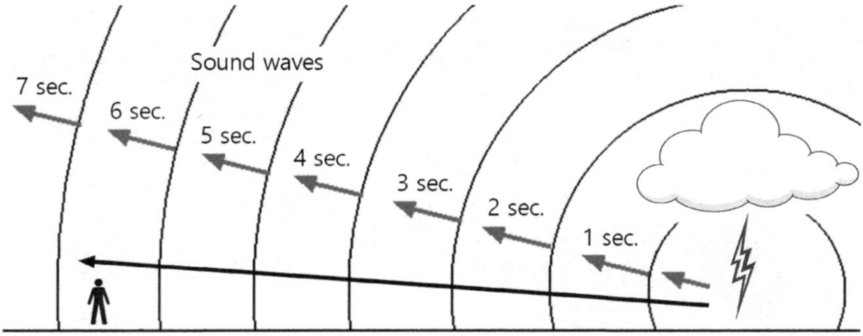

【그림2-8】 빛의 속도와 소리의 속도를 이용해서 번개를 본 순간과 천둥소리를 들은 순간의 시간(초)을 3으로 나누면 대략적인 거리를 판단할 수 있다. 예를 들어 천둥소리를 들은 순간이 번개가 친 후 6초였다면 거리는 대략 2km이다.

철의 음속은 대략 초속 5,100m이다.

② 액체에서 음파 속도

액체 밀도는 기체 밀도보다 높다. 따라서 액체 분자들 사이의 거리는 고체 다음으로 더 작다. 따라서 액체의 소리 속도는 고체와 기체의 소리 속도 사이이다. 일반적으로 잘 알려진 바와 같이 물속에서 소리의 속도는 공기보다 더 빠르다. 물속에서 소리의 속도는 대략 초속 1,480m이다. 대조적으로 온도가 20℃에서 공기의 속도는 대략 초속 343m이다.

(3) 소리의 속도 변화

공기 속에서 강력한 폭발이나 급팽창으로 인한 교란은 압력파를 통해서 음속으로 확산한다. 실제로 교란에 의한 압력파의 존재를 확인하는 방법으로 [그림2-8]과 같이 천둥과 번개가 좋은 사례가 될 수 있다. 천둥 번개가 쳤을 때 일정 거리에 있는 관측자는 번개의 섬광을 보았지만, 천둥소리는 한참 후에 들을 수 있다. 관측자까지 소리가 얼마나 빨리 전달되는지는

【그림2-9】 소리의 속도는 주로 기온에 따라 달라진다. 해수면에서 음속으로 비행하는 비행기와 고도 39,000피트에서 음속으로 비행하는 비행기의 단순 속도 비교이다.

섬광을 관측한 시간과 음원으로부터의 거리를 이용해서 간단히 계산할 수 있다. 이 과정에서 소리는 공기 매질을 통해서 관측자까지 전달되는 압력파(pressure wave)가 된다. 음속은 고도에 따라 다르고 절대기온의 제곱근에 달려 있다. 해수면 표준대기에서 절대기온은 288.15K이고 음속은 340.3m/sec이다. 반면 고도가 15km 상공에서 절대기온은 216.7K로 떨어지고 음속은 291.1m/sec가 된다. 이 같은 고도에 따른 음속의 차이는 [그림2-9]와 같이 고고도에서 비행하는 항공기는 실제로 더 느리게 비행할 수 있다는 것을 의미한다.

음속은 매질의 탄성, 밀도, 그리고 기온에 따라 달라진다. 공기는 기체이고, 모든 기체의 매우 중요한 성질은 기체를 통과하는 소리의 속도이다. 소리의 속도는 작은 교란이 매질을 통해 전달되는 속도이다. 소리의 속도는 가스의 상태, 더 구체적으로는 가스 온도의 제곱근에 따라 달라진다. 음속(a)은 공기의 비열비(ratio of specific heat; γ)와 가스 상수(R) 그리고 절대온도(T)를 곱한 값의 제곱근과 같다. 이를 다음과 같이 나타낼 수 있다.

$$a = \sqrt{\gamma R T}$$

- γ : *ratio of specific heats*(*air* = 1.4)
- R : *gas constant*
- T : *absolute temperature*(273.15 + ℃)

(4) 파장의 속도

음속은 주어진 시간 동안 음파가 이동한 거리이므로 다음 공식으로 파장의 속도(V)를 결정할 수 있다. 파장길이는 인접한 압축 사이(파장)의 거리이다. 주파수는 소스의 주파수와 동일하며 단위 시간당 한 지점을 통과하는 파장의 수이다.

$$V = \lambda f$$

- λ : *wavelength*
- f : *frequency*

[사례]

주파수 2kHz, 파장길이 35cm의 음파가 1.5km 거리를 이동하는 데 걸리는 시간은 얼마인가?

음파의 속도는 다음 공식으로 결정된다.

= 0.35 m × 2000Hz = 700m/s

음파가 1.5km 거리를 이동하는 데 걸리는 시간은 다음과 같다.

[시간 = 이동 거리/속도]

= 1500m/700m/s = 2.1초

2.2.4 음속의 특성

(1) 압축성

아음속 비행은 공기밀도의 변화가 거의 무시되는 조건에서 압력은 상대적으로 작은 변화가 발생한다는 사실에 따라 비교적 단순화될 수 있었다. 아음속에서의 공기흐름을 비압축성 흐름이라 한다. 왜냐하면, 공기밀도에서 뚜렷한 변화 없이 압력만이 변화되고 있기 때문이다. 이 같은 조건에서의 공기흐름은 마치 물, 유압액, 또는 어떠한 다른 비압축성 유체의 흐름과 유사하다. 그러나 음속을 초과하는 고속 공기흐름에서 압력은 아주 큰 변화가 발생하고 공기밀도 역시 큰 변화가 발생한다. 따라서 고속에서의 공기흐름은 공기밀도의 변화를 반영해야 하고 공기는 압축될 수 있으며 "압축성 효과(compressibility effects)"가 존재한다는 것을 반드시 고려해야 한다.

초음속 공기역학에서 가장 중요한 요소 중 하나는 음속이다. 음속은 작은 압력 파동들이 공기를 통해서 전달될 수 있는 속도(rate)이고, 이 전파속도(propagation speed)는 오직 기온에 따라서만 달라진다. 대부분의 초음속 항공기들은 지상으로부터 상당히 높은 고도에서 운항하는 것이 보편적이기 때문에 고도에 따른 기온의 변화와 기온 변화에 따른 음속의 변화는 밀접한 관계가 있다. [표-5]는 표준대기에서 음속의 변화를 보여주고 있다. 해수면에서 표준기온은 15℃이지만 40,000피트에서는 -56.5℃로 낮아진다. 이때 음속의 변화는 해수면에서 661.7노트라면 40,000피트에서의 음속은 573.8노트로 감소한다.

고도(ft)	기온(℉)		음속(knots)
	화씨(℉)	섭씨(℃)	
Sea level	59.0	15.0	661.7
5,000	41.2	1.1	650.3
10,000	23.3	-4.8	638.6
15,000	5.5	-14.7	626.7
20,000	-12.3	-24.6	614.6
25,000	-30.2	-34.5	602.2
30,000	-48.0	-44.4	589.6
35,000	-65.8	-54.3	576.6
40,000	-69.7	-56.5	573.8
50,000	-69.7	-56.5	573.8
60,000	-69.7	-56.5	573.8

【표-5】 표준대기에서 고도에 따른 기온과 음속의 변화

어느 한 물체가 공기 속을 이동할 때 물체를 둘러싸고 있는 공기흐름 속에 압력 파동(압력파)을 유발하는 속도와 압력 변화들이 발생한다. 물론 이들 압력파는 공기를 통해서 음속으로 전달된다. 만약 물체가 저속으로 이동 중이라면 압력파들은 물체의 앞에서 전달되고 물체의 바로 앞 공기흐름은 물체의 압력장(pressure field; 압력의 영향이 미치는 범위 또는 영역)에 의한 영향을 받는다.

[그림2-10]과 같이 정적인 상태에서 파동이 발생했을 때 생성된 압력파는 원점으로부터 전 방향으로 전달되거나 확산한다. 이 물체가 공기 속을

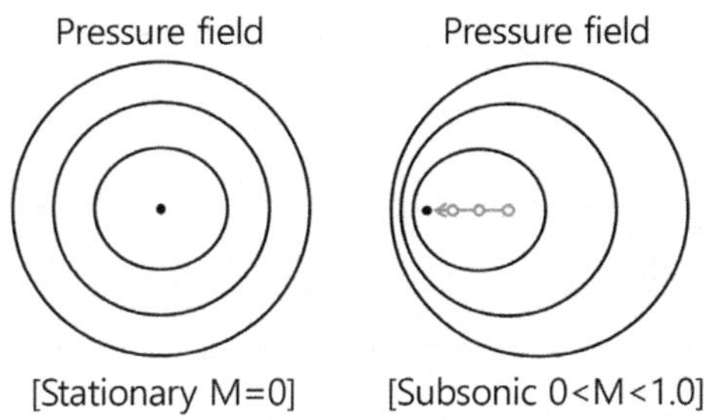

【그림2-10】 정적 상태와 물체가 이동하고 있는 상태에서 압력장의 변화를 관찰할 수 있다

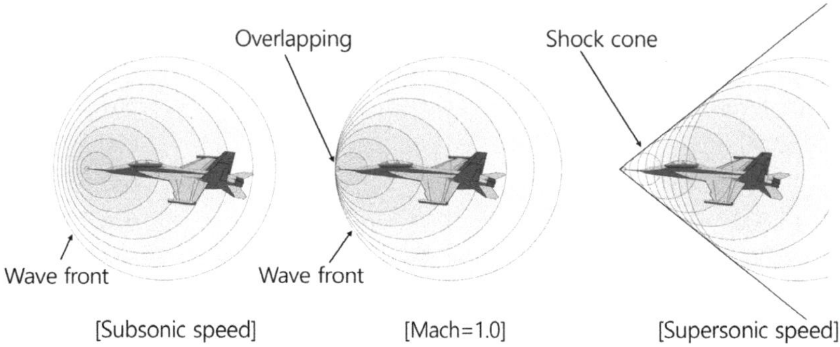

【그림2-11】 아음속에서 압력파는 기수 전방으로 조밀해진다. M=1.0 속도에 도달해서 앞쪽 압력파와 뒤따르는 압력파가 완전히 겹친다. 초음속에 도달해서는 충격파 원뿔이 형성된다.

이동하고 있을 때 마치 배가 진행할 때 파도 역시 앞쪽으로 밀고 나가는 것과 같은 현상이 발생한다. 이것은 아음속에서 쉽게 연상할 수 있는 현상으로 여기서 명백하게 공기가 앞서서 진행하고 있음을 나타내는 압력경고(pressure warning)가 확실하게 존재한다는 것을 알 수 있다.

[그림2-11]과 같이 비행체의 속도가 점차 증가하여 마하수 0.5에 도달했을 때 비행체로부터 형성된 압력파는 정체 상태와 달리 앞쪽으로 이동해 가고 있는 것을 관찰할 수 있다. 다시 말해서 물체의 앞쪽으로 선수파(bow wave)가 밀집되는 현상이 발생한다. 비행체 속도가 더 증가하여 마하수(Mach number) 0.75에 도달했을 때 비행체 앞쪽으로 압력파들의 밀집이 더욱 조밀하게 형성되고 있음을 알 수 있고, 이때 압력파들은 거의 음속에 도달하고 있다. 비행체 속도가 음속(M=1.0)에 도달하면서 형성된 압력파들이 비행체의 전방에서 완전히 합쳐진다. 속도가 증가하면서 비행체의 기수와 압력파의 간격이 점점 좁아지고 있고, 이것은 앞서 언급한 것과 같이 비행체 압력장의 영향권이 점차 감소하고 있음을 의미한다. 최종적으로 압력파와 비행체 기수가 합쳐지는 순간에는 비행체 압력장의 영향

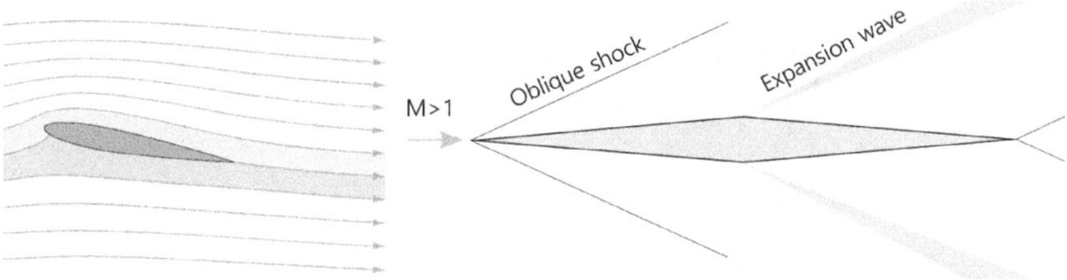

【그림2-12】 아음속 흐름(왼쪽)에서는 에어포일의 먼 앞쪽부터 흐름 방향이 변하고 있다. 그러나 초음속 흐름(오른쪽)에서는 에어포일 직전까지 흐름 방향에 어떠한 변화도 발생하지 않는다.

이 거의 사라졌음을 알 수 있다. 이때 비행기 기수를 중심으로 충격파 원뿔(shock cone)이 형성된다.

[그림2-12]와 같이 아음속과 초음속 흐름 속에 놓여 있는 에어포일에서의 흐름 패턴이다. 이 그림에서 오름흐름(upstream)과 흐름 방향은 앞전으로부터 충분히 떨어진 지점에서 변하고 있다. 물체가 음속보다 약간 빠른 속도로 이동 중이라면 물체 앞의 공기흐름은 물체 압력장의 영향을 받지 않을 것이다. 왜냐하면, 압력파들은 물체 앞까지 전달될 수 없기 때문이다. 따라서 음속에 가까운 속도에서는 앞전에 압축파(compression wave)가 형성될 것이고, 속도와 압력에서의 모든 변화는 아주 빠르고 급격하게 발생할 것이다. 물체 앞의 공기흐름은 물체로 인해 밀집되어 형성된 공기 입자들의 압력파가 공기흐름 방향을 강제로 급격히 변경시킬 때까지 영향을 받지 않는다. 이를 쉽게 연상하기 위해서 수면 위에 발생하는 파도들의 행태를 비교함으로써 이들 현상을 이해하는 데 도움이 될 것이다. 수면에 발생하는 파도는 단순한 압력 파동(disturbance)의 전달이기 때문에 파도 속도보다 훨씬 느리게 이동하는 선박에서는 "선수파(bow wave)"가 형성되지 않을 것이다. 그러나 배의 속도가 파도 이동 속도에 도달해서는 선수파가 형성될 것이고 배의 속도가 더 빨라짐에 따라 선수

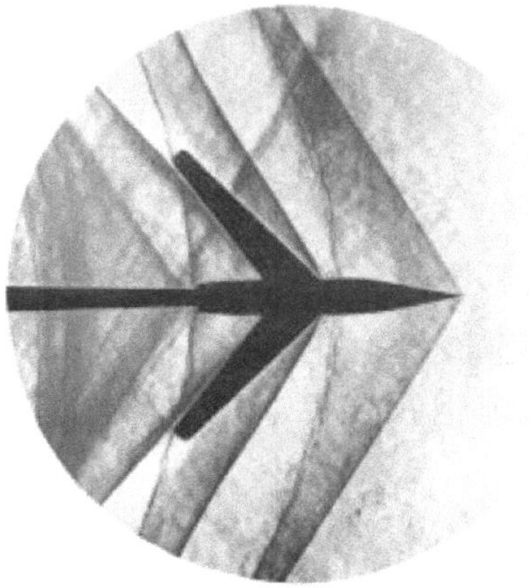

【그림2-13】 초음속 흐름에 놓여 있는 뾰쪽한 물체의 전면에 압축성 효과로 인한 파장(충격파)이 형성되고 있다.

파도는 더 강력하게 형성될 것이다.

항공기가 음속보다 상당히 낮은 속도에서 비행할 때 비행기 앞쪽에서는 압력파가 진행 방향에서 선도하는 현상이 발생하고 있음을 알 수 있다. 이 상황에서 비행기 앞쪽의 공기는 비행기가 도달하기 전에 이들 선수파가 먼저 전달되고 공기흐름은 비행기 주변에서 자연스럽게 분리된다. 그러나 비행기가 음속에 가까워짐에 따라 압력파들이 비행기 앞쪽에서 점점 더 가깝게 합쳐지고, 선수파와 실제 비행기의 도달 시간 사이의 경과 시간이 점점 더 짧아진다.

비행기 속도가 음속에 도달해서 압력파들의 이동 속도는 비행기의 속도와 같아진다. 이들 압력파는 [그림2-13]과 같이 비행기의 전방에서 "충격파"에 모두 합쳐지고 충격파는 압력, 기온(온도) 그리고 밀도가 거의 순간적인 변화의 기준점이 된다. 이 상태에서 비행기 앞쪽의 공기는 비행기가 다가오고 있음을 경고하는 어떠한 징후도 보이지 않고 급격히 충격파를 통과하게 된다. 공기는 비행기로부터 떨어져 나가는 경향이 있고 더 이상 유연한 흐름이 계속되지 않는다. 따라서 낮은 비압축성 흐름 속도에서 이

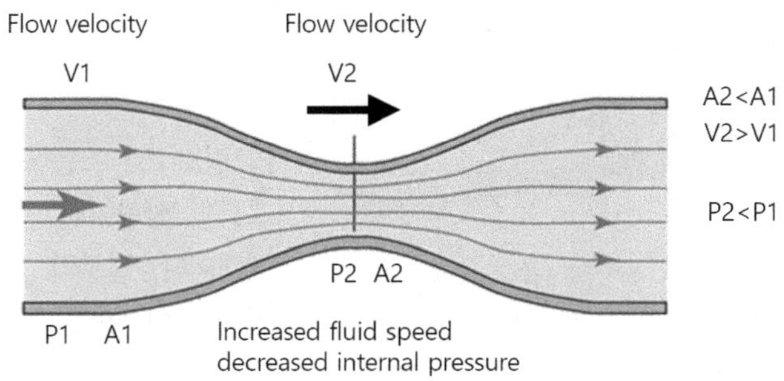

【그림2-14】 아음속 흐름에서 나타나는 전형적인 현상들이다. 이것을 벤투리 효과라고도 한다.

같은 현상은 공기역학적 힘(aerodynamic force)을 변화시키는 요인이 된다.

(2) 압축성과 비압축성의 차이

아음속과 초음속의 주요 차이점은 압축성 존재이다. 따라서 초음속 흐름에서 어떠한 속도 또는 압력의 변화는 이들 흐름에 반영해야 하는 밀도의 변화를 초래하게 될 것이다. [그림2-14, 15]에서 밀폐된 관(closed tube)을 통과하는 비압축성과 압축성 흐름을 비교하여 관찰할 수 있다. 물론 밀폐된 관을 흐르는 흐름은 연속성의 조건이 존재해야 한다. 이것은 관을 따라서 어느 위치에서도 질량 흐름은 일정해야 한다는 것으로 비압축성과 압축성 모두의 경우에 존재해야 한다. 예를 들어 아음속 비압축성 흐름은 흐름의 밀도가 관 전체를 통해서 일정하다는 사실로 단순화된다. 따라서 흐름이 수축 지점에 가까워짐에 따라 유선흐름은 조밀해지면서 속도는 증가하고 정압은 감소한다. 관의 수축은 흐름의 연속성(continuity)을 수용하기 위해서 속도의 증가가 요구된다. 반대로 아음속 비압축성 흐름이 관의 확산 부분에 진입함에 따라 속도는 감소하고 정압은 증가하지만 흐름의 밀도는 변함이 없다. 아음속 비압축성 흐름의 행태는 수축은 팽창(expansion; 압력 감소)의 원인이 되고, 확산은 압축(compression; 압력 증가)의 원인이 된다.

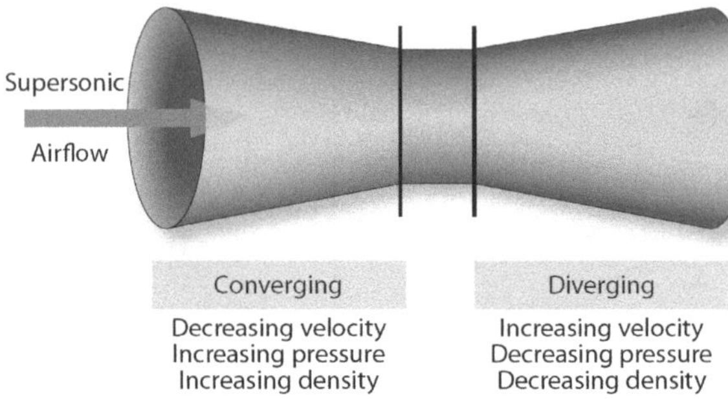

【그림2-15】 초음속 흐름의 전형적인 행태이다. 밀도의 변화가 발생하고 있다.

그러나 초음속 압축 흐름의 사례는 흐름 밀도의 변화가 속도와 정압의 변화와 연관된 사실 때문에 더욱 복잡한 양상을 띤다. 초음속 압축성 흐름의 행태는 수축(수렴)은 압축의 원인이 되고 확산(발산)은 팽창의 원인이 된다. 따라서 초음속 압축성 흐름이 [그림2-15]와 같이 수축(convergence) 부분에 가까워질수록 유선들은 점점 더 조밀해지고 속도는 감소하고 정압은 증가한다. 흐름의 연속성은 속도의 감소를 동반하는 흐름 밀도의 증가로 유지된다. 초음속 압축성 흐름이 관의 확산(divergence) 부분에 가까워질수록 속도는 증가하고 정압은 감소하면서 흐름의 연속성은 흐름 밀도의 감소로 유지된다. 이 같은 특징들을 바탕으로 초음속 압축성 흐름과 아음속 비압축성 흐름 사이의 주요 차이점들은 다음과 같이 유추해 볼 수 있다.

① 압축성 흐름은 흐름 밀도의 변화가 발생한다.
② 흐름의 수축은 비압축성 흐름에서는 팽창의 원인이 되지만 압축성 흐름에서는 압축의 원인이 된다.
③ 흐름의 확산은 비압축성 흐름에서는 압축의 원인이 되지만 압축성 흐름에서는 팽창의 원인이 된다.

이를 정리하면 [표-6]과 같다.

	아음속		초음속	
속도	증가	감소	감소	증가
압력	감소(팽창)	증가(압축)	증가(압축)	감소(팽창)
밀도	일정	일정	증가	감소
※ 관 형태: 수축-스로트-확산				

【표-6】 관을 통과하는 비압축성 흐름과 압축성 흐름의 비교

[그림2-16, 17]과 같은 수렴-발산 노즐(CD 노즐 또는 콘디 노즐)은 마치 모래시계처럼 비대칭 모양의 관이다. 이 관은 아음속과 초음속 흐름이 동시에 존재하는 로켓엔진과 초음속 제트엔진에 주로 활용된다. 관 내부를 흐르는 흐름의 열에너지를 운동 에너지로 변환하여 압축 가능한 유체를 축(추력) 방향으로 초음속까지 가속하는 데 사용된다.

※ de Laval nozzle (or convergent-divergent nozzle, CD nozzle or con-di nozzle)

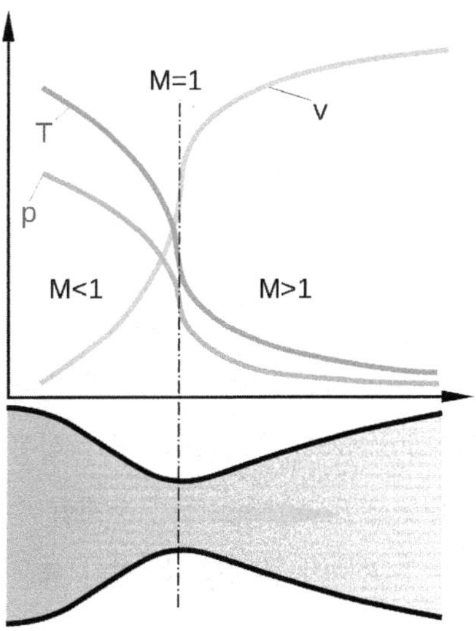

【그림2-16】 CD 노즐.
관 속 흐름은 M=1.0을 기준으로 왼쪽은 아음속 그리고 오른쪽은 초음속이다. 이것은 관의 정밀한 형태에 의한 것으로 속도(v), 온도(T), 그리고 압력(p)의 변화를 관찰할 수 있다. 특히 속도는 스로트를 통과하면서 급격하게 증가하고 있다. 이것은 로켓엔진과 제트엔진 추력의 원천이다.

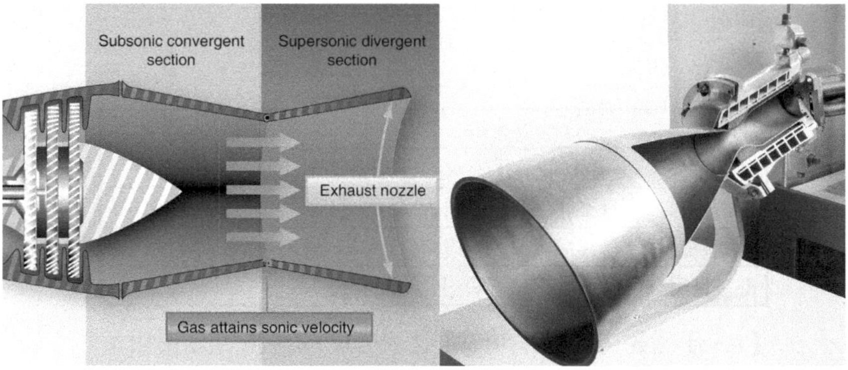

【그림2-17】 제트엔진과 로켓엔진에 적용된 CD 노즐의 스로트에서 초음속으로 가속된다.

(3) 마하수

초음속에서 분명한 것은 모든 압축성 효과는 음속에 대한 대기속도의 상관관계에 달려 있음이 확실해졌다. 이 상관관계를 기술하기 위해서 사용된 용어가 "마하수(Mach number)"이고, 이 용어는 음속에 대한 진대기속도(true airspeed; TAS)의 비율로 다음과 같이 나타낼 수 있다.

$$M = \frac{TAS}{a}$$

- a : $speed\ of\ sound(knots),\ = a_0\sqrt{\theta}$
- a_0 : $speed\ of\ sound\ at\ sea\ level$
- θ : $temperature\ ratio(T/T_0)$

또 하나 중요한 사실은 압축성 효과는 음속 그리고 음속 이상의 비행 속도만으로 한정되지 않는다는 점에 주목해야 한다. 왜냐하면, 어느 항공기든지 비행 속도보다 더 빠른 국지 흐름(local flow) 속도들이 존재할 수 있는 공기역학적 모양과 양력이 발생하는 표면들이 존재할 수 있기 때문

【그림2-18】 2004년 3월, NASA는 스크램제트 엔진을 장착한 X-43A 비행체를 이용해서 음속보다 7배 빠른 비행에 성공했다. 이 비행체는 날개와 동체가 일체형으로 되어 있다.

이다. 따라서 항공기는 음속보다 훨씬 낮은 비행 속도에서도 압축성 효과들을 경험할 수 있다. 고속 아음속 항공기에는 아음속과 초음속 흐름 모두가 존재할 가능성이 있다.

마하수는 이들 비행영역을 정의하는 데 사용되는 대략적인 근사치이지만 각 영역에 존재하는 흐름의 행태들을 정확하게 이해하는 것이 더 중요하다. 아음속 영역에서는 항공기의 모든 부분에 순수한 아음속 흐름이 존재한다. 천음속 영역에서는 항공기 구조 외형에 따른 흐름은 일부는 아음속 그리고 일부는 초음속 흐름이 존재할 가능성이 매우 크다. 천음속 흐름은 아음속 흐름의 행태도 아니고 초음속 흐름의 행태도 아닌 특별한 문제 영역이 존재한다. 초음속과 극초음속 영역에서는 항공기의 모든 부분이 명확한 초음속 흐름이 존재한다. 물론 초음속 비행에서 경계층(boundary layer)의 일부 구간에서 아음속이 존재할 수 있기는 하지만 전반적인 흐름은 초음속이 지배적이다.

마하수(Mach number)는 고속 항공기와 초음속 항공기의 대기속도와 음속을 비교하는 데 유용하다. 음속은 마하 1.0이다. 따라서 마하 0.75는 음속의

【그림2-19】 전투기의 비행 속도는 아음속이지만, 날개 곡면, 캐노피, 기타 돌출부에서 초음속 흐름 행태가 나타나고 있다. 삽입 그림은 천음속 흐름 속에 놓여 있는 에어포일 주변에 형성되는 충격파 및 유도 흐름 분리와 난류 흐름을 관찰할 수 있다.

75%이고, 마하 1.65는 음속보다 65%가 더 빠른 초음속을 의미한다. 예를 들어 물체가 기온 20℃에서 초속 240m로 이동하고 있을 때 마하수는 대략 0.70(240/340)이다. [그림2-18]은 NASA에서 극초음속(high hypersonic) 시험비행을 위한 모델로 기존의 항공기 개념과는 전혀 다르게 설계된 모양임을 알 수 있다.

2.2.5 천음속 흐름 패턴

(1) 임계 마하수

아음속 비행에서 일부 유한 두께의 에어포일 또는 양력이 발생하고 있는 물체의 표면에서는 국지 속도들이 자유공기흐름의 속도보다 더 빠를 수 있다. 따라서 압축성 효과는 아음속 비행 속도에서도 발생할 수 있다는 것

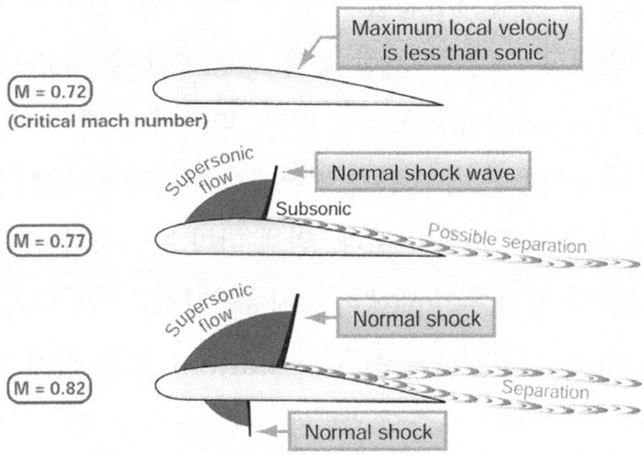

【그림2-20】 아음속 비행에서 날개 또는 캐노피와 같은 돌출 구조물 위의 자유공기흐름 속도가 음속을 초과하기 직전의 속도를 임계 마하수라 한다. M=0.77에 도달하면 에어포일 윗면에서 수직충격파가 발생하고, M=0.82에서는 에어포일 아랫면에서도 수직충격파가 발생하고 있다. 수직충격파 후방의 흐름에서 분리가 발생할 수 있다.

을 예측해야 한다. 특히 천음속(transonic) 영역은 아음속과 초음속 흐름 모두가 존재할 수 있는 속도 영역으로 압축성 효과에 대해서 우선 고려해야 한다. [그림2-19]는 천음속 흐름 속에 놓여 있는 에어포일 주변에 형성되는 공기흐름을 보여주고 있다. 에어포일 윗면 뒤쪽의 하얗게 흩어진 모양이 공기흐름의 분리로 인한 난류 흐름이다. 공기흐름의 분리는 상당히 앞쪽에서 발생하고 있고 다양한 형태의 충격파들이 형성되는 것을 알 수 있다.

[그림2-20]은 재래식 에어포일이 공기흐름 속에 놓여 있을 때 속도에 따른 변화를 잘 보여주고 있다. 이 에어포일이 M=0.50 그리고 작은 양성 받음각에서 비행하고 있다면 에어포일 표면에서 발생할 수 있는 최대 국지 속도는 비행 속도보다 클 수 있지만, 대부분은 초음속 이하이다. 비행 속도가 M=0.72까지 증가했을 때 국지적으로 첫 초음속 흐름이 발생하

는 징후를 발견할 수 있다. 이 같은 비행 조건은 비록 초음속 비행 속도가 아니더라도 발생할 수 있는 가장 높은 비행 속도가 되고 이를 "임계 마하수(critical Mach number)"라고 한다. 따라서 임계 마하수는 아음속과 천음속 사이의 경계이고, 천음속 비행에서 직면할 수 있는 모든 압축성 효과에 대한 중요한 기준점이 된다. 임계 마하수가 국지적으로 발생하는 국지 음속 흐름의 첫 징후가 발생하는 자유공기흐름 마하수이기 때문에 충격파, 버핏(buffet), 공기흐름 분리(separation) 등은 임계 마하수 이상에서 발생한다. 임계 마하수를 초과함에 따라 초음속 흐름 구역이 형성되고 에어포일 표면의 후방부에서 초음속 흐름과 아음속 흐름의 경계로서 수직충격파(normal shock waves)가 형성된다. 이 과정에서 표면이 매끈하고 천이(transition)가 점진적으로 진행된다면 아음속에서 초음속으로 가속 역시 유연하고 충격파도 동반하지 않을 것이다.

(2) 수직충격파

아음속에서 초음속으로의 천이는 항상 충격파를 동반하고 흐름의 방향 전환이 없을 때 나타나는 파장의 형태는 수직충격파이다. 수직충격파의 주요 효과 중 하나는 파장 뒤 공기흐름의 정압이 크게 증가하는 것이다. 충격파의 강도가 강하다면 경계층은 충격파 뒤에 형성된 역압력 구배에 견딜 수 있는 충분한 운동 에너지를 갖지 못하기 때문에 분리가 발생할 것이다. 이처럼 충격파에 의해서 공기흐름이 강제로 분리되는 현상을 "충격파 유도분리(shock-induced wave)"라 한다. 임계 마하수를 약간 초과한 속도에서 형성된 충격파는 분리가 발생하거나 공기역학적 힘의 계수들에서 뚜렷한 변화를 유발할 정도로 강하지는 않다. 그러나 임계 마하수 이상으로 증가한 속도에서 형성된 충격파는 경계층 분리의 원인이 되거나 공기역학적 힘의 계수들(특히, 조파항력)에서 급격한 변화를 초래한다.

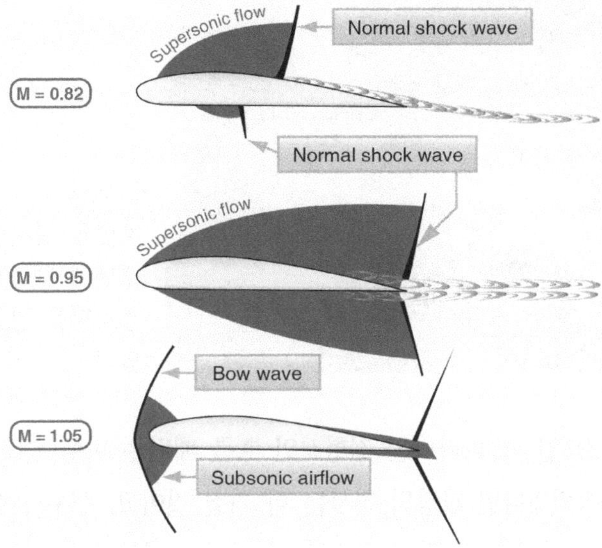

【그림2-21】 M=0.95에서는 에어포일 전체가 초음속 흐름이 된다. M=1.05가 되면 충격파 일부가 앞쪽으로 떨어져 나가면서 선수파가 되고, 후방 공기흐름은 아음속 흐름 구역이 형성된다.

M=0.77 이상에서 에어포일 윗면에서는 뚜렷한 수직충격파가 형성되면서 이를 기준으로 초음속 영역과 아음속 영역이 분리되고 있음을 알 수 있다. M=0.82 이상으로 증가했을 때 에어포일 윗면의 초음속 구역이 더 크게 확대되고 아랫면에서 또 다른 초음속 구역과 수직충격파가 발생하고 있다. 비행 속도가 음속에 가까워짐에 따라 초음속 흐름 구역은 더 커지고 충격파는 거의 뒷전 쪽으로 이동한다. 경계층은 분리된 채로 남아 있고 에어포일 모양과 받음각에 따라 더 큰 분리가 발생할 수 있다.

비행 속도가 음속을 초과했을 때 충격파의 행태는 이전의 현상과는 뚜렷한 차이가 있음을 알 수 있다. M=1.0 이하에서의 충격파는 대부분 에어포일 근처에서 형성되었지만, 음속을 초과하면서부터 충격파는 에어포일(물체)의 앞쪽으로 이동해서 형성되고 이를 앞전 선수파(bow wave)라

【그림2-22】 함포에서 포탄을 발사할 때 포구 주변에 생성된 충격파를 관찰할 수 있다.

한다. M=1.05일 때 나타나는 전형적인 흐름 패턴은 비행 속도가 초음속보다 더 증속되었다면 파장의 경사는 더 커질 것이고, 선수파에서 떨어져나간 수직충격파 부분은 앞전 쪽으로 더 가까이 이동한다. 이는 에어포일의 사례이지만 항공기의 모든 구성품이 기본 에어포일과 유사한 방법으로 압축성 효과의 영향을 받는다. 이외에도 유의해야 할 점은 꼬리날개, 나셀, 캐노피, 그리고 항공기의 다양한 표면들 사이에 존재하는 간섭 효과 등을 간과해서는 안 된다.

이를 요약하면 임계 마하수 이하의 속도에서 에어포일 윗면과 아랫면을 흐르는 공기는 에어포일 앞전에서 위아래로 자연스럽게 흐름 방향이 변경되면서 최대 두께 지점에서 최대의 흡입력이 발생하여 양력의 크기를 결정한다. 그러나 임계 마하수에 근접하면서 에어포일 윗면에서 국지속도가 M=1.0을 초과하면서 충격파가 형성되기 시작한다. 충격파가 형성되면서 동시에 공기흐름의 분리가 발생하여 에어포일 효율은 급격히 감소하기 시작한다. 속도가 더 증가하여 M=1.0에 도달했을 때 충격파는 전체 에어포일로 확장된다. 음속을 돌파하면서 앞전의 충격파는 앞으로 떨어져나가는(detached) 현상이 발생하면서 새로운 형태의 선수 충격파를 형성한다.

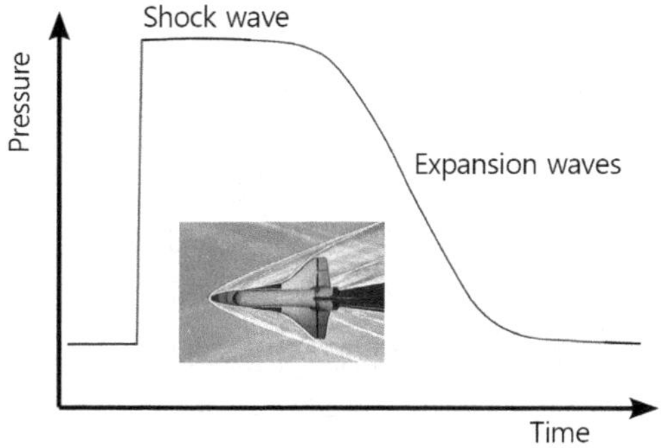

【그림2-23】 충격파에서 시간 경과에 따른 압력의 크기를 관찰할 수 있다. 비행체 직전방 앞쪽 가장자리에서 충격파(왼쪽)가 발생하고, 후방으로 가면서 팽창파로 발달한다.

2.2.6 초음속 흐름 패턴

초음속(shock wave) 흐름이 확실하게 형성되었을 때 속도, 압력, 밀도, 흐름 방향 등 모든 변화는 아주 급격하게 그리고 상대적으로 제한된 구역에서 발생한다. 일반적으로 흐름의 변화가 발생하는 구역들이 나누어지면서 나타나는 현상은 마치 "파장(wave)"이 형성되는 것과 같다. 모든 압축성 파장들은 급격히 발생하고 이에 따른 에너지 소모도 크다. 따라서 압축파들은 급격한 "충격(shock)" 행태로 구분해야 한다. 반면 모든 팽창파(expansion waves)는 압축파와 같이 급격히 발생하지 않으며 에너지 소모도 크지 않다. 초음속 흐름에서는 [그림2-23]과 같이 다양한 종류의 파장이 생성될 수 있고 형성되는 파장의 본질은 공기흐름과 흐름의 변화를 초래하는 물체의 모양(shape)에 달려 있다. 초음속 흐름에서 다음과 같은 파장들이 생성된다.

① 경사 충격파(oblique shock wave; 압축)
② 수직충격파(abnormal shock wave; 압축)
③ 팽창파(expansion wave; 충격성 없음)

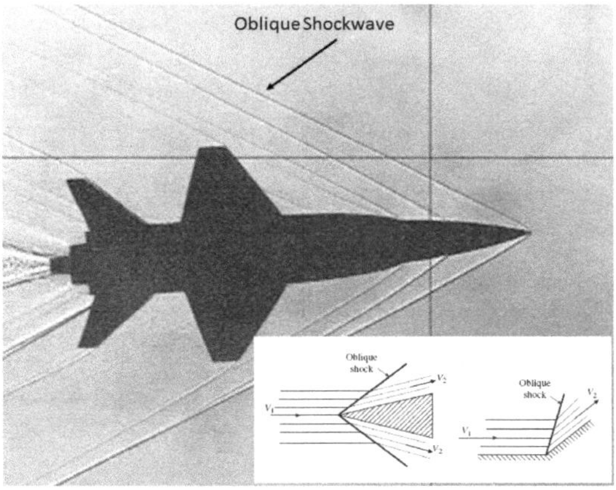

【그림2-24】 항공기 기수 부분에서는 원뿔 모양의 경사 충격파(3차원)가 형성되지만, 모서리 부분에서는 경사를 따라서 여러 개의 경사 충격파(2차원)가 형성된다.

(1) 경사 충격파

초음속 공기흐름에서 최초의 흐름 방향이 전환되는 경우를 가정해 보자. 이 충격파는 [그림2-24, 25]와 같이 모서리(corner)에서 형성되는 것을 알 수 있다. 이것은 고속비행 항공기에서 매우 중요한 의미가 있다. 왜냐하면, 기수에서 동체로 연결되는 부분, 날개의 곡면, 캐노피 그리고 동체의 외부 돌출부는 모두 공기흐름에 대해서 모서리가 형성될 수밖에 없는 구조이기 때문이다. 경사 충격파를 통과한 초음속 공기흐름에서는 다음과 같은 변화가 발생한다.

① 공기흐름 속도가 느려진다. 경사 충격파 뒤의 흐름 속도와 마하수는 감소하지만 흐름은 여전히 초음속이다.

② 흐름 방향은 물체 표면의 경사를 따라서(또는 평행하게) 이동한다.

③ 충격파 뒤의 공기흐름의 정압은 증가한다.

④ 충격파 뒤의 공기흐름의 밀도는 증가한다.

⑤ 공기흐름의 일부 가용 에너지(정압과 동압의 합계)가 소모되면서 불가용 열에너지로 전환된다. 따라서 충격파는 에너지를 소모한다.

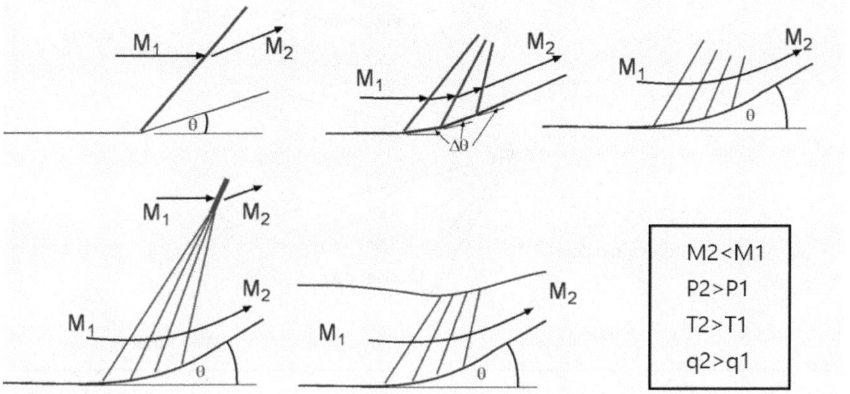

【그림2-25】 단일 경사 충격파, 모서리나 경사면에서 발생하는 다중 경사 충격파, 그리고 특정 경사면에서 여러 개의 경사 충격파가 발생하여 병합되는 현상을 관찰할 수 있다. 경사 충격파는 경사면을 따라 이동하면서 속도, 압력, 온도 그리고 밀도의 변화가 발생한다.

전형적인 경사 충격파 구조는 초음속 흐름 속에서 [그림2-25]와 같이 마치 쐐기 모양을 형성한다. 경사 충격파는 각 쐐기의 표면에 형성될 것이고 충격파의 경사는 자유공기흐름 마하수와 쐐기 각도에 달려 있다. 자유공기흐름의 마하수가 증가함에 따라 충격파 각도가 감소하고 쐐기 각도가 증가함에 따라 충격파 각도가 증가한다. 쐐기 각도가 임계각까지 증가한다면 충격파는 쐐기의 앞전으로부터 떨어져 나갈 것이다. 여기서 중요한 사실은 충격파의 이탈이 충격파 중심 부분 바로 뒤에서 아음속 흐름이 발생할 수 있다는 점에 유의해야 한다. [그림2-25]는 전형적인 경사 충격파 흐름과 마하수 및 쐐기 각도의 효과들을 보여주고 있다. 초음속 공기흐름에서 쐐기를 가로지르는 흐름은 2차원 흐름으로 간주한다. 그러나 초음속 공기흐름 속에 원뿔(cone) 형태의 물체가 놓여 있다면 공기흐름은 3차원 흐름으로 고려해야 할 것이고, 이들 흐름에서 나타나는 특성들은 2차원 흐름과 상당한 차이가 있다. 일부 마하수와 흐름 방향 변화를 위한 3차원

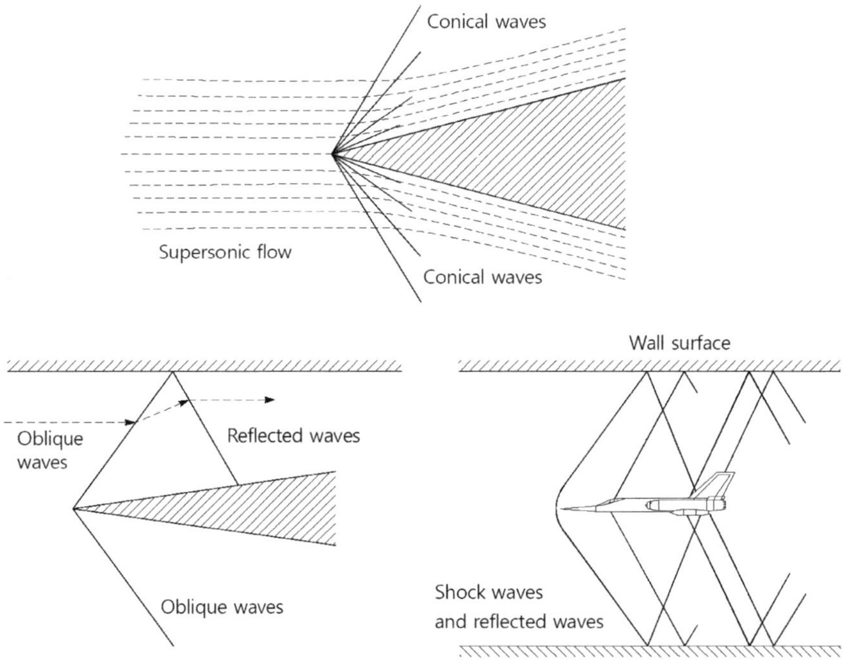

【그림2-26】 충격파는 특정 조건에서 반사하는 특징이 있다. 아래 왼쪽 그림과 같이 흐름이 경사 충격파와 반사 충격파를 통과하면서 흐름 특성의 변화가 발생한다.

흐름에서 압력과 밀도의 변화가 더 작게 발생하는 경향이 있고 더 약한 충격파가 발생한다.

또한, 이 같은 원뿔 모양으로 형성된 파장은 원뿔 앞에 있는 파장을 지나서 연속해서 발생하고 파장의 강도는 표면으로부터의 거리에 따라 공기 흐름을 변화시킨다. [그림2-26]은 원뿔 뒤에 연속적으로 형성되면서 파장의 강도가 점차 약해지는 전형적인 3차원 흐름이다. 경사 충격파들은 다른 압력 파장들과 마찬가지로 반사(reflection)될 수 있으며 [그림2-26]의 아래 그림은 경사 충격파의 반사 경향을 보여주고 있다. 이 같은 반사 효과

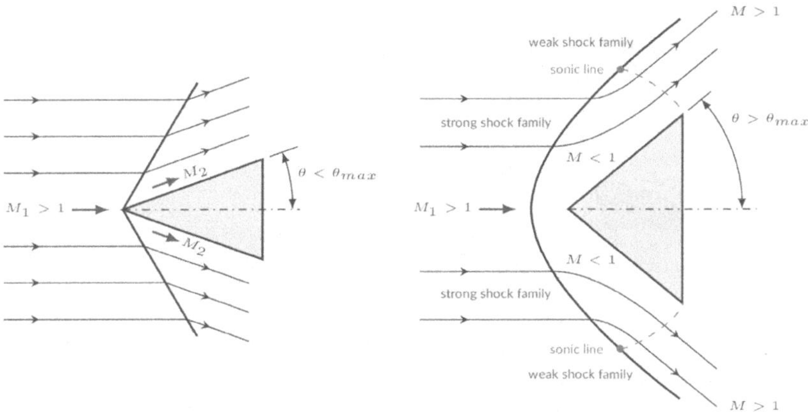

【그림2-27】 경사 충격파 후방의 흐름 속도는 여전히 초음속이지만, 이탈 경사 충격파 후방 흐름 속도는 아음속과 초음속이 공존한다.

는 무작위로 진행되기보다 일정한 패턴을 따라 전개되는 경향이 있다. 그림과 같이 최초에 형성된 경사 충격파가 벽에 부딪히면서 반사되어 물체 쪽을 향하고 이때 흐름은 물체의 경사를 따라 흐름 방향이 변하고 반사파를 통과하면서 벽면과 평행하게 흐르도록 하는 경향이 있다. 이 반사 현상들은 풍동 속에 있는 모델의 크기에 명확한 제한사항들을 두어야 하는 데 이는 풍동 내의 모델에 반사되어 되돌아온 파장은 전형적인 자유 비행으로부터 발생하는 압력분포의 행태가 아니기 때문이다.

이를 요약하면 [그림2-26]과 같이 다양한 쐐기 모양 물체의 각도와 마하수에 따라 형성되는 충격파의 형태는 다를 수 있다. 초음속에서 경사 충격파의 모양은 쐐기의 각도와 마하수에 달려 있다. 특정 쐐기 각도와 마하수 이상에서 충격파는 기수로부터 분리되어 형성되는 일종의 선수 충격파라고 할 수 있는 이탈파가 형성된다. [그림2-26, 27]과 같은 원뿔 모양에서 형성되는 경사 충격파의 형태와 풍동실험에서 경사 충격파가 벽면에 부딪힌 후 형성되는 반사파를 자유공기가 통과하는 모습은 무작위로 통과

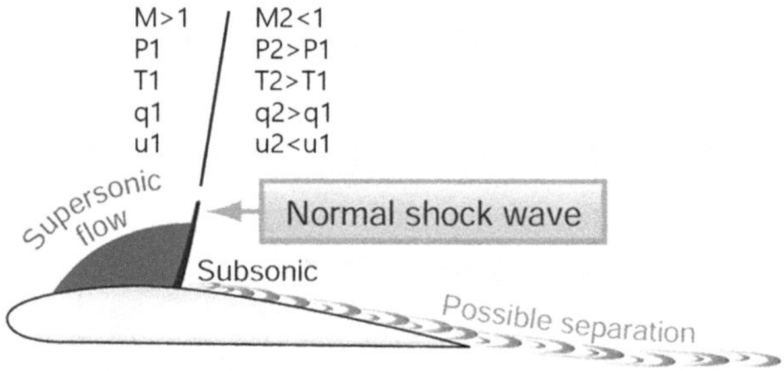

【그림2-28】 수직충격파 전후 공기흐름의 변화가 발생한다. 주목할 것은 흐름 속도가 아음속으로 감소하고, 에너지는 크게 소모된다.

하는 것이 아니라 일정한 패턴을 유지하고 있음을 보여주고 있다.

일련의 마하 파동을 통해 발생하는 오목한 표면 주위의 압축이 발생하면 흐름이 각 마하 파동을 통과할 때 압력이 상승하고 마하수가 감소한다. 결과적으로 파형 각도가 증가한다. 이것은 오목 면에서 멀리 떨어진 마하파의 수렴으로 이어지고, 이 현상을 병합이라 한다. 이때 파동이 합쳐지면서 비스듬한 충격파가 된다. 이러한 현상이 발생하면 흐름은 비선형성이 크게 증가한다.

(2) 수직충격파

초음속 흐름 속에 앞면이 뭉툭한 물체가 놓여 있다면 충격파는 앞전으로부터 떨어져서 형성된다. 이처럼 앞전 앞에서 형성되는 파장은 쐐기 또는 원뿔 각도가 일부 임곗값을 초과할 때도 발생할 수 있다. 충격파가 다가오는 흐름에 수직으로 형성될 때 [그림2-28, 29]와 같이 "수직충격파"라고 하고 파장 바로 뒤의 흐름은 아음속이다. 초음속 흐름에 놓여 있는 뭉툭한 물체는 앞전 바로 앞 공기흐름을 아음속까지 감소시키면서 수직충격파를 형성하게 될 것이고, 이로 인한 공기흐름은 뭉툭한 앞면(blunt nose)의

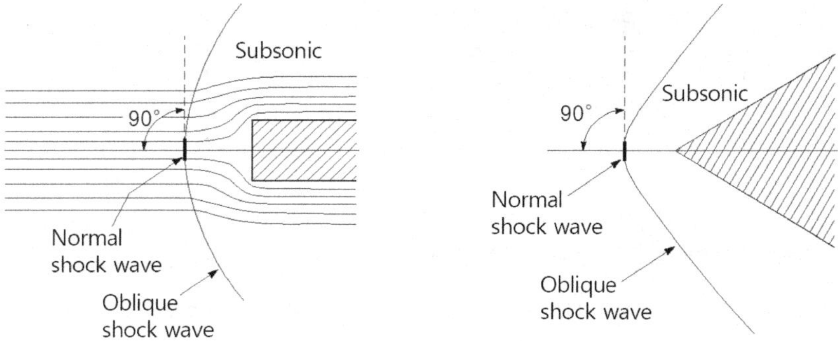

【그림2-29】 수직충격파가 형성될 수 있는 조건을 보여주고 있다. 뭉툭한 물체, 쐐기 모양 물체 그리고 에어포일(그림2-28) 위의 공기흐름에서 각각 수직충격파가 발생할 수 있음을 보여주고 있다. 다른 충격파와 달리 수직충격파의 특징은 충격파 뒤의 흐름이 아음속으로 감속되는 것이다.

영향을 받아 이를 돌아서 흐른다. 일단 뭉툭한 앞면을 지난 후 공기흐름은 아음속을 계속 유지하거나 때로는 앞면의 모양과 자유공기흐름의 마하수에 따라 다시 초음속까지 가속될 수 있다.

위에서 기술한 수직충격파 외에도 초음속 흐름 속에 물체가 없을 때 전적으로 다른 방식으로 이와 동일 파장들이 형성될 수 있다. 초음속 흐름의 방향이 변하지 않고 아음속으로 감속할 때마다 초음속과 아음속 영역 사이의 경계에 수직충격파가 형성될 수 있는 특별한 경우이다.

일반적으로 항공기는 초음속으로 비행하기 전에 일부 "압축성 효과"에 직면하게 된다는 점에서 매우 중요한 의미가 있다. [그림2-28]은 높은 아음속 속도에 있는 에어포일 일부에서 초음속까지 가속되는 국지 흐름 속도가 존재하고 있음을 보여주고 있다. 국지 초음속 흐름이 후방으로 이동할 때 공기흐름이 아음속까지 감속되면서 수직충격파가 형성된다. 아음속에서부터 초음속까지의 천이가 매끈한 표면에서 점진적으로 이루어진다면 천이는 유연하게 그리고 약한 충격파 또는 충격파를 동반하지 않을 수 있다.

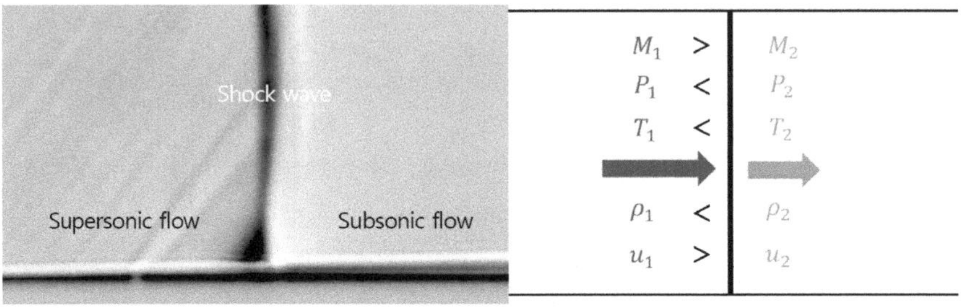

【그림2-30】 물체가 음속보다 더 빨리 이동하는 흐름 영역에서 흐름 속도의 급격한 감소가 있을 때 흐름 과정은 비가역적이고 엔트로피는 증가한다. 물질의 이러한 특성 변화는 일반적으로 에너지의 감소로 나타난다. 이때 충격파가 발생하고 충격파는 강한 비가역적 과정이다.

그러나 초음속에서 아음속으로 흐름 방향의 변화 없이 수행되는 천이는 항상 수직충격파를 동반한다. 수직충격파를 통과하여 흐르는 초음속 공기흐름에서 다음과 같은 변화들이 발생한다.

① 공기흐름은 아음속으로 감속되고 파장 뒤에 있는 국지 마하수는 파장 앞 마하수의 역수와 대략 일치한다. 예를 들어 파장 앞 마하수가 1.25라면 파장 뒤 마하수는 대략 0.80이 된다.
② 파장 바로 뒤 공기흐름 방향은 변함이 없다.
③ 파장 뒤 공기흐름의 정압은 크게 증가한다.
④ 파장 뒤 공기흐름의 밀도는 크게 증가한다.
⑤ 파장 뒤 공기흐름의 온도는 증가한다.
⑥ 공기흐름의 에너지는 크게 감소한다. 따라서 수직충격파는 에너지 소모가 매우 크다.

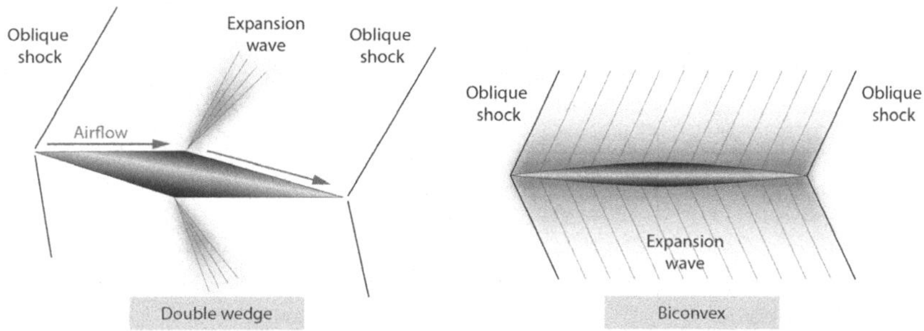

【그림2-31】 에어포일 주변 팽창파는 에어포일의 모양에 따라 다르게 발생하고 있음을 알 수 있다. 왼쪽 다이아몬드 모양 에어포일에서는 각진 부분에서 팽창파가 발생하지만, 오른쪽 대칭 볼록 에어포일에서는 표면 전체에서 고르게 발생하고 있다.

(3) 팽창파 또는 팽창 팬

초음속 공기흐름이 초기 흐름에서 멀어지면서 방향이 전환될 때도 압력파는 변화가 발생한다. [그림2-31, 32]는 모서리를 돌아서 흐르는 흐름은 모서리 자체로 인한 변화를 제외하고 날카롭고 급격한 변화들이 발생하고 있지 않음을 보여주고 있으며 실질적으로 충격파로 간주하지 않는다. 팽창파(expansion wave or expansion fan)를 통과한 초음속 공기흐름에서 다음과 같은 변화들이 발생한다.

① 공기흐름은 가속된다. 파장 뒤 흐름의 속도와 마하수는 더 커진다.
② 흐름 방향은 분리가 발생하지 않으면서 표면을 따라서 이동한다.
③ 파장 뒤 공기흐름의 정압은 감소한다.
④ 파장 뒤 공기흐름의 밀도는 감소한다.
⑤ 파장 뒤 공기흐름의 온도는 감소한다.
⑥ 흐름이 더욱 점진적으로 진행되기 때문에 충격파가 발생하지 않고 공기흐름에서 에너지 손실도 없다. 따라서 팽창파는 공기흐름의 에너지 소모가 없다.

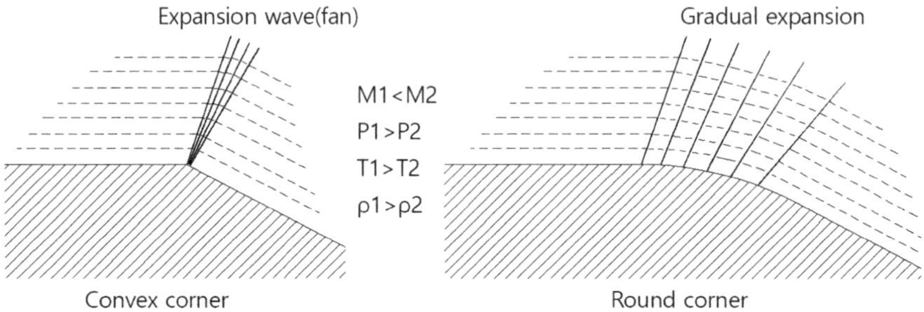

【그림2-32】 모서리 또는 둥근 표면에서 나타나는 팽창파 또는 팽창 팬의 행태

팽창파(또는 팽창 팬)는 다른 충격파와 달리 에너지 소모가 없다. 경사 충격파와 팽창파는 [그림2-32]와 같이 각진 혹은 둥근 모서리에서 형성되는 특징이 있지만, 경사 충격파가 압축되어가는 형태라면 팽창파는 확산하는 형태의 충격파라는 점이 다르다. 흐름과 팽창파 사이의 각도는 점점 작아진다. 이 과정은 등엔트로피(isentropic)이므로 정체 특성(예: 총압력 및 총온도)은 팬을 가로질러 일정하게 유지된다.

❖ 탄환의 충격파

소총에서 발사된 초음속 탄환의 충격파 그림자이다. 총알이 약 M=1.9로 날아가고 있다. 좌우로 이어지는 선수파와 꼬리 파동이 탄환에서 역류하며 격동의 파동을 일으키고 있다.

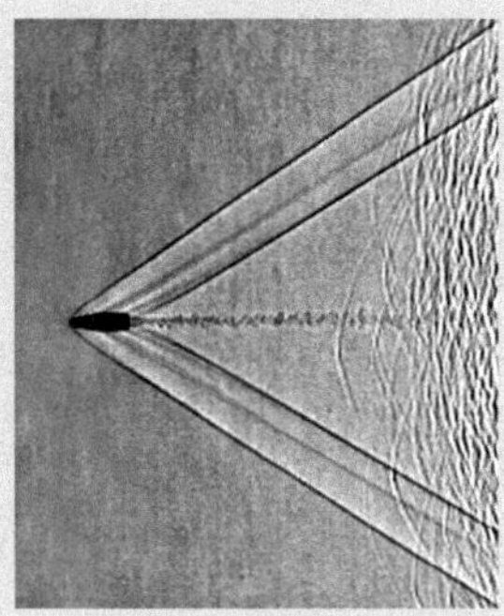

2.2.7 초음속 흐름의 양력분포

[그림2-33]은 초음속 흐름 속에서 나타날 수 있는 공기역학적 특성에 따라 형성될 수 있는 다양한 파장들의 효과를 잘 보여주고 있다. 그림 (A),(B)는 얇은 평판이 양성 받음각일 때 파장 패턴과 이로 인해 초래된 압력분포이다. 평판의 윗면으로 이동 중인 공기흐름은 앞전에서 팽창파를 통과한 후 뒷전에서 경사 충격파를 통과하고 있다. 따라서 윗면에서는 일정한 흡입 압력(음성 압력)이 존재한다. 평판의 아랫면을 통과하는 공기흐름은 앞전에서 경사 충격파를 통과한 후 뒷전에서 팽창파를 통과한다. 이것은 단면의 하부에서 일정한 양성압력이 발달하고 있다는 것을 의미한다. 이 같은 표면에서의 압력분포는 순 양력(net lift)을 발생하게 될 것이고, 자유공기흐름과 수직이 되는 합력 양력(resultant lift)으로부터 초래된 경사 양력으로 인한 후속 항력이 발생한다.

그림 (C),(D)는 다이아몬드 모양 에어포일이 무양력일 때 파장 패턴과 이로 인해 초래된 압력분포를 보여주고 있다. 에어포일 윗면을 통과하고 있는 공기흐름은 경사 충격파, 팽창파, 그리고 또 다른 경사 충격파 순으로 통과하여 흐른다. 표면에 형성된 압력분포는 시위의 전반부에서 압력은 증가하고 시위 후반부에서 압력이 감소하는 현상은 순 양력은 발생하지 않지만, 조파항력(wave drag)이 발생한다. 이 조파항력은 자유공기흐름 방향에 평행하게 작용하는 압력 힘들의 성분들로 인하여 초래된 것이다. 조파항력은 마찰, 분리, 양력으로 인한 항력에 추가해야 하고 특히 높은 초음속에서 총항력의 상당 부분을 차지할 수 있다. 그림 (E),(F)는 다이아몬드 모양의 에어포일이 작은 양성 받음각일 때 파장 패턴과 이로 인해 초래된 압력분포를 보여주고 있다. 그림 (C),(D)의 경우와 유사하지만 순 압력분포(net pressure distribution)는 무양력에서 조파항력이 추가된 양력으로 인하여 기울어진 양력(inclined lift)이 발생한다.

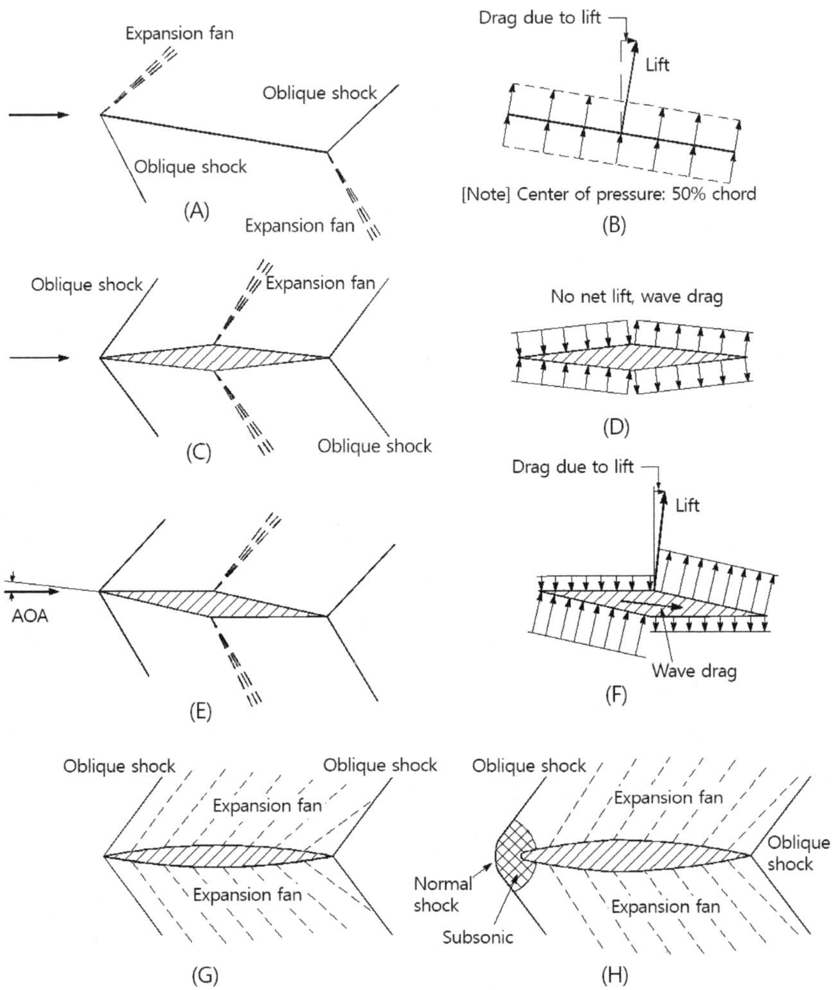

【그림2-33】 물체 모양에 따른 충격파 및 팽창파의 형성, 그리고 양력과 항력의 관계를 보여주고 있다. 양력은 흐름 방향에 수직인 힘이고, 흐름과 평행하면서 반대의 힘이 항력이다. 그림 (D)의 사례에서 양력이 발생하고 있지 않음에도 항력이 발생하고 있고, (F)의 사례처럼 양력이 발생하고 있다면 양력으로 인한 항력과 조파항력이 동시에 존재한다.

그림 (G)는 대칭 볼록 모양 에어포일에서 발생하는 파장 패턴을 보여주고 있다. 공기흐름이 앞전에서 경사 충격파를 가로지른 후 점진적으로 팽창파의 영향을 받게 되지만 뒷전에서 다시 경사 충격파에 직면할 때까지 연속해서 팽창파로 남아 있다. 그림(H)은 초음속 흐름에서 앞전이 뭉툭한 전형적인 에어포일에서 발생하는 파장 패턴을 보여주고 있다. 앞면이 뭉툭할 때 파장은 앞면에서 떨어져 형성되고 앞전 바로 앞에서 수직충격파가 형성된다. 이 파장이 형성될 때 앞전에서 떨어져 형성된 파장 뒤에 매우 높은 압력과 밀도와 함께 아음속 구역을 형성한다. [그림2-33]은 전형적인 초음속 흐름의 패턴을 보여주고 있으며 2차원 흐름에서 공기역학적 표면에 관한 다음과 같은 사실들을 설명해 주고 있다.

첫째, 속도, 압력, 밀도, 그리고 흐름 방향에서의 모든 변화는 다양한 종류의 파장 형성과 함께 급격하게 발생한다. 물체의 모양과 필수적으로 따르는 흐름 방향의 변화는 형성되는 파장의 종류와 강도를 결정한다.

둘째, 양력은 표면 위의 압력분포에 의한 것과 같이 순 힘으로 자유공기흐름 방향에 수직이다. 자유공기흐름과 평행한 방향에서 어떠한 양력 분력으로 인한 항력(조파항력)이 존재한다.

셋째, 초음속 흐름에서 일부 유한 두께(finite thickness)의 에어포일 무양력 항력은 조파항력을 포함한다. 에어포일의 두께는 이 조파항력에서 매우 큰 효과를 갖게 될 것이다. 왜냐하면, 조파항력은 두께비의 제곱으로 변하기 때문이다. 예를 들어 두께가 50% 감소했다면 조파항력은 75% 감소한다. 초음속 에어포일의 앞전은 반드시 뾰족하거나 앞전에 형성되는 파장은 강력하게 떨어져 나간 충격파로 존재한다.

넷째, 에어포일 위의 흐름이 일단 초음속으로 가속된 후 표면의 공기역학적 중심은 대략 50% 시위 지점에 위치하게 될 것이고, 이는 아음속에서 공기역학적 중심이 대략 25% 시위 지점에 위치하는 것과는 대조되는 것으로 천음속 비행에서 공기역학적 트림과 안정성에서 상당한 변화들에 직면하게 될 것이다.

이를 요약하면 비록 순 양력이 발생하고 있지 않더라도 항력(조파항력)이 발생하고 있다는 사실에서 초음속 자체가 높은 항력(조파항력)을 유발하는 요인으로 작용하고 있음을 알 수 있다. 아음속 에어포일과 달리 공기역학적 중심이 시위 50% 지점에 위치한다는 사실과 얇은 에어포일이 초음속에 절대적으로 유리한 측면이 있다는 것을 알 수 있다.

2.3 조파항력

2.3.1 조파항력의 정의

조파항력(wave drag)이란 [그림2-34]와 같이 높은 아음속 또는 초음속으로 비행하는 항공기 또는 회전체 블레이드 끝에서 나타나는 급격하고 매우 강한 항력의 형태이다. 조파항력이 발생하는 근본적인 원인은 충격파이다. 충격파는 항공기가 이를 극복하는 데 상당한 에너지 소모를 동반하기 때문에 항력으로 고려한다. 조파항력은 대략 마하 0.8 이상의 천음속 영역에서 나타나는 현상이지만 항공기의 비행 속도가 초음속에 도달하지 못했을지라도 항공기의 날개나 회전 블레이드 또는 캐노피와 같은 굴곡진 부분에서 국지적 공기흐름이 음속에 도달할 수 있으므로 초음속 이하의 속도에서도 발생할 수 있다는 사실에 유의해야 한다. 조파항력은 통상 일

【그림2-34】 전투기 주변에 여러 개의 충격파가 발생하고 있다. 이들 항공기는 특정 패턴의 엄청난 공기 파장을 밀어내면서 비행하고 있다. 이것이 조파항력의 원인이다.

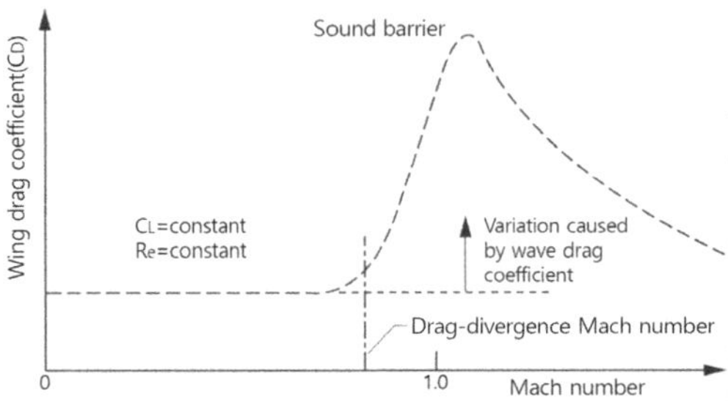

【그림2-35】 음속에 진입하면서 왼쪽 그래프와 같이 항공기는 급격한 항력급등에 직면할 수 있다. 이것을 음속장벽이라 한다.

반적인 아음속 항력보다 약 4배에 달할 수 있을 만큼 매우 크고 강력하므로 아음속 비행 기술력으로는 엔진이 이를 극복할 수 있는 충분한 동력을 제공할 수 없는 것으로 고려된 일명 “음속장벽(sound barrier)”으로 여겨졌다.

일반적으로 아음속에서 항력은 표면 마찰항력, 압력항력 그리고 유도항력과 같이 3가지 주요 항력이 지배적이다. 천음속과 초음속 영역에서는 근본적인 압력분포의 변화로 인하여 비행기의 총항력(total drag)이 [그림 2-35]와 같이 크게 증가한다. 이 같은 높은 속도에서 직면할 수 있는 것이 조파항력이다. 비행기 날개 또는 비행기의 어느 부분에서든지 항력이 급등하고 이를 극복하고 더 높은 속도를 얻기 위해서는 추력이 크게 증가해야 한다.

이들 조파항력은 가용 추진 에너지의 상당 부분을 열(heat)로 전환하고 비행기 표면으로부터 유도분리 흐름의 원인이 된다. 천음속 영역 전체에서 비행기의 항력계수는 초음속 영역보다 큰 데 이 같은 이유는 불규칙한 충격파 형성과 전반적인 불안정 흐름 때문이다. 그러나 일단 초음속 흐름 패턴이 자리 잡은 후부터 흐름은 안정되고 항력계수는 감소한다. 천음속과 초음속에서 총항력은 2개의 범주로 구분할 수 있다.

① 무양력 항력: 표면 마찰항력과 무양력의 조파항력으로 구성된다.
② 양력-종속 항력: 양력으로 인한 유도항력과 양력으로 인한 조파항력으로 구성된다. [그림2-33] 참고

이를 요약하면 [그림2-35]의 그래프와 같이 "마의 장벽"으로 알려진 항력급등의 존재를 명확하게 보여주고 있다. 이 음속장벽은 일반 아음속 설계 개념으로는 해결할 수 없음을 의미한다. 마하수가 1.0에 도달하기 전 충격파로 인한 조파항력으로 인하여 항력이 급등하는 현상이 발생한다. 여기에 존재하는 항력급등이 바로 음속장벽이다.

[그림2-35]에서는 천음속 비행 초기에는 "마의 장벽"으로 여겨진 "음속장벽"이 존재한다는 것을 명확하게 확인할 수 있다. 초음속으로 비행하는 비행기는 천음속에서 직면하게 되는 최대 천음속 항력을 극복할 수 있는 충분한 추력(출력)을 갖추어야 한다. 일단 천음속 영역을 통과한 후에는 항력계수와 항력이 감소하고 초음속으로 비행하는 데 더 작은 추력으로도 가능하게 된다. 그러나 더 높은 초음속으로 비행함에 따라 비록 항력계수가 감소하는 것으로 나타날지라도 전체 항력은 증가한다.

충격파 형성으로 인한 조파항력이 상당한 추진 에너지의 상실을 일으키는 원인이 된다. 에어포일에서 충격파가 형성되는 과정에서 알 수 있듯이 마하수 0.7~0.8 사이의 자유공기흐름에서 압축성 효과는 흐름 패턴과 항력에 거의 영향을 주지 않는다. 따라서 에어포일 주변 어느 곳에서도 흐름은 아음속이다. 에어포일에 대한 속도가 증가하면서 에어포일 표면의 일부 구역에서 마하수 M=1.0을 초과하는 흐름이 존재한다. 이 마하수를 "임계 마하수"라 하였고 통상 에어포일의 최대 두께 지점이 된다. 자유공기흐름 속도가 임계 마하수를 넘어서면서 에어포일 표면에 초음속 영역이 점점 더 증가한다. 이 초음속 흐름이 다시 아음속 흐름으로 회복하기 위해

서는 충격파(압력 불연속성)를 반드시 통과해야 한다. 속도의 상실은 온도의 증가를 동반하고 이는 곧 열이 발생한다는 것을 의미한다. 이 열은 조파항력과 같은 추진 에너지의 소모로 나타난다.

이들 충격파는 비행기의 날개, 동체, 엔진 나셀 등 곡면과 두꺼운 부분 등으로 인하여 전체 부분에서 나타난다. 이때 국지 마하수가 1.0을 초과하고 흐름은 아음속 이하로 감소한다. 천음속 흐름에서 조파항력 증가는 충격파에 의한 에너지 상실로 인한 것보다 크다. 실제 충격파는 경계층과 상호작용을 일으키기 때문에 경계층의 분리는 충격파 바로 뒤에서 일어난다. 이 상태가 충격파 유도분리(shock-induced separation)라고 할 수 있는 항력급등(drag rise)의 원인이다.

조파항력을 감소시키기 위한 연구가 활발하게 진행되었고 가장 보편적으로 활용된 해결책이 후퇴익(swept-wing)의 개발이다. 후퇴익은 이미 제2차 세계대전 이전에 개발되어 활용되기 시작했고, 1950년에는 이 문제를 극적으로 해결하여 대부분 전투기가 초음속 비행을 할 수 있었다. 초음속을 위한 에어포일이 아음속 에어포일에 비해서 얇게 설계된다는 것은 주지의 사실이다. 날개 두께를 더 얇게 설계됨에 따라 후퇴각이 다소 작아지는 효과는 있겠지만, 결과적으로 저속 성능이 현저히 떨어지고 연료 또는 착륙장치 등을 위한 충분한 구조적 공간을 제공하지 못한다. 후퇴익은 직사각형 날개와 달리 더 얇고 긴 효과를 얻을 수 있으므로 높은 아음속에서 에어포일의 곡면부와 두께를 중요시하는 에어포일에 많이 활용되고 있다.

천음속에서 조파항력을 감소시키는 데 또 다른 결정적인 연구 결과는 초임계 에어포일(supercritical airfoil)의 개발이다. 초임계 에어포일은 일반 아음속 에어포일과 같은 양호한 저속 성능을 얻을 수 있을 뿐만 아니라 천음속에서 조파항력을 크게 감소시킬 수 있어 대부분의 현대 민간 운송용 항공기에서 채택하고 있다. 이외에도 날개에서는 조파항력을 감소시키기

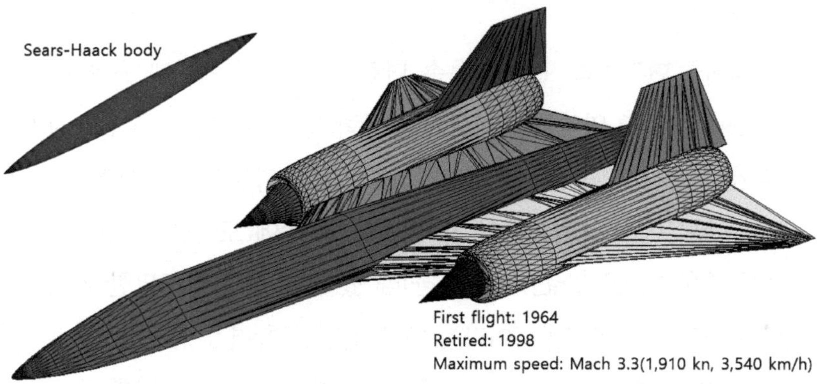

【그림2-36】 초음속 항공기 설계는 매우 길게 그리고 아주 유려하게 설계된다. 이것은 항력급등을 피하기 위한 Sears-Haack body 설계이다. Lockheed SR-71 "Blackbird"은 최대속도는 마하 3.3이다. 기수 또는 엔진 스파이크에서 발생한 마하콘의 영역에 동체의 모든 부분이 들어올 수 있도록 설계된 것은 초음속에 따라 항력급등을 지연 또는 회피하기 위한 설계이다.

위한 후퇴익과 초임계 에어포일이 사용되고 있지만, 동체에서 발생할 수 있는 조파항력을 감소시키기 위한 노력으로 면적법칙이 적용되었다.

천음속에서 조파항력의 영향을 회피하기 위한 가장 이상적인 설계가 "Sears-Haack body" 개념의 동체로 이는 마치 [그림2-36]과 같은 시가 모양(cigar shape)으로 동체를 설계함으로써 항공기의 모든 부분이 충격파 영역에서 벗어나 있을 수 있도록 한 설계이다. 이를 요약하면 물체의 앞쪽과 뒤쪽 끝이 뾰족하고 몸통은 완벽한 원통형의 유선형(streamlined) 물체이다. 완벽한 유선형 모양을 갖추었기 때문에 공기 저항을 최소화할 수 있는 모양이다. 이 물체는 천음속 영역에서 조파항력을 최저화하는 항공기 동체 설계에 주로 적용된다.

2.3.2 면적법칙

“Whitcomb” 면적법칙 또는 천음속 면적법칙이란 천음속과 초음속 특히 마하 0.8~1.2 속도 영역에서 항공기의 항력(특히 조파항력)을 감소시키기 위한 설계 기술이다. 높은 아음속으로 비행 중인 항공기의 동체 또는 날개의 굴곡진 부분에서 공기흐름이 가속되어 초음속에 도달했을 때의 속도를 임계 마하수(critical Mach number)라 했다. 초음속에 도달한 지점에서 형성되는 충격파는 조파항력이라는 매우 강력한 항력을 유발하고 이는 상당한 항공기의 추진 에너지를 소모한다. 충격파의 수와 크기를 감소시키기 위해서 항공기의 단면적(cross-sectional area)에서 가능한 한 유연하게 설계해야 한다는 이론이 제기되었다. 이를 실현한 것이 “Sears Haack body”로 알려진 완벽 공기역학적 모양(aerodynamic shape)으로 설계하는 것으로 양 끝이 뾰족하다.

항공기에 면적법칙을 적용한다는 것은 항공기의 모양을 실제 모양과 무관하게 “Sears Haack body”와 같은 최소 조파항력이 발생할 수 있도록 단면적을 설계하는 것이다. 이에 맞게 따르기 위해서는 날개와 같이 큰 가로면적을 갖는 부분이 “Sears Haack body”의 가장 넓은 부분에 위치할 수 있도록 하고 조종실, 꼬리날개, 공기흡입구 그리고 기타 돌출되는 부분들은 동체 선상에 분산 배치된다. 음속보다 높은 속도에서도 역시 면적법칙이 적용되고 이 경우에 동체 배열은 설계 속도를 위한 마하선(Mach line)과 연관시켜야 한다. 예를 들어 마하 1.3에서 항공기의 동체가 마하콘을 벗어날 수 있는 각도는 약 50.3°가 된다. 이 경우 완벽 유선체는 항공기 뒤쪽으로 향하는 상태가 된다. 따라서 콩코드와 같은 초음속에서 순항 비행하는 항공기에 면적법칙을 적용했을 때 날개가 왜 뒤쪽에 배치되는지를 설명할 수 있다. 날개가 뒤쪽으로 후퇴각이 증가할수록 충격파의 영향을 벗어날 수 있는 것 역시 면적법칙이 적용된 사례이다. 면적법

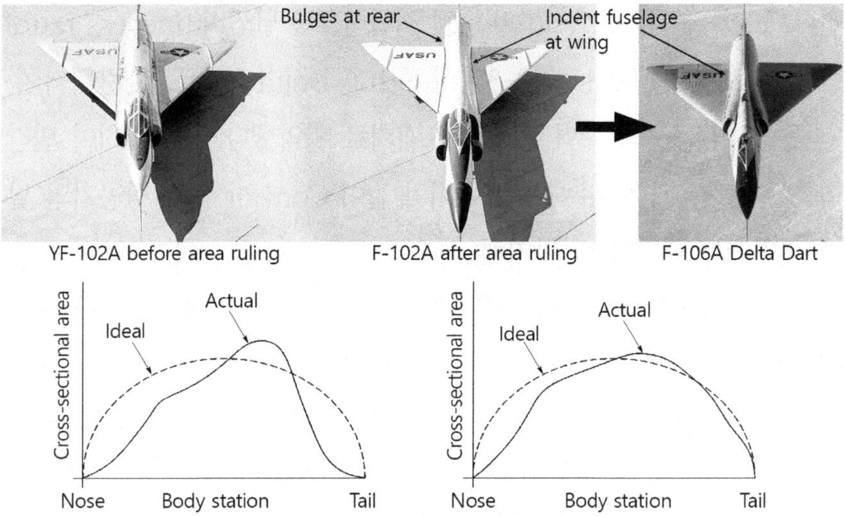

【그림2-37】 면적법칙은 콜라병 모양으로 후방으로 갈수록 잘록한 모양이다. 이 법칙에 따라 설계된 항공기의 항력 분포가 더 이상적이라는 것이 입증되면서 대부분 고속 항공기에 적용되고 있다.

칙은 항공기 설계에 즉각 적용되기 시작했으며 [그림2-37]은 이 법칙이 가장 잘 적용된 사례이다. 왼쪽 그림은 면적법칙이 적용되기 전의 항력 곡선이다. 그러나 날개 옆면이 잘록하게 파이고 후방부의 넓이를 증가시키는 방법으로 천음속 항력을 상당히 감소시켰고 설계 마하수 1.2에 도달했다. 이로써 날개면적을 보존하고 항력을 낮추는 효과를 얻을 수 있다.

이를 요약하면 [그림2-37]과 같이 초기 왼쪽 기종은 기수에서 꼬리까지의 실제 항력 곡선의 변화가 매우 크다는 것을 알 수 있다. 그러나 면적법칙으로 잘 다듬어진 후 이 항공기의 항력 곡선은 상당히 개선된 실험결과를 보여주고 있다. 면적법칙이 적용된 항공기 외형은 "Sears-Haack body" 개념을 최대한 실현한 모양으로 앞전 날개의 스퍼가 상당히 뒤쪽으로 배치되어 있고, 동체 후방부의 잘록한 모양은 마치 콜라병을 연상케

한다. 또한, 전체적으로 고속비행에 적합하도록 날씬비(fineness ratio)를 최대로 적용했다. [그림2-37]의 F-106 Delta Dart로 개량되어 수년 동안 미 공군의 주력 전천후 요격기로 활약했다. 면적법칙이 민간항공기에 적용된 사례는 [그림2-44]와 같이 Convair 990 항공기의 날개 윗면 뒷전에 충격파 방지체(anti-shock bodies) 그리고 험프(hump; 낙타 등 모양 돌출 부분) 설계를 적용하여 순항 마하수 0.89에 도달했다. 면적법칙이 적용된 초기 설계는 모양 자체가 기이한 형태로 보여 이를 "플라잉 콜라병"이라는 별명이 붙기도 하였으나 효율이 인정되어 대부분의 천음속 항공기 외형 설계에 도입되었고, 이후 대부분의 고속 항공기 설계에서 면적법칙은 항상 고려되었다.

이외에도 [그림2-38]과 같이 Boeing 747의 2층 객실(upper deck) 역시 면적법칙이 적용된 사례로 초기 설계는 1층의 주 객실에 2열 2층으로 표준 컨테이너를 적재할 수 있게 되었으나 이 같은 배열에서 앞쪽에 배열된 조종실은 컨테이너로 인하여 조종사에게는 심각한 사고 위험 요소로 고려되었다. 이를 해결하는 방법으로 1층 주 객실 위에 약간 돌출된 부분에 2층 객실을 설계하여 조종실을 옮겼다. 물론 2층 객실의 설계는 정상적인 유선형 원칙에 따라 가능한 한 작게 설계되었으나 후속 기종은 험프(hump)를 더 길게 설계하는 방법으로 항력을 상당히 감소시킬 수 있었다. Boeing 747-300은 새롭게 설계된 기종으로 순항 속도를 높이고 항력을 최소화한 기종이다. 이외에도 면적법칙이 적용된 Airbus 380은 제트엔진을 날개의 앞쪽에 배치하였고, Cessna Citation X는 동체의 뒤에 제트엔진을 배치하여 항력을 감소시키는 효과를 달성했다. 이를 요약하면 [그림2-36, 37]과 같이 마하수 0.8-0.9의 순항비행 성능을 최대화하기 위한 면적법칙이 적용된 날개의 후퇴각과 엔진이 "Sears-Haack body"의 가장 넓은 부분에 위치할 수 있도록 배열했다. 또한, 날개 뒤쪽으로 돌

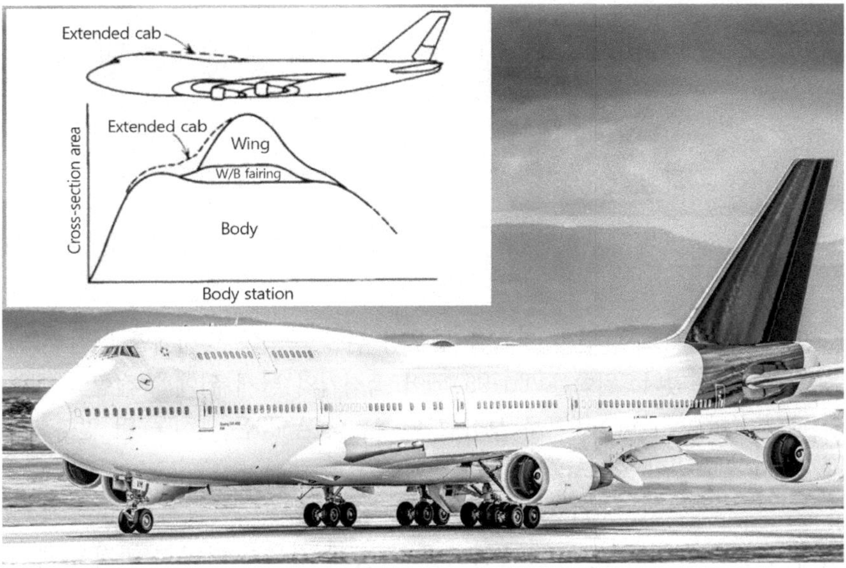

【그림2-38】 면적법칙은 초음속 또는 천음속 비행을 하는 항공기에서 조파항력을 크게 감소시킬 수 있는 설계이다. Boeing 747-400에 설계된 2층 객실과 조종실은 면적법칙을 적용하여 위쪽으로 돌출되도록 설계된 모양으로 이를 험프라 한다.

출된 부분은 충격파의 영향을 최소화하기 위한 충격파 방지체이다.

면적법칙은 M=1.0 근처에서 항공기에 나타나기 시작하는 조파항력을 최소화하기 위해 고안된 설계 개념이다. 1950년대에 "Whitcomb"은 M=1.0에 접근하는 흐름에 따라 풍동의 모델 주위에 파동 항력이 형성되는 것을 발견했다. 그는 항공기에 의해 생성되는 조파항력의 양을 최소화하기 위해서는 항공기의 단면적이 유연하게 설계되어야 한다는 것을 인식했다. 날개가 동체에서 뻗어 나오자 총 단면적 증가와 함께 조파항력도 크게 증가했다. 날개가 장착된 곳에 있는 동체를 가늘게 설계함으로써 전체 단면적의 균형을 맞추고 조파항력을 최소화했다. F-102 델타 전투기는 최초에 직선 동체로 설계되었으며, 천음속 범위에서 예상보다 높은 항

【그림2-39】 고속으로 인한 항력을 낮추기 위한 충격파 방지체와 엔진 배열을 관찰할 수 있다. 왼쪽은 Tu-95 베어 폭격기의 날개 뒤에 유선형의 대형 휠 페어링(wheel fairing)으로 보강했고, 오른쪽 A380은 엔진을 더 앞쪽으로 배치하여 면적법칙 효과를 달성했다.

력에 부딪히면서 M=0.98로 제한되었다. 동체 길이를 따라 단면적을 매끄럽게 함으로써 출력의 변화 없이도 M=1.22에 도달할 수 있음이 입증되었다. 면적법칙은 단순하게 날렵한 설계로 국한되지 않으며, 오늘날 대부분 항공기 동체 설계에 고려되는 주요한 설계 요소가 되었다. 일부 항공기에 적용된 "웨이스트링(waisting; 잘록한 모양)" 효과를 볼 수 있지만, 때로는 뚜렷하게 표가 나지 않는 방식으로 적용되기도 한다. 엔진을 후방에 배치함으로써 설계는 이미 좁은 동체를 수축시키지 않고 면적법칙을 적용할 수 있다. 여객기 엔진을 [그림2-39]와 같이 날개 앞쪽(바로 아래가 아니라)에 배치하면 단면적을 분배할 수 있다. 또한, 대형 여객기와 투폴레프 Tu-95 베어 폭격기의 날개 뒤에 유선형의 대형 휠 페어링(wheel fairing)을 추가함으로써 유사한 효과를 얻을 수 있다. 따라서 고속 항공기의 모든 설계 기능은 단순히 외관을 위한 것이 아닌 고속에 따른 항력을 최소화하기 위한 설계이다.

2.3.3 초음속과 마하콘

초음속에서 공기흐름은 날개의 윗면과 아랫면에 대칭형 모양으로 충격파들이 형성되는 동시에 양력을 발생시킨다. 천음속의 경우와 같이 이들 충격파는 상당히 큰 항력을 유발한다. 이들 충격파 중 하나는 날개의 앞전에 의해서 발생하지만, 양력에 미치는 영향은 크지 않다. 이들 충격파의 강도를 최소화하기 위해서 날개에서 계속 머물러 있도록 하는 방법으로 날개의 앞전을 아주 뾰쪽하게 하는 것이다. 양력 발생에 기여하면서 충격파의 영향을 최소화할 수 있는 이상적인 에어포일 모양은 다이아몬드 단면이다. 그러나 이들 에어포일은 저속에서 양력계수가 매우 낮아 조종성이 현저히 떨어지고 착륙속도가 매우 높은 단점이 있다. 이 같은 단점을 최소화하는 방법의 하나가 후퇴각이 큰 아음속 설계이다.

이동하고 있는 물체에서 형성된 충격파 뒤쪽 공기흐름을 아음속까지 감소시킬 수 있는 효과를 이용한다면 항공기의 기수에서 발생한 충격파를 이용하여 날개 부분에서 아음속까지 속도를 감소시킬 수 있다. 날개가 기수 마하콘으로부터 멀리 떨어져 있을수록 날개는 아음속 영역 속에 있을 수 있고 정상 성능을 보장받을 수 있다. 이를 유추해 보았을 때 속도가 증가할수록 기수 마하콘에서 벗어날 수 있는 후퇴각은 증가한다. 항공기의 모든 부분이 마하콘 뒤에 놓여 있는데 필요한 각도는 [그림2-40]과 같이 마하 1.3에서 마하각은 약 50°, 마하 2.0에서 마하각은 약 30°가 되어야 한다. 예를 들어 항공기의 동체가 충격파에서 벗어나기 위한 마하콘의 각도는 대략 [그림2-40, 공식]과 같다.

일반적으로 날개가 완전히 초음속 공기흐름에서 벗어나 있고 양호한 아음속 성능을 수행할 수 있도록 배열하는 것은 매우 어렵다. English Electric Lighting 또는 F-106 Delta Dart와 같은 일부 항공기들은 저속비행 성능을 고려하지 않고 전적으로 고속비행을 위해서 높은 후퇴각

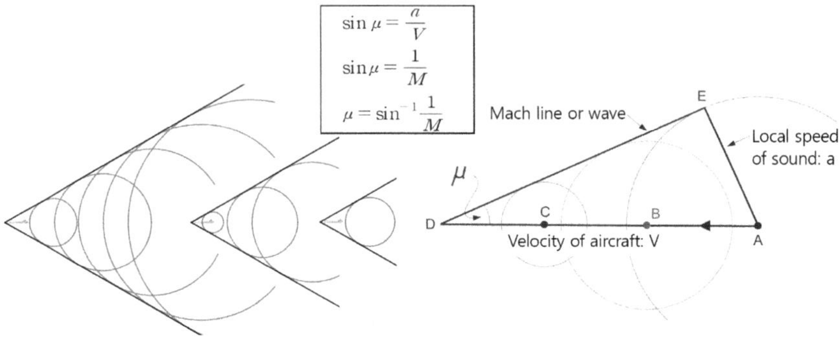

【그림2-40】 마하콘에서의 마하각(μ) 또는 마하선을 이미지화한 것으로 항공기는 마하콘 영역에 있도록 하는 것이 설계의 핵심이다. 항공기는 마하콘보다 앞서 이동한다.

날개평면으로 개조되었다. [그림2-41]의 F-111 Aardvark, F-14 Tomcat의 경우는 가변기하날개(variable geometry wing)를 사용하여 속도와 관계없이 가장 효율적인 후퇴각을 유지할 수 있도록 설계되었다.

대부분의 고속 항공기들은 날개가 초음속 흐름에 최소한으로 노출될 수 있도록 설계된다. 그러나 마하콘(Mach cone)이 속도의 증가와 함께 동체의 앞쪽으로 이동하는 경향으로 더욱 좁아지는 형태가 되기 때문에 초음속 흐름 속에 있는 날개의 부분 역시 속도와 함께 변한다. 이들 날개는 뒤로 젖혀져 있으므로 마하콘이 안쪽으로 이동함에 따라 양력 벡터는 외측에서 앞쪽으로 이동하는 경향을 보이면서 날개 후방 부분에서는 양력 발생이 그만큼 감소한다. 결국, 이 현상으로 강력한 피칭 모멘트(pitching moment)가 생성되고 이를 해소하기 위한 트림 조종(trim control)이 요구된다.

초음속 에어포일의 또 다른 특징은 공기역학적 중심이 중간 시위(1/2)까지 이동한다. 반면, 대부분 아음속 항공기의 공기역학적 중심은 1/4 시위 지점에 지정된다. 초음속 에어포일의 압력중심 위치는 마하수와 무관

【그림2-41】 F-14는 다른 초음속 전투기에 비해서 높은 후퇴각(20~68°)을 갖도록 설계된 스윙 날개의 항공기이다. 이 전투기는 이착륙 그리고 저속 비행할 때 완전히 펼친 날개로 비행하다 점차 속도가 증가하면서 날개 역시 최대로 젖혀 최대속도에 도달할 수 있다. 그러나 저속비행 성능이 떨어진다. 최대속도는 Mach 2.34(2,485km/h)이다.

하다. 캠버와 받음각에 따라 다르지만 낮은 각도에서도 빠르게 1/2 시위로 이동하는 경향이 있다. 이것의 실질적인 결과는 아음속에서 초음속 비행으로 전환하는 날개는 공기역학적 중심이 후방으로 이동하는 현상이 발생한다는 것을 의미한다. [그림2-42]와 같이 이 효과는 항공기의 무게중심에 대한 상당한 노즈-다운 피칭 모멘트를 생성할 수 있다. 이러한 공기역학의 근본적인 변화는 아음속에서 초음속으로 또는 초음속에서 아음속으로 전환할 때 초음속 비행기의 세로 피치 안정성에 심각한 영향을 줄 수 있다. 실제로 이 같은 현상은 초기 비행기가 음속에 접근하기 시작하면서 인지하게 된 공기역학적 "마하턱"으로 입증되었다. 초음속 비행에서 압력중심이 에어포일 섹션의 중간으로 이동하는 순간 상당한 노즈-다운 피칭을 생성할 수 있다. 이 문제를 해결하기 위해서 일부 초음속 항공기에서는 기수 부분에 커나드를 장착하거나 연료를 다른 위치로 이송한 공기역

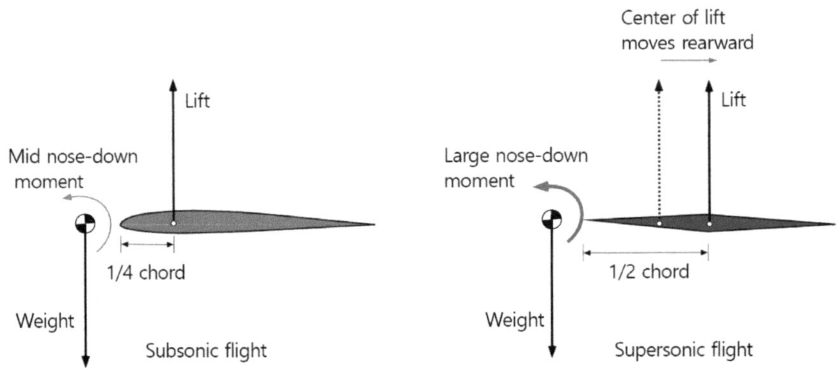

【그림2-42】 초음속 에어포일에서의 압력중심 위치가 급격하게 변하는 특징이 있다. 이것은 같은 노스-다운 모멘트를 유발하지만, 아음속 항공기에서는 수평안정판으로 쉽게 균형을 유지할 수 있다. 그러나 초음속 항공기에서는 큰 변화가 발생하므로 전방 커나드 또는 무게중심을 뒤로 이동시키는 방법으로 제어한다.

학적 힘(예, 콩코드)을 사용하여 이러한 공기역학적 중심의 변화에 균형 있게 조정할 수 있도록 설계했다.

2.3.4 충격파 방지체

천음속과 초음속 비행에서 충격파로 인한 조파항력의 존재가 확인되면서 이를 극복하기 위한 기술들이 개발되기 시작했다. 대표적으로 앞서 언급한 면적법칙은 전체적인 모양을 설계하는 데 필수 요소가 되었다. 이외에도 부분적으로 충격파의 영향을 극복하기 위한 설계가 충격파 방지체이다. 충격파 방지체(anti-shock body)는 조파항력을 감소시키기 위해서 천음속 항공기 날개의 뒷전에 장착되는 일종의 유선형 구조물로 이는 마치 콩꼬투리(pod) 모양을 연상하면 이해하기 쉽다. 날개 뒷전을 뾰족하게 함으로써 [그림2-43]과 같이 공기흐름을 유연하게 할 수 있다는 것은 주지의 사실이다. 그러나 고속비행에서 특히 날개와 동체의 연결 부분에서 불규칙

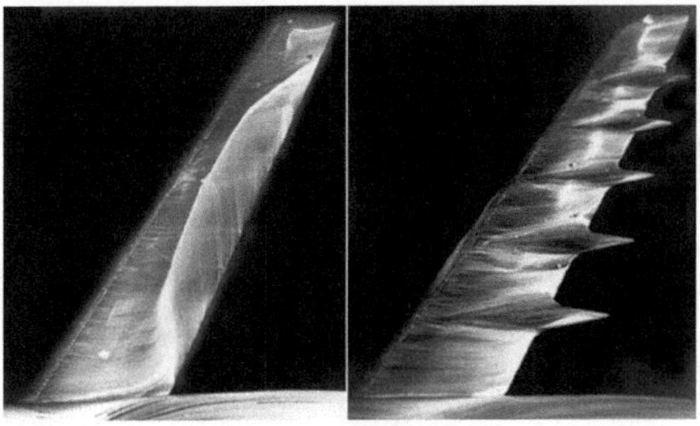

【그림2-43】 충격파 방지체 또는 플랩 트랙 페어링을 장착했을 때 공기흐름에 차이가 있음을 관찰할 수 있다.

한 흐름을 발생시켜 공기흐름은 필연적으로 소용돌이 경향을 띠게 된다. 이 와류성 공기흐름은 유선형 물체를 장착하여 공기흐름이 이 물체를 따라 유연하게 흐를 수 있도록 유도하는 데 있다. Convair 990 항공기에는 [그림2-44]와 같이 여러 개의 포드(pods)를 장착했다. 마하턱은 고속에서 날개뿌리부터 발생한다는 점을 고려하여 날개 안쪽으로 좌우에 두 개씩의 충격파 방지체가 장착되어 있다. 대부분의 에어라인 제트 항공기가 마하수 0.8~0.85 사이의 천음속 영역을 비행할 때 이 같은 충격파 방지체로 인하여 에어포일 주변의 공기흐름을 유연하게 하여 충격파 발생을 감소시킴으로써 연료 효율을 향상시킬 수 있었다. 이 역시 앞에서 다룬 면적법칙(area rule)을 적용한 사례이다.

이외에도 충격파 방지체는 날개 플랩을 전개하는 주변 기계 장치들을 매끄럽게 둘러싼 형태의 "플랩 트랙 페어링(flap track fairing)" 개념을 적용하여 충격파 방지체 역할을 하도록 하고 있다. 최신형 민간 운송용 항공기인 Airbus 380(마하 0.85)과 Boeing 777(마하 0.84) 항공기에서도 충격파 방지체가 사용되었고 아울러 "플랩 트랙 페어링"도 동시에 적용하여 성능 증대에도 활용하였다.

이를 요약하면 마하수 0.8~0.9의 천음속으로 순항비행하는 전형적인 민간 항공기 기종으로 면적법칙과 충격파 방지체가 잘 조화된 설계이다.

【그림2-44】 충격파 방지체(anti-shock body)는 제트 여객기의 순항 속도 범위를 포함하는 초음속(M=0.8~1.0) 비행 중 조파항력을 최소화하기 위한 설계이다. 이를 스피드 범프(speed bump)라고도 한다.

날개의 좌우 안쪽에 각각 2개의 충격파 방지체가 장착되어 있다. 날개 뒤쪽의 공기흐름을 유연하게 하여 충격파의 발생을 감소시킨다. 충격파 방지체는 플랩 액추에이터의 페어링 역할도 한다. 플랩이 확장되면 플랩 메커니즘이 확장됨에 따라 충격파 방지체가 아래로 이동한다. 페어링 안에 있는 일부 장치와 하드웨어가 페어링 밖으로 확장될 수 있도록 하는 커버를 볼 수 있다. 플랩을 접으면 플랩이 충격파 방지체의 상단을 닫고 외부 위치는 더 뒤에서 닫히는 것을 볼 수 있다.

2.3.5 마하턱

(1) 정의

마하턱(Mach tuck or tuck under)은 날개 주위의 공기흐름이 초음속에 도달할 때 기수가 하향하려는(pitch-down) 경향이 있는 공기역학적 효과이다. 항공기 속도가 M=1.0보다 훨씬 낮은 속도 영역에서 이러한 경향이 나타나기 시작한다.

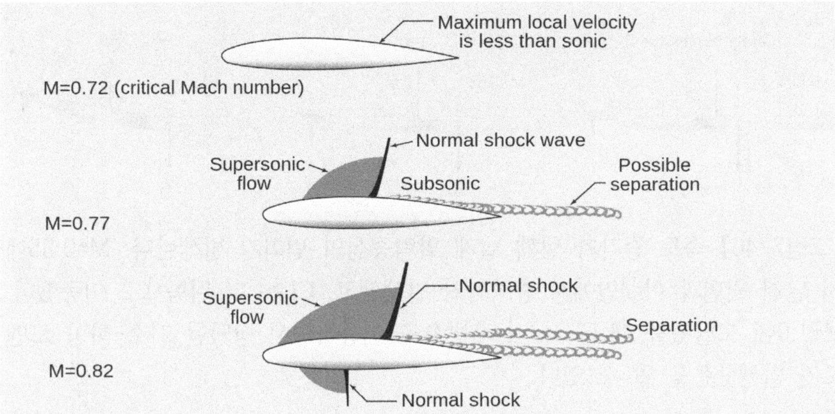

【그림2-45】 에어포일 선상에서 공기흐름 속도가 마하 1.0에 가까워질수록 수직충격파는 에어포일 위와 아래에서 모두 발생하고 있고, 속도가 점점 증가할수록 수직충격파 앞쪽으로 초음속 영역이 크게 발달하고 있다. 초음속 구역의 확장은 에어포일 앞쪽에서 심각한 양력 발생 능력을 상실하면서 급격한 하향 피칭 모멘트가 발생하는 원인이 된다.

(2) 원인

마하턱(Mach tuck)은 날개 주변의 공기흐름이 초음속에 도달했을 때 항공기의 기수가 급격히 하향하려는 공기역학적 현상이다. 마하턱 역시 항공기의 비행 속도가 아음속이나 마하수 1.0에 상당히 못 미치는 속도라 할지라도 [그림2-45]와 같이 에어포일에서는 국지적으로 음속에 도달할 수 있어 이 속도 영역에서도 발생할 수 있다는 점에 유의해야 한다. 마하턱 현상에 의한 노스-다운은 아음속에서 공기역학적 실속(aerodynamic stall)에 의한 현상과는 반대이다. 아음속에서 실속(stall)은 불충분한 속도, 높은 받음각, 하중계수의 증가 등이 어우러진 저속에서 발생한다면 마하턱은 속도가 임계 마하수(critical Mach number)에 도달했을 때 발생하는 실속이라는 점에서 뚜렷한 차이가 있다.

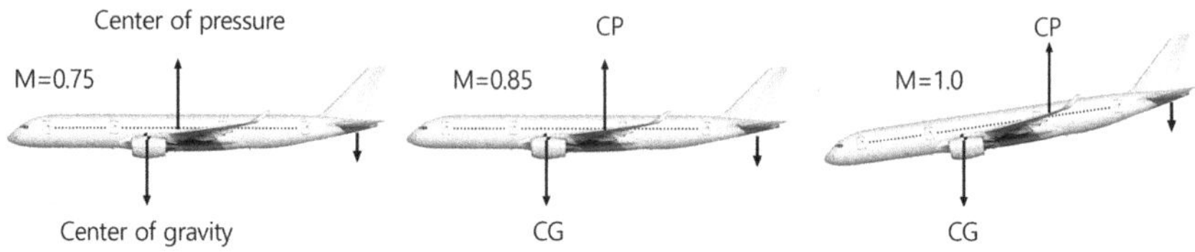

【그림2-46】 속도 증가와 함께 날개 압력중심의 변화가 발생한다. M=0.85에서 날개 윗면과 아랫면에서 충격파가 발생했고, CP는 더 뒤쪽으로 이동했다. M=1.0에 도달했을 때 CP가 더 후방으로 이동하면서 상당한 기수-하향 모멘트가 발생했음을 알 수 있다.

항공기 속도가 마하수 1.0 이하에서 비행하고 있을지라도 캠버를 갖는 에어포일에서는 마하수 1.0을 초과할 수 있고 이 지점에서 충격파가 발생할 수 있다. 충격파의 앞쪽 공기흐름은 층류(laminar flow)이지만, 후방에서는 [그림2-45]와 같이 경계층 분리(boundary separation)가 일어난다. 따라서 에어포일 앞쪽에서는 여전히 양력이 발생하고 있지만, 뒤쪽에서는 양력이 발생하지 않는다. 마하턱은 동체에 가장 가까운 캠버를 갖는 날개뿌리에서 잘 발생하고 일반 실속 역시 날개끝에서보다 날개뿌리에서 먼저 발생하도록 설계된다. 날개뿌리부터 먼저 실속이 발생한다는 것은 중간 혹은 날개끝 근처에서 양력이 발생하고 있으므로 도움날개는 여전히 조종성을 유지하고 있다.

마하턱 현상을 초래하는 또 다른 설계 요인은 후퇴익(swept-back)이다. 후퇴익 날개평면이 초음속 비행에 필수 날개 설계로 등장하면서 대부분의 고속 항공기들은 후퇴익 날개를 채택하고 있지만, 마하턱 현상을 방지하기 위한 새로운 기술 개발이 요구되었다. 날개에서 양력이 발생할 때 [그림2-46, 47]과 같이 공기역학적 압력중심이 형성된다. 압력중심은 날개에서 발생하는 모든 양력의 힘들이 집중되는 가상 지점으로 일반적으로 양력 벡터(lift vector)로 표기된다. 항공기 속도가 초음속에 근접하면서

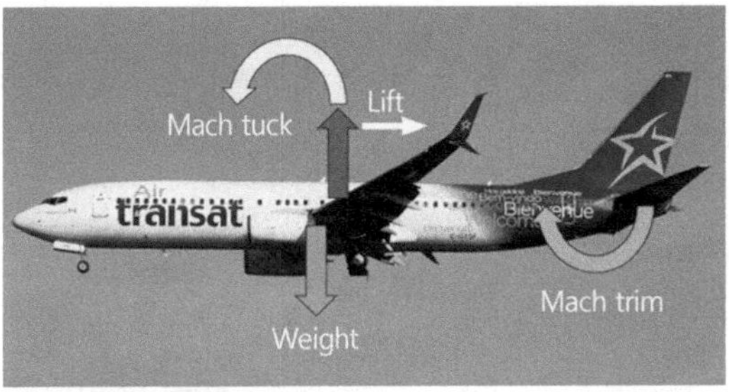

【그림2-47】 마하턱은 압력중심의 이동이 근본 원인이므로 승강타의 기능을 강화하는 방식으로 해결한다.

캠버를 갖는 날개뿌리(cambered wing root)부터 실속이 발생하면 압력중심은 날개끝 쪽으로 이동한다. 압력중심이 후방으로 이동함에 따라 항공기는 전방 피칭 모멘트(forward pitching moment)가 발생하고 이것이 마하턱이다. 날개가 점점 더 많은 충격파 영역에 포함되면서 압력중심 역시 점점 더 뒤쪽으로 이동하여 상당한 기수-하향 힘이 나타나기 때문에 수평비행을 유지하기 위해서 조종사가 직접 기수-상향 조작을 하거나 트림 재조절이 요구된다. 이 같은 마하턱 현상이 서서히 진행되더라도 압력중심은 상당히 후방으로 이동했기 때문에 아음속 승강타로는 이를 극복하기 위한 힘이 부족하거나 때로는 회복 불가능한 급강하(steep dive)로 발전할 수 있다. 충격파가 후방으로 이동함에 따라 승강타 조종면에 영향을 미쳐 기수-하향 경향을 더 악화시킬 수 있다. 이를 해결하는 방법으로 [그림2-48]과 같이 높은 아음속 또는 초음속에서 비행하는 항공기의 승강타는 승강타 전체가 조종 기능을 수행하는 전체작동 승강타 또는 스테빌레이터(all-moving elevator or stabilator)를 장착하여 강한 기수-하향 현상에 대처할 수 있도록 하였다.

마하턱으로 인한 기수-하향(nose-down) 경향을 최소화하는 방법으로 콩코드와 같이 장시간 초음속 비행을 하는 항공기는 동체 내에 있는 연료를 이송시켜 압력중심을 변화시킴으로써 마하턱으로 인한 기수-하향 경향을 최소화했다. 이외에도 마하턱으로 인한 이 현상을 악화시킬 수 있는 요

【그림2-48】 아음속 비행기의 꼬리 조종면은 수평안정판의 뒤쪽에 장착되어 있다. 높은 아음속 또는 초음속 항공기의 꼬리는 기수 충격파 또는 날개 충격파의 영향을 받아 마하턱과 같은 급격한 기수-하향 피칭이 발생할 수 있다. 이를 제어하기 위한 강력한 꼬리 조종력이 필요하므로 대부분의 초음속 전투기들의 꼬리 조종면은 전체작동 조종면으로 설계된다. 왼쪽은 스테빌레이터의 각도를 비행 상황에 따라 조절할 수 있게 설계되었다.

인은 날개뿌리의 실속으로 인한 양력 상실로 나머지 날개에서 발생하는 양력의 절댓값이 항공기의 무게를 지지하는 데 필요로 하는 최저 힘 이하로 감소하고, 이로 인한 표준 실속(standard stall)이 발생할 수 있다. 이 같은 양력 부족으로 인한 실속과 고속의 치명적 결합이 발생할 수 있어 마하턱의 효과가 발생하기 전 초기 단계에서 반드시 해결되어야 한다. 마하턱이 고속비행과 관련된 현상이기 때문에 스로틀(throttle)을 줄이거나 스피드 브레이크(speed brakes) 작동 또는 착륙장치(landing gears)를 내림으로써 감속 효과를 달성할 수 있고 마하턱 효과를 방지하는 한 기술이다.

2.3.6 항력발산 마하수

항공기의 항력계수가 급등하는 자유공기흐름 마하수를 항력-발산 마하수(drag-divergence Mach number; M_{DD})라 한다. 항공기의 비행 속도가 음속에 가까워지면서 날개를 포함한 여러 표면에서 충격파들이 형성

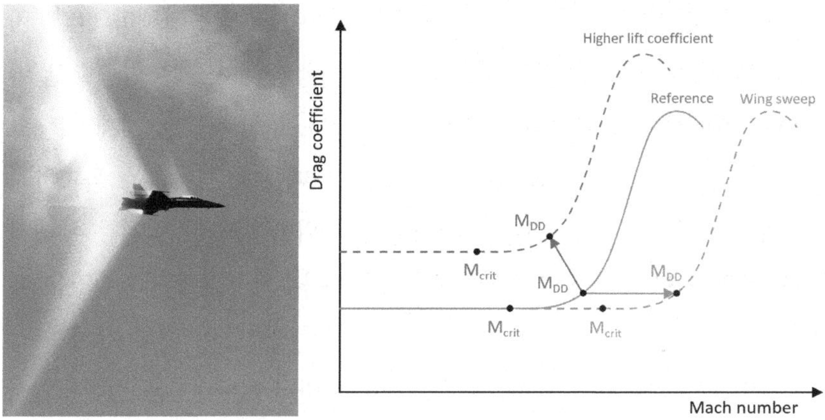

【그림2-49】 임계 마하수(M_{crit})와 항력발산 마하수(M_{DD}) 사이의 관계를 보여 주고 있다. 파란색 곡선(중간)을 기준으로 했을 때 양력계수가 더 높은 날개(빨간색)와 후퇴익(녹색)의 임계 마하수와 항력발산 마하수의 차이가 있다. 항공기 설계자는 임계 마하수와 항력발산 마하수를 더 높이기 위한 설계에 초점을 맞추고 있다.

되고 이로 인한 공기흐름의 분리는 공기역학적 힘의 계수들에서 미치는 상당한 변화를 유발한다. 자유공기흐름 속도가 임계 마하수보다 클 때 에어포일 단면들에서 다음과 같은 변화들이 발생한다.

① 주어진 양력계수를 위한 단면 항력계수가 증가한다.

② 주어진 받음각을 위한 단면 양력계수는 감소한다.

③ 단면 피치 모멘트계수가 변한다.

[그림2-49]는 일반적으로 일정한 양력계수를 위한 마하수 대비 항력계수의 도형을 기준점으로 선정한다. 항력계수가 급격히 변화되는 마하수를 "힘의 발산 마하수"라고 하고 일반적으로 대부분의 에어포일에서 임계 마하수의 약 5~10% 정도 초과한 속도이다. 이 같은 조건을 "항력발산 마하수(M_{DD})" 또는 항력급등(drag rise)이라고도 한다. 항공기의 이 속도 영역

을 초과하여 더 빠르게 비행하기 위해서는 추력이 크게 증가해야 한다. 비행기가 불충분한 엔진 추력을 갖고 있다면 비행기의 속도는 항력발산 마하수(M_{DD})에 의해서 제한된다. 예를 들어 Convair F-102A 시제기는 초기 초음속 요격기로 설계되었으나 높은 항력 때문에 초음속을 돌파하지 못했지만, 충격파로 인한 항력을 감소시키기 위한 다양한 설계를 통해서 초음속 비행을 할 수 있었다. 자유공기흐름 마하수가 1.0에 가까워졌을 때 에어포일 대부분 구역이 초음속 흐름에 의한 충격파들이 매우 강하게 발달하고 있음을 보여주고 있다. 자유공기흐름 마하수가 1.0을 넘어서면서 에어포일 앞부분에서 선수 충격파(bow shock waves)가 발생하고 있다. 대부분의 에어포일이 초음속 흐름 속에 있고 흐름은 자체적으로 동체 표면에 평행하게 재정렬되기 시작하면서 안정되고 충격파 유도분리는 감소한다. 결국, 이 상태는 낮아진 항력계수에 의한 것으로 초음속 흐름은 천음속 흐름에 비해서 비교적 안정되고 공기역학적 힘과 모멘트 위치를 예측할 수 있어 적절한 이론의 성립이 가능하다.

이를 요약하면 [그림2-49]와 같은 그래프는 마하수 대비 양력계수에 따른 항력 곡선의 변화를 보여주고 있다. 아음속에서 항력 곡선의 변화는 특이한 점이 없으나 마하수가 특정 값에 도달하면 비록 양력계수가 "0"이 되더라도 급등하고 있는 점이다. 이 같은 속도 한계점을 항력발산 마하수 또는 항력급등이라 한다. 때때로 천음속에서 흐름은 지속적이지 않고 동체 표면 위의 충격파들은 표면 선상에서 앞뒤로 점프하는 경향이 있어 날개 표면 위의 흐름은 불규칙하고 분리되는 경향이 있다. 이 같은 불규칙한 파동 형태의 흐름이 비행기의 꼬리 표면들까지 전달되어 날개와 꼬리 표면들 모두에서 버피팅(buffeting)이라고 하는 진동을 유발할 수 있고, 특히 음속장벽을 연구하기 위한 초기 비행기 유형에서 심하게 발생했다. 여러 실험 과정을 거치면서 정확한 설계로 비행기 유형은 천음속 영역에서

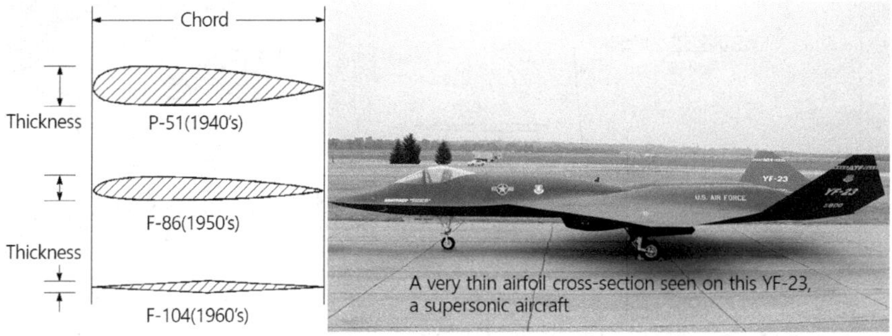

【그림2-50】 항공기 성능 향상과 함께 고속비행을 위한 에어포일 두께는 현저하게 얇아졌다.

나타날 수 있는 날개 버피팅 또는 양력 손실을 최소화하거나 손실 없이도 천음속 영역을 비행할 수 있는 단계까지 기술적 진전을 이루었다.

공기역학적 설계에서 해결해야 할 과제는 항력발산 마하수(M_{DD})를 어떻게 M=1.0에 근사한 값까지 지연시킬 수 있느냐에 집중되었고, 이 문제 해결을 위해서 비행기는 큰 조파항력에 직면하기 전에 엔진 가용추력과 동일 음속에 근사한 속도 근처에서 비행할 수 있는 성능이다. 천음속 조파항력 급등은 다음과 같은 방법으로 지연시킬 수 있다.

① 얇은 에어포일

② 후퇴익

③ 작은 가로세로비

④ 경계층 제거와 와류발생기

⑤ 초임계 에어포일

(1) 얇은 에어포일

천음속 흐름과 관련된 조파항력 급등은 대략적인 두께-시위비(t/c)의 제곱에 비례한다. 따라서 [그림2-50]과 같이 얇은(thin) 에어포일 단면이 사

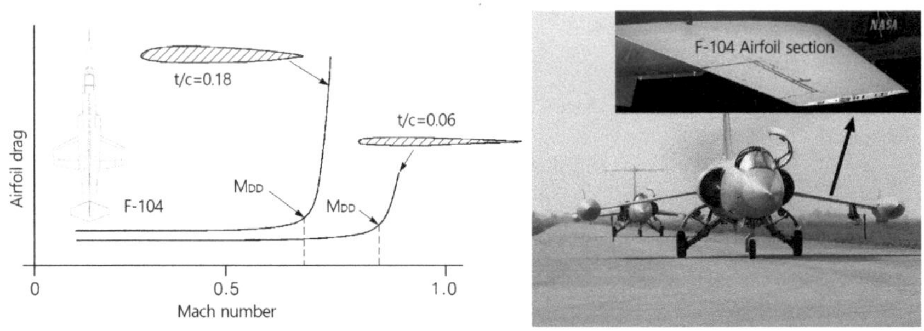

【그림2-51】 YF-104A 전투기 에어포일은 조파항력을 최소화하기 위해서 앞전이 매우 얇고, 전체적으로 날개 길이는 짧다. M=2.0을 기록한 미국의 첫 제트 전투기다. 초기 이 전투기는 "미사일에 탄 남자"라고 알려질 정도로 빠른 속도를 기록했다. 1954년 3월 첫 비행에 성공했다.

용되었다면 에어포일 주변의 흐름 속도는 두꺼운(thick) 에어포일 단면의 것보다 느리게 될 것이고, 이것은 비행기 전체가 음속 영역에 진입하기 전 그리고 항력발산 마하수에 도달하기 전 더 높은 자유공기흐름 마하수에서 비행할 수 있게 한다. 얇은 날개의 단점은 양력 발생 조건에서 효율이 떨어진다는 것과 날개 연료탱크, 플랩, 구조물 지지대, 외부 장착대들과 같은 구조물을 수용하는 데 매우 제한된다는 점이다.

[그림2-50]은 지난 30년 넘게 미 공군 전투기로 사용된 에어포일 단면들의 유형을 보여주고 있다. 비행 속도가 점차 증가하면서 두께-시위비가 감소하고 있음을 알 수 있다. 초기 F-104 전투기는 조파항력이 최저가 될 수 있도록 설계되었지만, 아음속에서 양력이 너무 작아 결국 이 비행기의 착륙속도가 매우 높은 단점이 되었다. 이로 인하여 비숙련 조종사들은 착륙 과정에서 많은 사고가 발생할 수밖에 없는 불안전성으로 인정되었다. 또한, [그림2-51]과 같은 천음속 항력에서 얇은 에어포일 단면을 사용했을 때의 효과를 보여주고 있다. 특히 주목해야 할 사항은 항력발산 마하수가 더 큰 값까지 지연되고 있는 점이다.

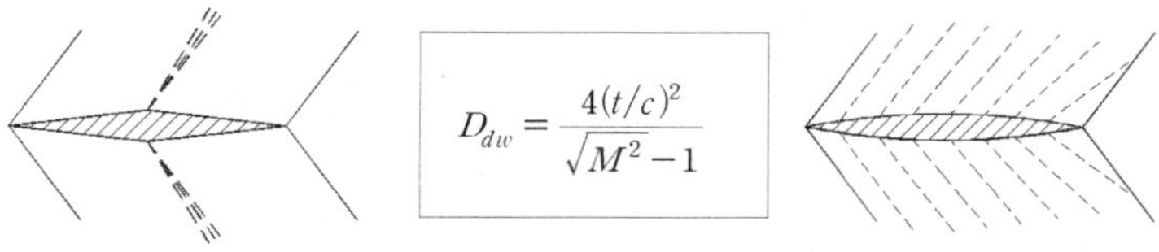

$$D_{dw} = \frac{4(t/c)^2}{\sqrt{M^2-1}}$$

【그림2-52】 선형화된 초음속 에어포일은 양력계수가 일반 에어포일 형태와 독립적이라는 것을 보여주는데, 즉 주어진 받음각에서 초음속 에어포일에 의해 생성되는 양력계수는 평판, 다이아몬드-모양 에어포일 또는 볼록 에어포일에 대해 동일하다. 그러나 초음속 비행에서 항력의 지배적인 원천은 에어포일 형태에 크게 의존하는 조파항력이기 때문에 항력은 다르다. 예를 들어 다이아몬드-웨지 에어포일의 경우 항력계수는 에어포일 두께-시위(t/c)의 제곱으로 증가한다. 일반적으로 초음속 에어포일의 항력은 위의 공식과 같다.

이를 요약하면 [그림2-52]와 같이 에어포일 두께비는 초음속 비행에서 매우 효과적임을 보여주고 있다. [그림2-50]의 왼쪽 에어포일들은 일반 재래식 에어포일과 고속비행 그리고 초음속 에어포일의 두께비를 대략 비교할 수 있는 그림이다. 초음속 비행기의 에어포일은 아음속 에어포일과 모양뿐만 아니라 두께비도 매우 얇다는 것을 알 수 있다. [그림2-51]의 왼쪽 그래프는 두께비 0.18 에어포일과 0.06 에어포일을 항력발산 마하수에서 현저한 차이가 있음을 알 수 있다. 따라서 초음속 에어포일은 다이아몬드 모양에 얇은 에어포일이 유리하다는 것을 유추할 수 있다.

(2) 날개 후퇴각(후퇴익)

1935년 “Adolf Busemann”은 날개 후퇴각이 압축성 효과를 지연시키고 이로 인한 효과를 감소시킬 수 있다는 것을 제기하였다. 실제 날개 후퇴각은 천음속 흐름에서 직면할 수 있는 충격파의 형성을 더 높은 마하수까지 지연시킬 수 있다. [그림2-53]의 실험 데이터는 후퇴각이 없는 날개와 높은 후퇴각을 갖는 날개에서 이 같은 결과를 확인할 수 있다. 이 같은 후퇴

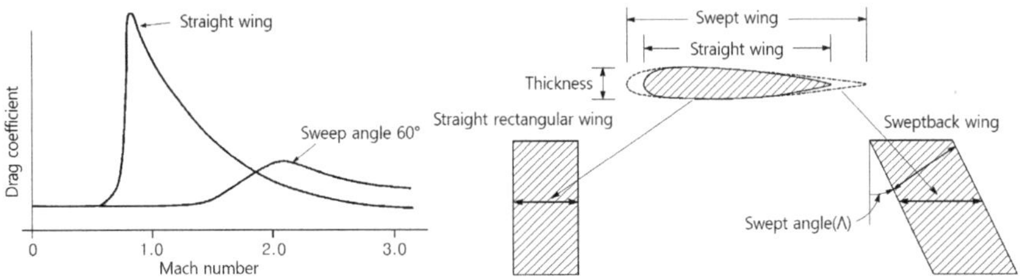

【그림2-53】 직사각형 날개는 후퇴익보다 항력계수가 매우 크다. 오른쪽 그림에서 동일 면적 날개에서 후퇴각 날개는 공기역학적 면적이 상대적으로 크다는 것을 알 수 있다.

익 설계에 얇은 에어포일 단면이 효과적으로 사용되었을 때 후퇴각 날개의 효과는 더 증대된다. 날개 후퇴각에 따른 공기역학적으로 더 큰 단면에서 흐름이 더 오랫동안 머물 수 있으므로 얇은 에어포일 단면의 효율을 입증해 주고 있다. 이것은 임계 마하수와 항력발산 마하수를 더 큰 값까지 지연시킬 수 있다. 이를 요약하면 [그림2-53]과 같이 비록 동일 시위길이의 에어포일이지만 후퇴각 에어포일은 공기역학적 시위길이는 증가한다. 이 같은 효과는 왼쪽 그래프와 같이 직사각형 날개평면은 항력급등의 직접적인 영향을 받지만, 후퇴각이 클수록 항력발산 마하수를 상당히 지연시킬 수 있을 뿐만 아니라 항력계수 역시 현저히 낮게 발생하고 있음을 알 수 있다.

(3) 작은 가로세로비

날개의 가로세로비(aspect ratio)는 임계 마하수와 천음속 항력급등(drag rise)에 영향을 줄 수 있는 또 다른 변수이다. 가로세로비가 약 4 이하일 때 임계 마하수는 상당히 증가한다. 그러나 앞에서 기술한 바와 같이 작은 가로세로비의 날개는 아음속 영역에서 높은 유도항력을 발생시키는 단점이 있다. 이처럼 작은 가로세로비의 날개는 저속에서 공기역학적 효율(양

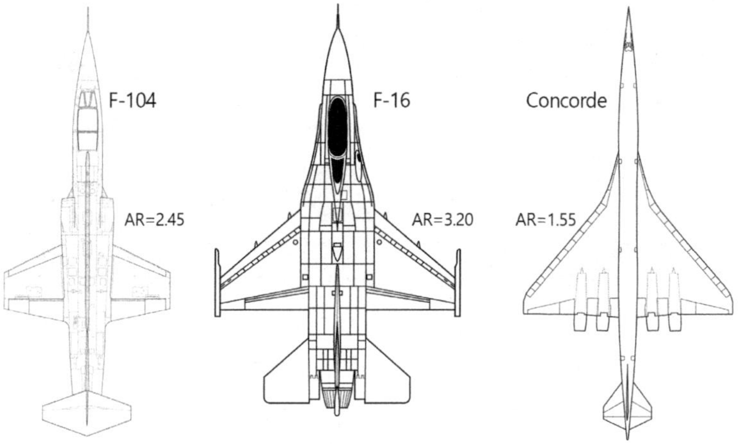

【그림2-54】 아음속 운송용 제트 항공기 날개의 가로세로비와 비교해서 초음속 항공기의 가로세로비(AR)는 매우 작다.

항비: L/D)이 낮고, 안정성 문제와 함께 정적 및 동적 문제도 동반한다. 또한, 낮은 가로세로비 날개의 실속 받음각 역시 높다. 전투기는 높은 기동성을 유지하기 위해서 작은 가로세로비 날개가 필수이지만, 이 때문에 안정성은 다소 떨어질 수밖에 없다. 반면, 운송용 제트 항공기의 가로세로비는 대략 7~10 정도이다. 예를 들어 A380의 AR=7.8, B787의 AR=9.5, A350의 AR=9.5 그리고 Bombardier Dash 8 Q400의 AR=12.8로 큰 가로세로비 날개에 속한다.

(4) 경계층의 제거 또는 재생에너지

에어포일 표면을 따라서 경계층(boundary layer) 일부를 빨아들임으로써 항력발산 마하수(M_{DD})를 증가시킬 수 있다. 이 증가는 아음속 경계층과 초음속 흐름 경계층 외측 사이에 존재하는 충격파 사이의 상호작용을 감소시키거나 제거할 수 있는 결과를 얻을 수 있다. [그림2-55]와 같이 와류

【그림2-55】 와류발생기는 일종의 작은 에어포일이다. 이것을 공기흐름과 약간 비스듬하게 설치하여 끝단에서 소용돌이 흐름을 유도한다. 이 소용돌이 흐름은 날개 표면에 접해 있는 낮은 에너지의 공기흐름을 끌어올려 더 높은 에너지 흐름과 합류시킨다.

발생기(vortex generator)들은 날개의 표면 선상에 수직으로 돌출되게 장착된 작은 판(vanes)들로 공기흐름 속에서 강한 베인 끝 와류를 발생시킨다. 와류발생기는 경계층 외측으로부터 높은 에너지 공기를 공급받아 저속으로 흐르는 경계층 내부로 흘려보낸다. 이 상태는 역압력 구배를 감소시키고 경계층의 조기 분리로 인한 실속을 방지할 수 있는 항력발산 마하수를 약간 더 높일 수 있다. 이 방법은 가장 높은 항력발산 마하수에서 순항 비행하는 비행기에는 경제적 이점을 달성할 수 있다. 이외에도 와류발생기는 일부 항공기의 날개 아래에서 순환 공기흐름으로부터 발생하는 소음을 줄이는 데도 사용된다.

(5) 초임계 에어포일

천음속(transonic) 영역에서 비행할 때 발생하는 필연적인 조파항력을 최소화하기 위한 새로운 에어포일이 요구되면서 개발된 것이 초임계 에어포일(supercritical airfoil)이다. 초임계(초임계-임계 마하수를 초과한 마하수) 에어포일은 최근에 개발된 천음속 기술의 하나로 최신 비행기 설계에 많이

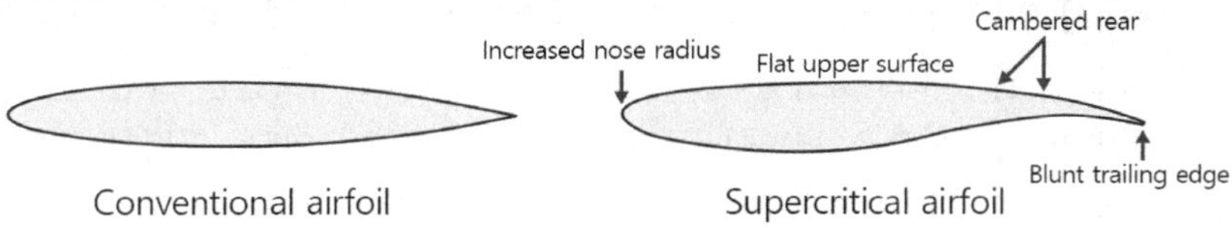

【그림2-56】 초임계 에어포일은 앞전 반경을 크게 하고 윗면의 평평한 면을 더 확장했으며, 뒷전에 캠버를 적용했다.

채택될 것이다. 초임계 에어포일은 [그림2-56]과 같이 재래식 에어포일과 비교했을 때 윗면의 상당 부분이 평평하고 뒷부분은 높은 캠버를 갖고 앞전 반경이 큰 특징이 있다.

1950년대와 1960년대 재래식 에어포일 날개로 마하수 0.9를 달성했을지라도 에어포일 윗면에서 발생하는 과도한 조파항력과 마하턱(Mach tuck) 효과로 인한 조종성 상실은 음속장벽을 돌파하는 것이 어려웠으나 초임계 에어포일로 이 같은 문제들을 대부분 해소할 수 있었고, 더 높은 속도에서 비행할 수 있음이 입증되었다. 초임계 에어포일 모양이 적용된 설계가 초임계 날개(supercritical wing)이다. 초임계 날개에서는 항력발산 마하수를 상당히 증가시킬 수 있다. [그림2-57]의 두 그림은 전형적인 재래식 에어포일과 초임계 에어포일이 마하수 1.0 영역 근처에서 운용 중인 상태를 보여주고 있다. 윗면이 평평해진 에어포일은 충격파의 형성과 강도를 뒷전에 더욱 가까운 지점까지 지연시킨다. 이외에도 충격파 유도

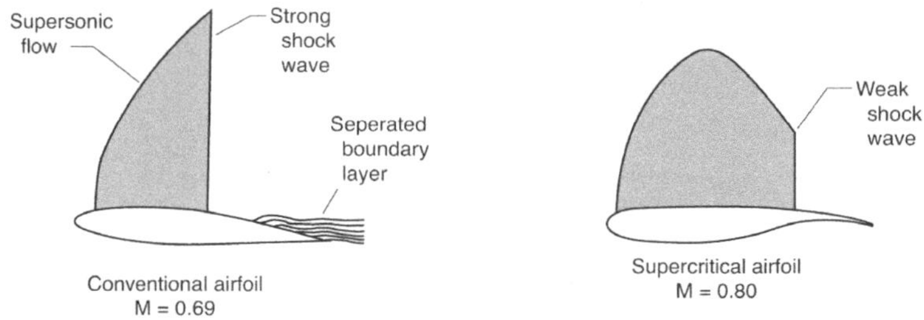

【그림2-57】 일반 에어포일과 초임계 에어포일에서의 경계층 분리 지점이 확실히 다르게 발생하고 있음을 알 수 있다. 초임계 에어포일은 앞전 반경이 크고 윗면이 상대적으로 평평한 구역이 길게 형성되어 있다. 평평한 윗면의 장점은 경계층의 분리를 상당히 지연시키고 있을 뿐만 아니라 충격파의 크기도 감소시키는 확실한 장점이 있다.

분리(shock-induced separation)가 크게 감소하여 임계 마하수를 0.99까지 지연시킨다. 이 지연은 상업용 비행기 성능을 증가시키는 주요소이다. 아음속 공기역학에서 날개의 곡면(캠버)은 양력을 발생시키는 중요한 구조이다. 초임계 에어포일의 윗면은 평평해졌기 때문에 양력 발생에서 불리하다. 그러나 초임계 날개는 뒷전에서 캠버가 상대적으로 증가했기 때문에 이 양력 감소분을 충분히 상쇄할 수 있다. 초임계 에어포일은 재래식 에어포일과 비교했을 때 다음과 같은 장점이 있다.

① 항력발산 마하수(drag divergence Mach number)를 증가시킨다.

② 충격파를 후방으로 이동시킨다.

③ 충격파로 인한 경계층 유도분리를 감소시킨다.

④ 효율적 날개 설계(날개 두께 증가, 후퇴각 감소...)가 가능하다.

주어진 에어포일 단면에서 속도가 임계 마하수에 도달했을 때 에어포일 윗면의 공기흐름은 국지적으로 초음속 흐름에 도달할 수 있으나 충격파가

【그림2-58】 초임계 에어포일을 채택하고 있는 중형 수송기이다. 고익, 후퇴익, 테이퍼비, 윙렛, 면적법칙에 따른 엔진 배열, 충격파 방지체 등을 뚜렷하게 관찰할 수 있다.

발생하지 않은 상태에서 아랫면의 뒷전에서 윗면의 압력과 일치시키기 위한 흐름 속도를 낮추게 하는 경향이 있다. 그러나 속도가 더 증가하여 항력발산 마하수(drag-divergence Mach number)에 도달했을 때 충격파가 발생하여 뒷전에서 윗면과 아랫면 사이의 압력차가 발생한다. 이 충격파가 천음속 조파항력(transonic wave drag)의 원인이고 충격파 뒤쪽에서는 흐름 분리가 발생하여 이 모두는 에어포일 성능에 부정적 효과로 작용한다. 에어포일의 특정 지점에서 국지 흐름 속도가 마하수 1.0에 도달하는 위치에서 압력계수(pressure coefficient)를 임곗값까지 높아질 때 충격파가 형성된다. 충격파가 발생하는 이 지점은 에어포일 모양(airfoil shape)에 의해서 결정되는 데 이 점에 있어서 초임계 에어포일은 충격파의 형성을 최소화하고 가능한 한 뒤쪽으로 이동시켜 결국 전체 항력을 감소시킴으로써 높은 아음속에서 더 효율적이라는 것이 입증되었다.

또한, 재래식 에어포일과 비교했을 때 [그림2-57]과 같이 초임계 에어포일은 후방 끝단에서 윗면의 압력분포가 더 많이 존재함으로써 더 많은 양력이 발생한다. 이외에도 초임계 에어포일은 앞전 반경(leading edge radius)이 크기 때문에 우수한 고양력 특성(high-lift characteristics)을 갖는다. 따라서 천음속 비행에서 이착륙을 위한 최저의 속도까지 상당히 넓은 운용 속도 범위까지 설계할 수 있다. [그림2-58]의 C-17 항공기는 초임계 날개의 장점을 적절히 적용한 수송기의 한 기종이다.

Chapter 3 초음속 항공기 공기흡입구

3.1 개요

모든 내연기관은 공기와 연료를 적정 비율로 혼합한 후 연소시킴으로써 열에너지를 운동 에너지로 변환하는 시스템이다. 피스톤 엔진(왕복엔진)의 공기는 엔진작동에만 공급되어 많은 양의 공기가 필요하지 않지만, 제트엔진은 연소와 함께 추력을 생산하는 시스템이므로 더 많은 양의 공기 흡입이 필요하다. 제트엔진에서 흡입구 설계가 중요한 이유는 초음속에서 발생할 수 있는 충격파와 낮은 에너지의 경계층을 제어할 수 있어야 한다.

제트엔진의 흡입구(air inlet or intake)는 공기를 끌어들여 압축기로 보내는 역할을 한다. 흡입구에서 실질적인 일(work)은 없으나 공기흐름의 속도와 흡입구의 기하학적 모양에 따른 기능은 엔진 성능에 큰 영향을 줄 수 있다. 일반적으로 에어-인렛 덕트(air inlet duct)는 엔진부가 아닌 기체(airframe)의 한 부분으로 고려되지만, 엔진의 전체 성능과 최적 추력을 생산하기 위한 엔진 성능에 매우 중요하다. 초음속 항공기는 아음속에서 최대 초음속까지 매우 넓은 운용 범위에서 충분한 기능을 발휘할 수 있어야 하므로 더 정밀해야 한다.

고속 항공기의 흡입구는 전체 비행 범위에 걸쳐 효율적으로 작동해야 한다. 항공기가 아주 낮은 속도로 비행하고 있거나 활주로에 정지해 있을

【그림3-1】 동시대(1947년)에 개발된 F-86(오른쪽)과 MIG 15 전투기의 흡입구는 원통 모양으로 설계되었다. (최대속도 M=0.8)

때 압축기는 공기를 엔진으로 빨아들인다. 이러한 점에서 "inlet"보다는 "intake"가 좀 더 정확한 표현이지만, 본문에서는 두 용어를 혼용해서 사용했다. 고속 항공기의 흡입구는 압축기까지 흐름이 흩어짐이 없어야 하고, 동시에 높은 받음각이나 사이드 슬립 중에도 정상적인 공기흐름을 보장해야 한다.

[그림3-1]은 제트엔진이 발명된 이후 초음속 비행의 최대 난제로 알려진 음속 장벽을 돌파하기 전 천음속 전투기 모델에 적용된 인렛이다. 이들 전투기는 1947년 동시대에 개발되었고, 흡입구 모양이 아주 유사하다. 충격파는 초음속 흐름을 감속시키는 유일한 요소이다. 이후 원통 흡입구에 스파이크(spike)를 추가해서 충격파를 활용하는 기술이 개발되었다. 초음속 항공기의 인렛은 공기의 높은 운동 에너지를 최소한의 에너지 손실에서 정압으로 변환해야 하므로 아음속 항공기 인렛과는 비교할 수 없을 정도의 정밀한 기술이 필요하다. 이것은 공기를 압축하기 위해 2~3개의 충격파 형성을 유도해야 하기 때문이다. 이를 위해서 원뿔 또는 반원뿔 스파이크가 돌출되거나 경사형 램프를 이용해서 엔진에 유입되기 전까지 아음속으로 감속하여 항공기 설계 속도를 달성할 수 있지만, 구조적 복잡성과 무게 증가는 피할 수 없다.

충격파에 접해있는 흐름 속도는 변함이 없지만, 수직 속도 성분은 충격파 하류 속도를 대략 상류 마하수의 역수로 감속시킨다. 점프가 커질수록 충격파에서 마찰 손실이 증가하여 공기가 압축되는 대신 가열되고 압력회복이 어려워진다. 일반적으로 이러한 손실은 마하 1.6의 최대 비행 속도까지 허용된다. 또한, F-16과 같은 피토 흡입구의 낮은 질량은 기동성을 더 높이는 요소이지만, 더 빠른 속도의 초음속 항공기에서 감속은 흡입구 테두리 앞에 스파이크 또는 램프에 의해 유도되는 몇 개의 경사충격파를 통과하면서 이루어진다. 따라서 마하 1.6 이하로 비행하도록 설계된 모든 초음속 제트기는 무게와 복잡성의 이유로 피토 흡입구를 사용한다.

Mach 1.2 이상에서 상당한 효율 손실이 나타난다. 이는 받음각이 증가할 때 전방 동체로부터 "사전 압축(pre-compression)"으로 완화할 수 있다. 이 같은 기술은 라팔(Rafale) 전투기에서 채택하였고, F/A-18 역시 날개 뿌리가 "사전 압축"이 이루어지도록 설계되었다. Mach 3에서 단일 충격파 흡입구는 비효율적이다. 이를 위해서 여러 각도의 연속 경사충격파를 통과한 후 최종적으로 수직충격파를 발생시켜 아음속으로 감속시킬 수 있다. 실제 마하수에 대한 기하구조를 조정하기 위해서는 여러 개의 가동 램프(moving ramps)가 필요하고, 이러한 융통성에 필요한 사각형 공기 흡입구는 둥근 모양의 단순 피토 흡입구와 비교해서 기계적 복잡성과 무게가 증가하는 원인이다. 그러나 F-22와 F-35와 같은 전투기의 흡입구는 구조의 복잡성을 최소화한 무변환 초음속 인렛(diverterless supersonic inlet; DSI)으로 설계되었다. 이 설계의 특징은 F-15와 같이 비행 속도에 따른 충격파 유도를 위한 가동 램프를 작동시키기 위한 복잡한 기계장치 없이도 적절한 충격파를 유도하면서 동시에 저에너지 경계층 난기류를 효과적으로 제어할 수 있는 기술로 미래 초음속 항공기 흡입구로 채택될 것이다.

3.2 흡입구 기본 설계

대부분 여객기 및 군용 항공기 엔진은 제트엔진 또는 가스터빈엔진이라고도 하는 흡기 엔진이다. 그리고 자유공기흐름을 엔진으로 끌어들이기 위한 구성품을 공기 흡입구(air inlet or air intake)라 한다. 가스터빈엔진의 흡입구는 압축기 바로 앞에 위치하며 흡입구 자체가 흐름에 어떠한 일을 하지는 않지만, 흡입구의 구조에 따른 성능은 엔진 순 추력에 상당한 영향을 줄 수 있다. 따라서 공기 흡입구는 다양한 모양과 크기로 설계되고, 일반적으로 항공기 속도에 따라 세부 구조가 결정된다.

3.2.1 아음속 흡입구

대형 운송용 항공기와 같은 아음속 항공기의 공기 흡입구는 [그림3-2]와 같이 단순하고, 직선으로 된 짧은 흡입구를 사용한다. 이들 항공기의 전형적인 아음속 흡입구는 외부 표면에서 안쪽 표면까지 약간의 두께와 함께 연속 유연한 곡면으로 되어 있다. 이 부분이 흡입구 테두리(inlet lip)이다. 아음속 항공기는 상대적으로 두꺼운 흡입구 테두리로 설계된다. 또한, 안쪽으로 갈수록 약간 넓어지는(확산) 부분을 흡입구 스로트(throat)라 한다. 이 부분에서 공기가 유입되는 순간 압력회복에 도움이 된다.

3.2.2 초음속 흡입구

초음속 항공기의 흡입구는 아음속 흡입구와 달리 특정 기하학적 모양과 얇은 테두리(sharp lip)로 설계된다. 이것은 초음속 비행 중에 발생하는 충격파로 인한 성능 손실을 최소화하기 위함이다. 초음속 항공기의 경우 공기가 압축기에 도달하기 전에 흡입구에서 아음속으로 흐름을 느리게 해

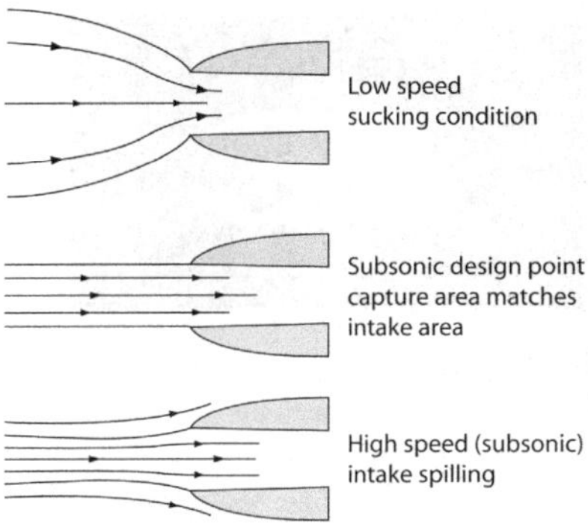

【그림3-2】 아음속 흡입구에서 스로트는 낮은 공기흐름 속도 또는 높은 받음각에서 흐름 분리를 방지한다. 공기흐름 속도가 느릴 때 주변 공기를 끌어들인다. 그러나 테두리가 얇거나 너무 굽어 있다면 흐름은 분리될 수 있다. 흐름 분리는 엔진에 여러 문제를 초래할 수 있어 이를 방지하기 위해 두껍고 둥근 테두리로 설계된다.

야 한다. 이를 위해서 일부 초음속 흡입구는 중앙 원뿔(스파이크)을 장착하여 다중 경사충격파를 이용해서 아음속으로 감속시킨다. 또 다른 초음속 항공기는 충격파를 발생시키기 위해 평평한 힌지 플레이트를 사용하며, 그 결과 흡입구 기하구조의 단면은 직사각형이다. F-14 및 F-15 전투기는 이 유형의 흡입구를 채택했다. 그러나 F-16 전투기는 우수한 기동성 성능을 보유하고 있음에도 어떠한 기계적 장치 없이 Mach 2.05까지도 가능하다. 이외에도 더 높은 초음속 비행을 위해서 독특한 모양의 흡입구 설계가 필요하다. 예를 들어 유인 항공기로는 최대속도인 Mach 3.2를 기록한 SR-71 항공기 흡입구는 높은 초음속에 적합하도록 특별히 설계되었다.

3.2.3 흡입구 효율

항공기가 어느 정도 속도에 도달했을 때 공기 속도에서 압력으로 에너지 전환이 이루어져야 한다. 또한, 에너지 교환에 수반되는 흡입구는 엔진으

[Intake total temperature]

$$\frac{Tt_2}{Tt_0} = 1$$

[Intake pressure recovery(IPR)]

pt=total pressure

M=Mach number

$$\eta_i = \text{intake efficiency} = \frac{pt_2}{pt_1}$$

(Mil. spec. M>1)

$$\frac{pt_2}{pt_0} = \eta_i\,(1 - .075[M-1]^{1.35})$$

(Mil. spec. M<1)

$$\frac{pt_2}{pt_0} = \eta_i\,1$$

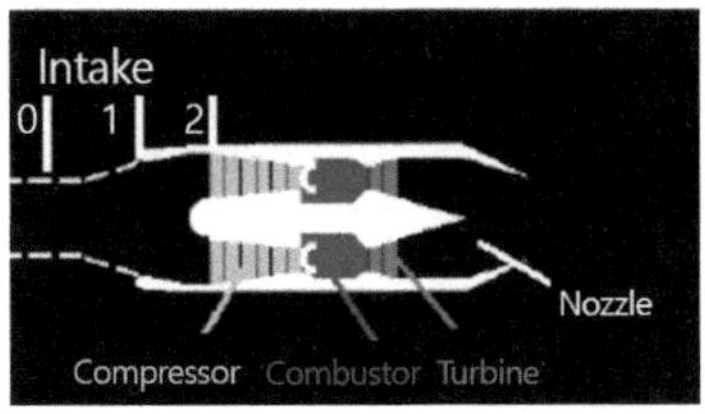

station 0: free stream

station 1: intake lip

station 2: compressor entrance

[Intake spillage drag]

V=velocity m=mass flow rate

A=area p=pressure

K=lip suction factor

$$D_{spill} = K(m_1[V_1 - V_0] + A_1[p_1 - p_0])$$

【그림3-3】 흡입구 압력회복과 누출 항력

로 공기흐름을 유도해야 한다. 아음속 비행기에서 에너지 교환은 선택적으로 이루어질 수 있다. 압력회복(pressure recovery)은 흡입구 성능과 관련된 유일한 효율(efficiency)이다.

(1) 흡입구 압력회복

흡입구 왜곡 수치 지수(numerical inlet distortion index)는 흡입구에서 발생하는 공기흐름의 교란 양을 나타낸다. 이것은 압축기 입구에서의 평균 압력에 대한 국지적 압력 변화의 비율을 기초로 한다. 압축기 전면에서 자유공기흐름 총 압력에 대한 평균 총 압력의 비율을 총 압력회복(total pressure recovery)이라고 한다. 압력회복은 또 다른 흡입구 성능 지수이다. 이 값이 클수록 흡입구 성능은 우수하다. 일반적으로 극초음속 흡입구의 경우 압력회복의 값이 매우 낮고 충격파 손실로 인해 거의 일정하므로 운동 에너지 효율(kinetic energy efficiency)로 특성을 나타낸다. 엔진에서 필요한 공기량이 흡입구를 통해 빨아들일 수 있는 공기량보다 훨씬 적다면 이 공기량의 차이만큼 흡입구 주변에서 누출된 것이다. 이처럼 공기량이 일치하지 않으면 항공기에서 누출 항력(spillage drag)이 발생할 수 있다. 흡입구 성능은 다음과 같은 세 가지 요소로 특징지어진다.

① 총 압력회복은 흡입구 출구의 평균 총 압력과 자유공기흐름 총 압력의 비율이다. 압력회복이 높을수록 더 잘 수행되는 흡입구를 나타낸다. 회복 가능한 최댓값은 1.0이다.

② 압축기 전면 왜곡(face distortion)은 흡입구 출구를 가로질러 압력의 변화를 초래한다. 다양한 형태의 왜곡이 있을 수 있고, 크게 왜곡된 흐름은 압축기 실속을 유발하여 엔진을 손상시키거나 엔진을 통과하는 흐름을 방해할 수 있으므로 흡입구 왜곡은 중요한 요인이다.

③ 흡입구 누출 항력은 흡입구에 접근하는 모든 흐름을 엔진이 처리할 수 없을 때 발생하는 항력이다. 엔진을 통한 공기흐름은 노즐의 초크 조건에 의해 설정된다. 흡입구에 접근하는 초과 흐름은 흡입구 주변에서 누출되어 기체(airframe)에 추가 항력을 발생시킨다.

또한, 공기흐름은 항공기의 받음각 및 요(yaw)의 각도에 의해 영향을 받는다. 초음속 흡입구의 경우 기체 및 흡입구 표면에 의해 충격파가 생성된다. 표면에서 생성된 경계층은 충격파와 상호 작용하여 회복을 감소시키고 왜곡을 증가시키는 흡입구 내에 분리된 영역을 생성할 수 있다.

(2) 누출 항력

누출 항력은 공기를 흡입구에서 압축기로 유도하기보다 외부로 흘려보낼 때 발생하는 항력으로 추가 성능 손실 요인이다. 흡입구를 통과하는 공기의 양은 엔진에 의해 설정되며 고도와 스로틀 설정에 따라 달라진다. 일반

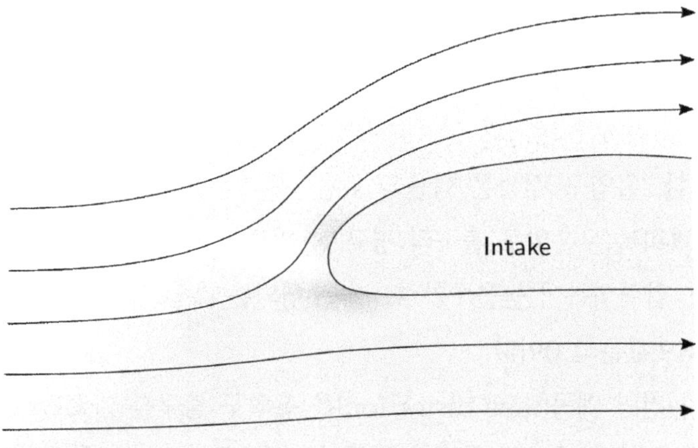

【그림3-4】 일반 상용 제트 항공기의 흡입구 테두리는 비교적 두껍게 설계된다. 초과 공기가 테두리로 흐르면서 가속되고, 부압 또는 석션 피크(suction peak)가 형성되어, 테두리 석션 효과를 생성하여 누출로 인한 항력을 부분적으로 상쇄한다.

적으로 흡입구는 엔진이 필요한 최대 공기량을 통과하도록 크기가 설계된다. 그 외의 다른 조건에서 흡입구는 실제 엔진 공기흐름과 요구되는 최대 공기 사이에 발생할 수 있는 초과 공기는 외부로 흘려보낸다. 초과 공기가 카울 테두리로 누출되면서 가속되고 압력이 감소한다.

❖ 흡입구 버즈 현상

흡입구 버즈(buzz)는 흡입구에서 충격파가 교대로 느려지고 불규칙하게 흐를 때 “윙~윙”과 같은 소음이 발생하는 불안정 공기흐름이다. 이 같은 상태가 계속되거나 증가하면 흡입구를 통해 압력이 격렬하게 변동할 수 있으며, 이는 충격파가 번갈아 흡입구 내부로 이동할 수 있다. 이 상태는 흡입구 구조물이나 엔진 자체를 손상시킬 수 있다. 이를 방지하기 위해서 적절한 가변 형상 덕트를 사용하여 흡입구 덕트 내의 공기흐름을 증가시켜 소음을 제거한다.

3.3 초음속 흡입구

3.3.1 흡입구 설계 요건

공기가 제트엔진의 압축부 또는 램제트(ramjet)의 연소부에 유입되기 전에 반드시 아음속으로 감속되어야 하고 이 과정은 최소한의 에너지 소모로 수행되어야 한다. 음속 직전 비행 속도에서만 약간의 유입 공기 속도의 변화는 일반 아음속 흡입구에서 만족할만한 성능을 발휘한다. 그러나 초음속에서 흡입구(intake)는 가능한 한 정상 아음속의 연속 공기흐름의 속도로 감소시키거나 에너지 손실과 온도 상승을 최소화할 수 있도록 적절한 충격파의 조화가 되도록 설계해야 한다.

[그림3-5]는 다양한 초음속 흡입구와 디퓨저(diffuser) 일부를 보여주고 있다. 이들 흡입구 종류에서 단순 수직충격파 형태의 디퓨저가 가장 간단한 설계이다. 이 형태의 흡입구는 단일 수직충격파와 함께 후속 아음속 압축이 이루어지도록 설계된다. 낮은 초음속 마하수에서 수직충격파의 강도는 그리 강하지 않기 때문에 매우 실용적이다.

그러나 높은 초음속 마하수에서 단일 수직충격파의 강도는 매우 강하기 때문에 인렛에 의해서 회복된 총압력(total pressure)이 크게 감소하는 원인이 된다. 이외에도 이 과정에서 소모된 공기흐름 에너지가 인렛에 갇혀 있는 공기흐름의 온도를 상승시키는 부수적인 문제점이 발생할 수 있다는 것을 고려해야 한다. 초음속 공기흐름을 가둘 수 있다면 충격파 형성을 그대로 받아들일 수 있을 것이고 점진적 수축으로 속도는 음속 직전까지 감속시킬 것이다. 후속 확산 흐름(diverging flow)은 공기흐름을 아음속까지 감속시키는 수직충격파를 발생할 수 있다. 그 이상 계속된 팽창은 공기흐름을 더 낮은 아음속까지 감속시킬 수 있다. [그림3-5]의 수축-확

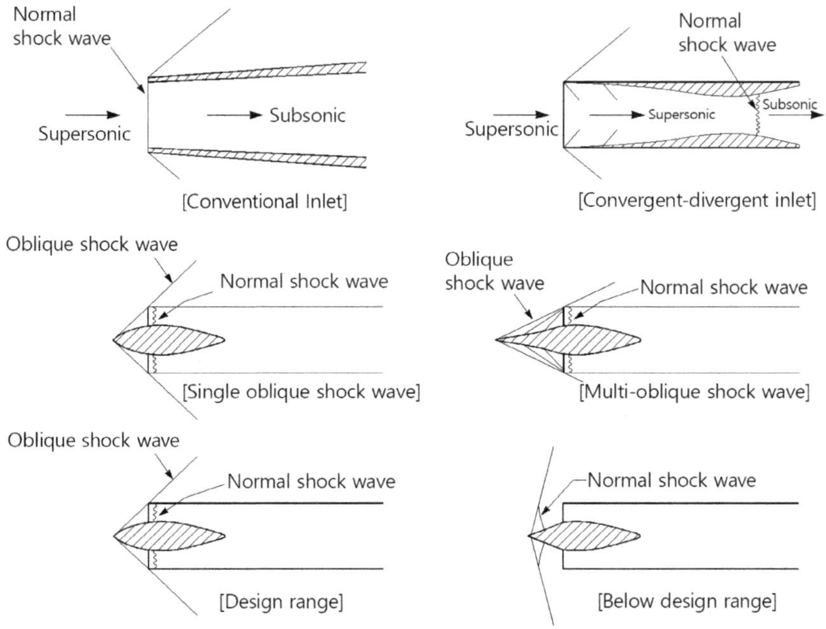

【그림3-5】 초음속에서 인렛 설계는 엔진에 유입되기 전까지 아음속으로 낮추기 위한 기하학적 구조가 필수이다. 이를 위해서 충격파의 종류에 따른 특성을 적절히 활용한다. 초음속에서 수직충격파 뒤의 흐름은 아음속으로 낮추고, 경사충격파는 더 낮은 초음속으로 낮춘다.

산 형태의 인렛 모양을 보여주고 있다. 초기 수축이 인렛 마하수보다 너무 크다면 충격파 형성을 그대로 다 받아들일 수 없고 인렛 전면 외측으로 이동한다. 이로 인하여 외측에 있는 수직충격파는 인렛 바로 직전에서 아음속 흐름을 유발할 것이다. 공기흐름은 강한 수직충격파를 통과해서 아음속까지 급격히 감속되기 때문에 더 큰 공기흐름 에너지의 상실이 발생할 수 있다.

또 다른 디퓨저는 수직충격파가 발생하기 전에 초음속 공기흐름까지 감속시키기 위한 외측 경사충격파(outside oblique shock wave)를 채택한다. 초음속 공기흐름은 매우 약한 일련의 경사충격파를 통해서 음속 직전

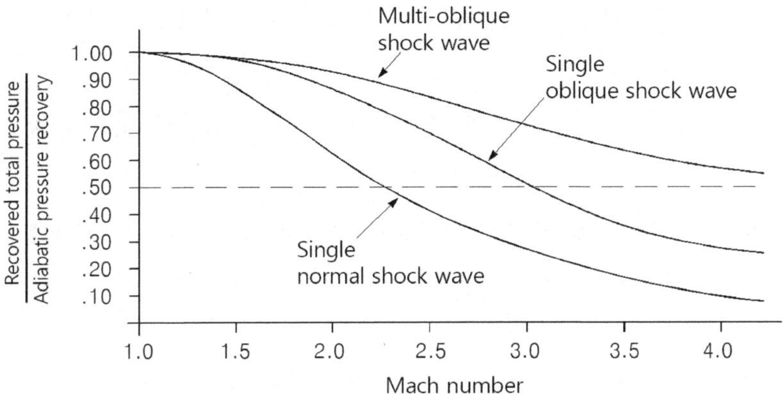

【그림3-6】 디퓨저 성능의 디퓨저 설계와 마하수의 효과에서 높은 초음속은 단일 수직충격파의 효과보다 여러 개의 경사충격파를 유도하는 방식이 더 효율이 높다는 것을 알 수 있다.

속도까지 서서히 감속시킬 수 있고 아음속까지 후속 수직충격파는 아주 약해질 수 있다. 이처럼 약한 여러 경사충격파의 조합은 최소한의 에너지 소모와 가장 높은 압력회복을 달성할 수 있다. [그림3-6]은 다양한 종류의 디퓨저 효과와 적용되는 기본 원리에 관해서 설명하고 있다. 초음속 인렛의 복잡성은 최적 모양(optimum shape)의 인렛 흐름 방향과 마하수에 따라 다르다. 다시 말해서 가장 높은 효율과 운용의 안정성을 달성하기 위해서 인렛의 기하학적 모양이 각 마하수와 받음각에 따라 달라야 한다. 전형적인 전투기는 정상 운용 중이라도 받음각, 사이드슬립 각도, 그리고 비행 마하수의 변화가 크게 발생할 수 있다. 인렛 흐름 조건에서 이 같은 큰 변화는 설계 과정에서 다음과 같은 중요한 사항들을 고려해야 한다.

첫째, 인렛은 가장 실질적인 효율을 제공해야 한다. 공기흐름 총압력 대비 회복 총압력의 비율은 이 효율을 측정할 수 있는 결과이다.

둘째, 인렛은 동력장치에서 요구되는 공기흐름의 수요와 조화되어야 한다. 또한, 인렛에 의해서 갇힌 공기흐름은 엔진 운용의 필요에 맞게 조화되어야 한다.

셋째, 설계조건들 이외의 비행 조건에서 인렛의 운용은 뚜렷한 효율 손실 또는 과도한 항력을 유발해서는 안 된다. 인렛의 운용은 반드시 안정되어야 하고 "버즈(buzz; 설계조건 외의 운용 중에 발생 가능한 충격 위치로 인한 진동)" 상태를 허용해서는 안 된다.

결론적으로 안정되고 양호한 인렛을 위한 설계조건에서 성능은 적절히 절충되어야 한다. 인렛 흐름 조건의 큰 변화는 인렛 표면들이 특수한 기하학적 특징을 갖도록 설계하거나 인렛을 완전한 가변 기하학적으로 설계해야 한다.

3.3.2 인렛 충격파 활용

(1) 인렛 경사충격파와 수직충격파

흡입구 설계조건은 엔진이 필요로 하는 적정 공기량을 유선흐름으로 공급할 수 있어야 한다. 제트엔진 인렛은 압축기 입구에 필요한 양을 직선 공기흐름을 제공할 수 있도록 설계해야 한다. 엔진까지 균등하고 지속적인 공기흐름은 압축기 실속과 터빈부에서 과도한 내부 엔진 온도를 방지하는데 필요한 요건이다. 초음속 항공기는 공통으로 흡입구 직전에 수직충격파를 유도한다. 일부 초음속 항공기는 단일 수직충격파만으로 만족할 수 있지만, [그림3-7]과 같은 SR-71(Mach=3.2)과 같은 높은 초음속 항공기는 기수부터 여러 개의 경사충격파를 발생시켜 최종적으로 인렛 직전에서 수직충격파를 발생시켜 원하는 속도까지 감속시킨다. 이것은 수직충격파 직후방의 공기흐름 속도는 아음속으로 감소시킬 수 있기 때문이다. 그러나

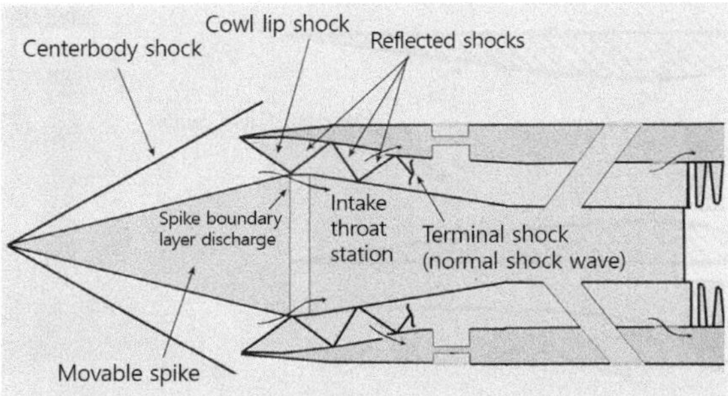

【그림3-7】 스파이크에서 발생한 경사충격파, 카울 테두리에서 발생한 경사 충격 그리고 반사 충격파를 거쳐 최종적으로 수직충격파를 발생시킨다.

이러한 설계는 때로는 필요 이상의 공기가 유입될 수 있어 과도한 공기를 빼낼(spilling) 수 있는 장치도 함께 고려해야 한다.

(2) 램 회복

항공기 속도가 증가함에 따라 추력(thrust)은 약간 감소하는 경향이 있다. 항공기가 특정 속도에 도달했을 때 램 회복(ram recovery)이 속도 증가로 인한 추력 손실을 보상한다. 인렛은 [그림3-6]과 같이 자유공기흐름의 총 압력을 가능한 한 많이 회복할 수 있어야 한다. 공기 분자들이 인렛에 갇히고 압축이 시작됨에 따라 압력손실 대부분을 회복한다. 엔진의 인렛에서 이 초과 압력(extra pressure)은 총 압력을 증가시킨다. 이를 램 회복 또는 총 압력회복(total pressure recovery)이라 한다. 인렛 덕트는 가능한 한 유연하고 압력 변동 없이 압축기 인렛에 공기를 공급할 수 있어야 한다.

(3) 충격파 제어 설계

초음속 항공기 흡입구는 [그림3-8]과 같이 초음속에 따른 충격파들을 효과적으로 이용할 수 있는 구조를 갖추어야 하므로 정밀한 공기역학적 설계와 더불어 기계적으로 매우 복잡한 구조를 갖는다. 특히 초음속 흡입구를 다루는 데 있어서 충격파의 종류와 행태에 대해서 이해해야 한다.

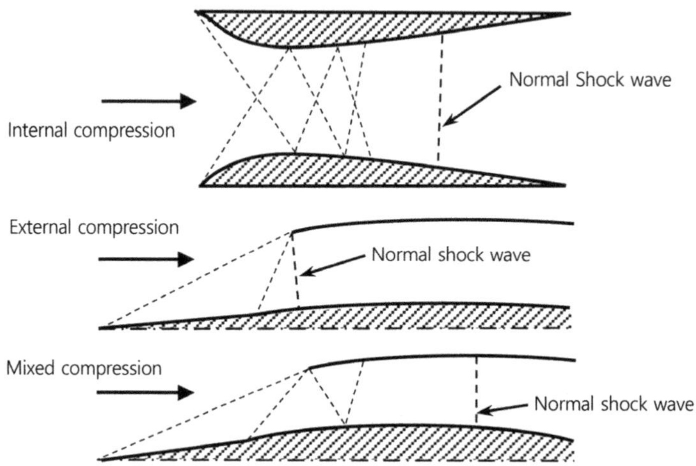

【그림3-8】 충격파는 단순히 관 내부에서만 압축이 발생하지 않고 외부에서도 발생하고 있음을 알 수 있다. 외부 및 내부 압축 그리고 여러 충격파를 적절히 조화시켜 최종적으로 적정 아음속까지 감속시키는 것이 기술이 핵심이다.

(4) 엔진 내부 아음속 설계

흡입구 기능은 외부 공기흐름을 압축기 입구까지 이어지도록 하면서 동시에 압축기 작동에 맞게 공기흐름을 조절해 줄 수 있어야 한다. 일반적으로 최근 가스터빈엔진의 압축기에서 필요로 하는 마하수는 대략 0.3~0.5 정도이다. 따라서 흡입구는 압축기의 최대 효율을 달성할 수 있도록 공기흐름 속도를 감소시켜야 한다. 가스터빈엔진은 높은 아음속부터 음속을 초과하는 초음속 비행에 적합한 유형이라는 점을 고려한다면 공기역학적으로 일반 아음속에서 다루었던 공기흐름의 행태와는 크게 다르다는 점을 인식해야 한다. 비록 초음속으로 비행하는 제트엔진 항공기라 할지라도 공통으로 확실하게 인식해야 할 사항 중 하나는 가스터빈엔진 내부에서 이루어지는 모든 과정에서 공기흐름은 반드시 아음속이어야 한다. 만약 엔진 내부에서 초음속이 존재한다면 압축기와 터빈 블레이드들에서 서지(surge) 또는 강한 실속(stall)이 발생할 수 있을 뿐만 아니라 정교하게 설계된 수축 및 확산 덕트 등에서 초크(choked) 현상이 발생하여 엔진 성능을 급격하게 떨어뜨릴 수 있기 때문이다.

또한, 공기흐름 속도를 아음속으로 제어해야 하는 근본적인 목적은 액체 연료를 효과적으로 연소시킬 수 있어야 하기 때문이다. 흡입구는 지상 이동부터 순항속도에 이르기까지 전체 작동 조건에서 균등하고 안정된 고품질의 유선형 공기흐름을 공급할 수 있어야 하고, 이 과정은 최소한의 에너지 손실로 수행되어야 한다. 흡입구는 엔진 분야라기보다 기체 분야로 볼 수 있어 최적 솔루션을 위해서 관련 분야와 정밀한 조화가 필수이다.

3.3.3 초음속 흡입구와 충격파

초음속 항공기의 흡입구는 초음속 특성을 반영해야 하므로 단순한 아음속 흡입구와는 공기역학적 그리고 기계적으로 더 복잡하다. 초음속 흡입구의 설계조건은 흡입구에 유입된 공기흐름의 속도가 압축기 입구에 도달하기 전에 반드시 아음속으로 감속되어야 한다. 항공기가 음속을 초과하면서 동체, 날개, 기수, 각종 외부 구조물 주변에서 다양한 종류의 충격파들이 형성될 수 있고 흡입구는 이들 충격파의 영향을 고려해서 설계해야 한다. 충격파의 특성을 효과적으로 활용한다면 높은 초음속에서도 흡입구 공기흐름의 속도를 아음속으로 제어할 수 있다.

일부 엔진 흡입구 설계는 [그림3-8]과 같이 천음속과 초음속에서 작용하고 있는 공기(working air)의 압축을 높여준다. 충격파 발생으로 인한 압력상승(pressure rise)을 압축기의 흡입구 압력을 높이는 데 활용될 수 있도록 흡입구 충격파의 위치를 정밀하게 조정하는 것이다. 이를 위해서 흡입구 테두리(inlet lip)로부터 전후로 상대적 위치를 조절할 수 있는 스파이크(spike) 또는 원뿔이나 램프(cone or ramp) 등이 활용된다.

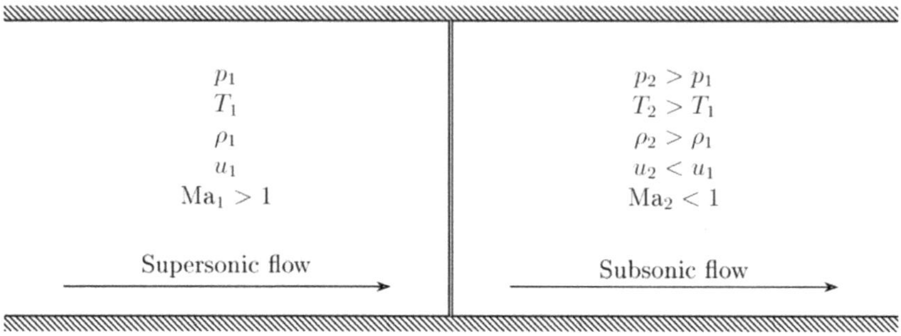

【그림3-9】 충격파를 통과한 후 공기흐름 성질은 뚜렷한 변화가 발생한다.

3.3.4 초음속 흡입구의 최적 설계조건

최신 고속 풍동 시설과 컴퓨터 시뮬레이션의 발달은 초음속에서 공기흐름의 행태를 정밀하게 관찰할 수 있다. 실험을 통해서 충격파의 유형과 항공기 유형에 맞게 설계함으로써 흡입구 효율을 높일 수 있고 이것은 엔진 효율을 개선하는 데 큰 도움이 되었다. 여기서는 흡입구와 연관된 충격파의 행태에 대해서 간단하게 다룬다.

(1) 수직충격파

수직충격파는 [그림3-9]와 같이 공기흐름의 방향과 수직으로 형성된다. 수직충격파는 대부분 뾰쪽한 전면에서 형성되고 충격파 뒤쪽의 흐름은 아음속으로 감속된다. 수직충격파는 정체압력(stagnation pressure)을 크게 떨어뜨리는 경향이 있다. 기본적으로 수직충격파에 대한 초음속 진입 마하수가 높을수록 아음속 출구 마하수(exit Mach number)와의 차이가 더 벌어지고 충격파는 더 강해진다. 이것은 충격파를 통과하면서 더 큰 정체압력의 손실이 발생할 수 있다는 것을 의미한다. [그림3-10]과 같이 3개의 작동 조건에 따라 내부 압력의 변화가 발생할 수 있다.

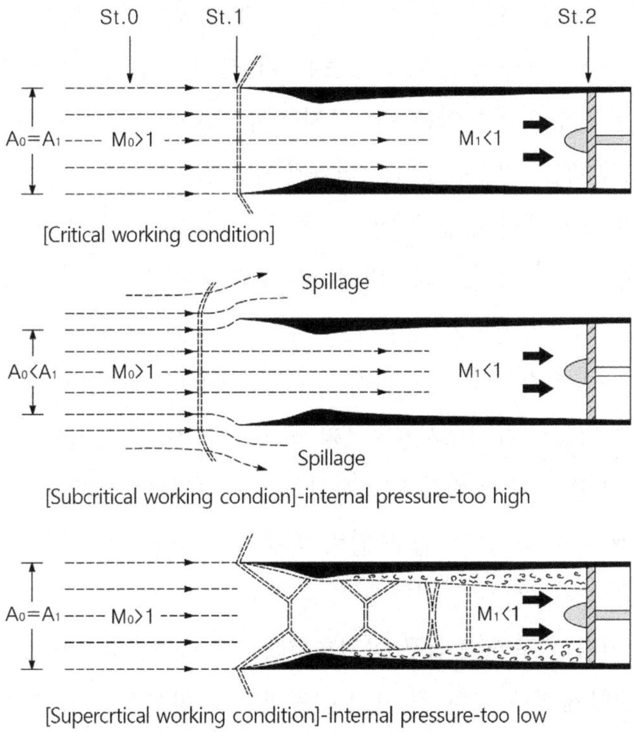

【그림3-10】 초음속 항공기 엔진의 첫 번째 필수요건은 초음속을 크게 웃돌더라도 압축기 입구의 속도는 반드시 적정 아음속까지 감속되어야 한다. 비교적 낮은 초음속에서는 특별한 기계장치를 사용하기보다 기하학적 흡입구 모양으로 감속 효과를 달성하고 있다. F-16 전투기의 흡입구가 이 같은 기하학적 모양으로 초음속에서 원하는 효율을 달성할 수 있다. 반면 F-14 혹은 F-15 전투기 등은 흡입구의 모양을 변형시킬 수 있는 기계장치를 사용하여 동일 효과를 거둘 수 있으나 최종적으로 압축기 입구에서는 적정 아음속을 달성하기 위한 적정 수직충격파는 필수이다. 위의 그림은 흡입구에서 수직충격파의 행태를 보여주는 것으로 설계 속도를 초과했을 때 수직충격파 후방의 공기흐름 필수요건이 엔진에 부적합하다는 것을 보여주고 있다. 초임계 작동 조건에서는 테두리에서 발생하는 경사충격파들과 반사 충격파들 그리고 관의 내부 벽에서 강한 경계층이 조화되어 유효 단면이 감소하였고 내부 압력은 이미 상당 수준 떨어진 상태이다.

흡입구의 최종 위치에서 적정 수직충격파가 형성될 수 있도록 설계해야 한다. [그림3-9, 10]과 같이 압축기 또는 팬 직 전방에서 수직충격파의 존재는 이들 입구에서 항상 아음속을 유지할 수 있다. 만약 스로틀을 줄였다면 LP(저압) 압축기/팬에 유입되는 변화된 공기흐름의 감소가 발생할 수 있지만, 초음속 상태에서 흡입구 테두리에서의 변화된 공기흐름은 일정하게 유지된다. 왜냐하면, 공기흐름은 비행 마하수와 공기가 유입되는 각도로 결정되기 때문이다. 이 불연속성(discontinuity)은 [그림3-10]과 같이 입구에서 마하수를 더 감속시킬 수 있도록 수직충격파를 덕트 내의 단면적이 더 좁은 곳으로 이동시켜 발생시킴으로써 극복한다. 이 과정에서 더 약해진 충격파는 흡입구 전체 압력회복을 향상하는 데 도움이 된다. 따라서 압축기/팬 입구에서는 더 높은 입구 압력 때문에 변화된 공기흐름이 감속하더라도 절대 공기흐름은 일정하게 유지된다. 또한, 스로틀 세팅(throttle setting)에 따라 과도한 흡입구 공기흐름이 수직충격파를 강제로 너무 앞쪽에서 발생하게 함으로써 경사(원뿔)충격파의 형성을 방해하지 않도록 해야 하고, 이를 위해서 흡입 공기의 일부를 외부로 배출시키거나 배기장치로 흘려(spilling)보내는 장치가 필요하다.

(2) 원뿔 충격파와 수직충격파의 결합

[그림3-11]과 같이 경사충격파(oblique shock wave; 2D) 또는 3차원으로 관찰했을 때 원뿔 충격파(conical shock wave)는 뒤쪽으로 경사지는 경향이 있고, 흡입구 설계에서 콘 또는 램프(cone or ramp)와 같이 흐름을 방해하는 물체로부터 마치 선수파(bow wave)와 같이 경사지거나 원뿔 모양이 된다. 이들 충격파는 등가의 수직충격파에 비해서 약하고 흐름 속도를 낮추어주기는 하지만 계속해서 초음속이 유지되는 경향이 있다. 또한, 이들 충격파에서 흐름은 충격파의 경사 방향을 따라 흐르는 경향이

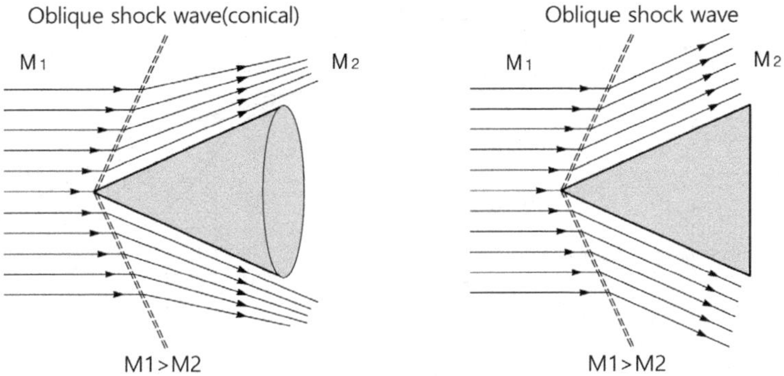

【그림3-11】 경사충격파는 초음속을 감속시키는 데 매우 유용하게 활용된다. 수직충격파와 다른 점은 충격파를 통과한 공기흐름의 속도가 여전히 초음속을 유지하고 있다는 점과 뾰쪽한 물체 또는 표면의 모서리 등에서 발생하지만 표면의 경사를 따라서 이동하는 특징이 있다. 경사충격파는 물체의 종류에 따라 위의 그림과 같이 2가지 유형으로 분석할 수 있다. 왼쪽 그림은 원뿔 도형과 같이 3차원으로 고려되고 오른쪽은 쐐기 도형과 같이 2차원 흐름으로 고려된다. MIG 21 전투기 등은 원뿔형 흡입구를 채택하고 있고, F-16 전투기 등은 2차원 경사충격파를 적용하고 있다. 이들의 차이점은 충격파들이 원뿔 물체에서 경사져 통과하면서 후방에서 합류되는 특성이 다르다.

있다. 하류 흐름에서 이 흐름을 방해하는 또 다른 물체가 존재한다면 충격파 흐름은 다시 새로운 방향으로 흐르는 경향이 나타난다. 높은 초음속에서 강한 단일 수직충격파로 인한 압력손실이 크기 때문에 압축기에서 필요로 하는 충분한 압력회복을 달성할 수 없다. 따라서 일차적으로 원뿔 충격파 또는 경사충격파를 발생시켜 초음속을 더 낮추고 후속 흐름은 수직충격파를 통과하도록 설계한다면 압축기에서 원하는 압력회복 수준을 달성할 수 있다. 실제 대부분의 초음속 항공기의 흡입구는 경사 또는 원뿔 충격파와 수직충격파의 결합을 적절히 활용하고 있다.

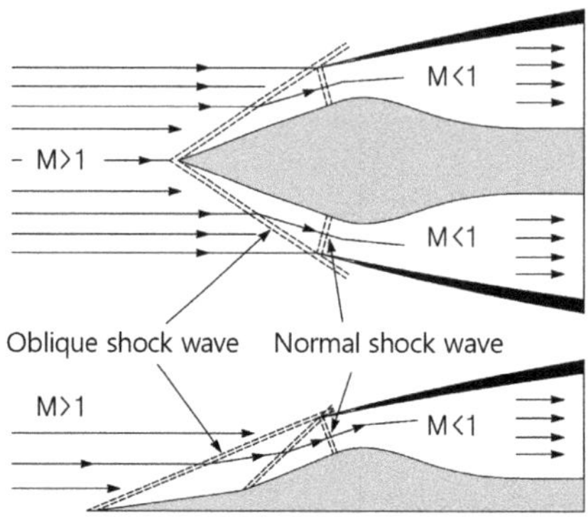

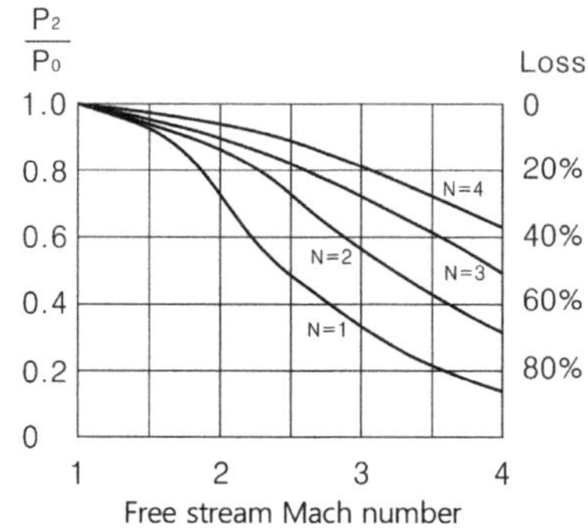

【그림3-12】 전형적인 원뿔 흡입구의 구조에서 경사충격파들이 어떻게 활용되고 있는지를 잘 보여주고 있다. 오른쪽 그래프와 같이 단일 경사충격파일 때 압력회복이 매우 낮아 그만큼 손실률도 높다. 그러나 3개 혹은 4개의 경사충격파를 발생시켰을 때 압력회복률이 높고 그만큼 손실이 감소하고 있음을 알 수 있다. 경사충격파 또는 원뿔 충격파와 같은 유형과 개수와 관계없이 최종적으로 적절한 위치에서 적정 마하수의 수직충격파는 필수이다.

(3) 다중 경사 또는 원뿔 충격파의 활용

경사 또는 원뿔 충격파가 테두리에 형성될 수 있도록 비행 마하수를 설계한다. 이들 충격파를 [그림3-12]와 같이 흡입구 테두리에 접하도록 설계한다면 유선흐름 획득 면적(capture area)과 흡입구 테두리 면적(lip area)을 일치시킬 수 있다. 그러나 설계 비행 마하수 이하로 비행한다면 이들 충격파의 각도가 감소하여 테두리에 접근하고 있는 유선흐름은 원뿔 또는 램프(cone or ramp)의 존재 때문에 굴절되는 현상이 발생할 수 있다. 결국, 유선흐름 획득 면적은 흡입구 테두리 면적보다 작아지는 결과가 나타나고 이는 곧 흡입구 공기흐름의 감소를 의미한다. 따라서 공기흐름의 특성에 따라 흡입구 공기흐름을 최대로 높이기 위해서는 충격파의 위치를 재조정해야 할 필요가 있고, 이를 위해서 램프(ramp)의 각도를 낮추거나 콘(cone)을 후방으로 이동시켜야 한다.

3.4 초음속 흡입구 발달

3.4.1 흡입구와 기계적 복잡성

최근에 제작된 초음속 전투기 엔진은 동체에 위치하지만, 흡입구는 동체 좌우에 배치되고 흡입구의 모양도 둥근 형태에서 직사각형 혹은 반원형 등 다양하게 설계되어 있다. 예를 들어 F-16 전투기는 마치 상어 입(big mouth) 모양의 커다란 흡입구가 동체 전방 하단에 장착되어 있고, F-22 전투기는 동체의 양측 면에 마름모꼴의 흡입구가 배열된 것을 볼 수 있다. 따라서 초음속 항공기들의 흡입구는 아음속과는 다르게 설계되어야 한다는 것을 알 수 있다. 이들 초음속 영역에서 운용하는 항공기의 흡입구를 가변 단면 흡입구(variable section air intake)라 한다. 가변 단면 흡입구는 흡입구의 면적을 필요에 따라 조절할 수 있는 기능을 갖추어야 하므로 기계적 복잡성과 무게의 증가가 최대의 단점이다. 최근에 등장한 F-35 수직이착륙 전투기는 가변 단면 흡입구의 단점을 보완한 무변환기 초음속 흡입구(diverterless supersonic inlet; DSI)를 개발하여 기계적 복잡성을 줄이고 동시에 무게를 낮추는 장점이 있다.

3.4.2 분리 흡입구 덕트

최신 고성능 항공기들의 공기역학적 설계는 흡입구를 동체의 측면이나 아래에 배치한다. 이 같은 설계는 수행하는 임무의 특성과 항공기의 성능을 최적화하기 위한 설계와 통합되어야 한다. 만약 엔진이 필요로 하는 공기량보다 적다면 엔진 효율은 현저하게 떨어질 수 있다. 반대로 너무 과도한 양(excess airflow)의 공기는 엔진이 이를 처리하는데 큰 동력이 필요하므로 적당한 공기량만 공급되고 나머지는 외부 혹은 배기 흐름으로 내보

【그림3-13】 흡입구가 동체 양쪽으로 분리되어 있다.

내는 장치가 필요하다. 조종실이 기수 가까이 그리고 인렛이 동체 아래에 있도록 설계된 고속 단발 또는 쌍발엔진 군용 항공기의 필수요건은 최신 항공기에서는 사용되고 있지 않은 기존의 단일-입구 덕트(single-entrance duct)의 사용을 어렵게 한다. 이를 해결하는 한 방법으로 동체의 양 측면에서 공기를 흡입하는 분리 덕트의 형태가 많이 사용되고 있다. 이 분리-입구 덕트(divided entrance duct)는 [그림3-13]과 같이 동체의 양 측면에서 날개-루트 인렛 또는 스쿠프(wing-root inlet or scoop)의 형태이다.

어느 종류의 덕트이든 항공기 설계자는 항력을 최소화하면서 충분한 공기 스쿠프 면적(air scoop area)을 제공하는 것이 어려우므로 단일-인렛 덕트에 비해서 어려운 과제이다. 내적인 면에서 가능한 한 최소의 굽힘으로 합리적인 길이의 덕트를 제작해야 하는 단일 인렛 덕트와 같은 문제에 직면한다. 동체의 측면에 스쿠프가 이용되기도 한다. 이들 측면 스쿠프(side scoops)는 압축기 인렛을 향하여 점진적인 굽어짐을 허용할 수 있도록 가능한 한 전방으로 멀리 배치함으로써 단일 인렛 덕트의 것과 같은 공기흐름 특성을 부여한다. 때로는 사이드-스쿠프 인렛에 일련의 회전 베인(vanes)을 장착하여 유입 공기흐름을 직선으로 만들고 난기류를 방지하는 데 사용되기도 한다.

3.4.3 초음속 흡입구 분류

초음속 항공기의 흡입구는 공기흐름의 변화가 필요하므로 복잡하게 설계되고 수행하는 임무에 맞게 모양은 다양하게 설계된다. 전형적인 초음속 항공기의 흡입구는 다음과 같이 분류할 수 있다.

① 초음속 피토 흡입구(pitot inlet)

② 원뿔형 흡입구
- 원뿔(cone)
- 반원뿔(half cone)
- 이중 원뿔(biconic)

③ 램프형 흡입구
- 수직 램프
- 수평 램프

④ 무변환기 초음속 흡입구(diverterless supersonic inlet; DSI)

3.4.4 피토 흡입구

초기 제트엔진 흡입구는 [그림3-14, 15]와 같이 기수 자체가 흡입구 역할을 할 수 있도록 타원형, 반원, 원통 그리고 슬롯(slot) 모양으로 설계하여 공기는 압축기 입구까지 직선으로 유입될 수 있도록 설계되었다. 특이한 것은 기수에서 꼬리까지 긴 동체를 관통하도록 설계된 점이다. 이 같은 공기흐름이 긴 덕트를 관통하는 과정에서 동적 손실(dynamic loss)이 크게 발생하기 때문에 최신 항공기에서는 사용되지 않는다. 아음속 영역에서 운용하는 항공기의 흡입구를 피토 인렛(pitot intake)이라 한다. 1947년도에 제작된 미국과 구소련의 대표적인 초음속 전투

【그림3-14】 긴 엔진 덕트

【그림3-15】 F-100 Super Sabre 타원형 흡입구. 얇고 날카로운 인렛은 수직충격파 유도에 유리하다. 또한, 엔진까지 긴 단일 덕트는 램 효과를 최대한 활용한다. 그러나 긴 덕트는 동적 손실의 원인이 되어 효율이 떨어진다.
(Maximum speed: 1,487 km/h, 803 knots, Mach 1.4)

기들은 음속에 근접한 속도로 비행할 수 있지만 높은 아음속 항공기로 분류하고, 충격파 발생 영역에서 벗어나 있다.

일반적으로 피토 흡입구가 아음속 제트엔진에 적합한 모델이기는 하지만 일부 초음속 항공기의 흡입구에서도 채택되고 있고 중간 초음속 영역에 적합하다. 초음속 피토 흡입구와 아음속 피토 흡입구의 차이는 수직충격파를 유도할 수 있도록 흡입구의 테두리가 얇고 뾰쪽하게 설계된 점이다. 얇고 뾰쪽한 테두리(thin and sharped-lip)에서 수직충격파가 형성되어 후방의 공기흐름을 아음속으로 유도할 수 있다. 일부 흡입구에서는 속도가 더 증가함에 따라 흡입구 직 전방에 이탈(detached) 수직충격파가 형성되기도 한다. 그러나 너무 강력한 수직충격파는 테두리에서의 정체압력을 크게 떨어뜨려 결정적으로 압력회복을 악화시키는 결과가 초래

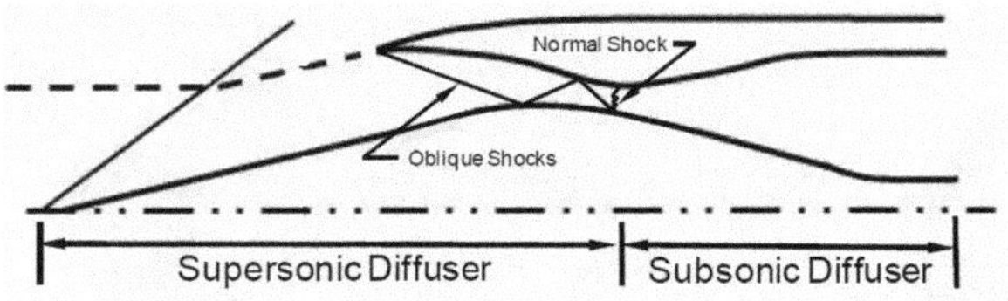

【그림3-16】 원뿔 흡입구에서 형성된 초음속 디퓨저 구역과 아음속 디퓨저 구역

된다. 전형적인 초음속 피토 흡입구를 사용한 기종으로는 [그림3-15]와 같이 F-100 Super Sabre가 있다.

3.4.5 원뿔형 흡입구

초창기의 높은 아음속 제트엔진의 흡입구는 단순한 피토관 모양으로 제작되었으나 이 유형의 흡입구는 초음속 비행에서는 강한 충격파로 인하여 적절한 효율을 달성할 수 없었다. 항공기가 초음속으로 비행한다는 것은 흡입구의 공기흐름의 속도 역시 초음속이고, 이 흐름이 그대로 압축기에 전달되었을 때 정상 작동이 불가능하다. 초음속에서 충격파 발생은 피할 수 없는 현상이고 충격파의 행태를 정확하게 이해하고 활용할 수 있는 장치들이 개발되었다.

전형적인 2세대 흡입구로 개발된 것이 [그림3-17]과 같은 흡입구 원뿔(inlet cone)이다. 흡입구 원뿔의 근본적인 목적은 원뿔 꼭짓점에서 원뿔 충격파를 발생시키는 것으로 충격파 콘(shock cone)이라고도 한다. 원뿔 충격파 후방의 공기흐름은 아음속으로 감속시키지 못하지만 높은 마하수를 낮은 마하수까지 감속시키는 역할을 한다. 원뿔 충격파에서 일차적으로 낮은 마하수로 감속시킨 후 [그림3-16]과 같이 흡입구 내부의 디퓨저 후방에서 수직충격파의 발생을 유도한다. 수직충격파 후방의 공기흐름은 항상 아음속이다. 따라서 압축기에 유입되는 공기흐름을 효과적으로 아음속까지 낮출 수 있다. 이들 항공기에서 기수 전방으로 길게 뻗어 나온 흡입구 원뿔을 관찰할 수 있다. MIG 21, English Electric Lighting 등은

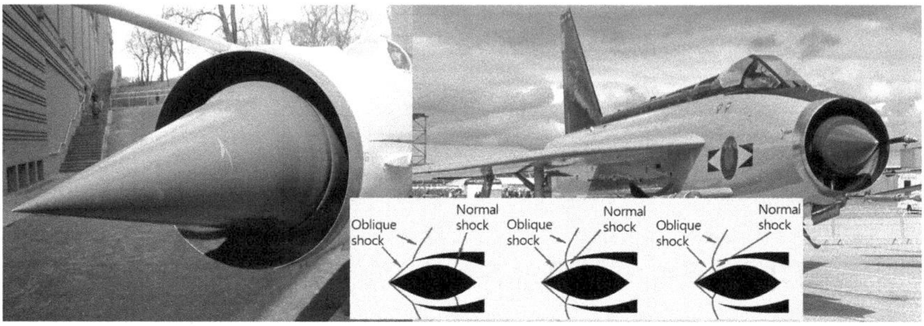

【그림3-17】 원뿔형 흡입구는 3차원 경사충격파의 장점을 가장 잘 활용하였다. 원뿔 충격파는 2차원 경사충격파와 유사한 특성이 있지만, 공기흐름이 후방에서 더욱 조밀해지는 특성이 있다. 공기흐름이 압축되는 성향은 램 효과에 의한 압력회복 효과를 얻을 수 있어 우수한 흡입구 효율을 갖지만, 결정적으로 원뿔 자체가 다양한 기동성에서 균등한 공기흐름을 제공할 수 없는 문제가 있다. 이에 대한 대안으로 개발된 것이 램프형 흡입구이고 다양한 기동성에 대응할 수 있는 흡입구이다.

전형적인 이 유형의 기종이다. 항공기의 속도가 초음속에 접근함에 따라 원뿔 꼭짓점에서부터 원뿔 충격파가 형성된다. 속도가 점차 증가함에 따라 원뿔 각이 후방으로 기울어지면서 원뿔은 좀 더 좁아진다. 결국, 원뿔은 흡입구 테두리에 접하는 각도에 도달하게 되면서 흡입구 테두리 앞쪽의 유선흐름 면적과 테두리 면적이 같아져 엔진이 필요로 하는 최적의 공기흐름을 제공한다. 동일 목적으로 흡입구를 동체 측면에 장착하기도 한다. 동체의 측면에는 [그림3-18]과 같이 반원뿔(half conic) 모양으로 장착되지만 앞서 설명한 원뿔과 같은 원리가 적용된다. 일부 흡입구에서는 이중 원뿔 표면(biconical surfaces)을 갖도록 설계된다. 이 설계는 기본적으로 원뿔 충격파의 특징을 활용한 것이다. 여러 개의 원뿔 충격파에서 첫 번째 원뿔 충격파 다음에 발생하는 원뿔 충격파들은 후속해서 약한 원뿔 충격파가 발생하면서 연속적으로 마하수를 더 낮출 수 있다. [그림3-11, 12]와 같이 첫 번째 원뿔 충격파에 의해서 후속 원뿔 충격파는 더 약하게

【그림3-18】 반원형 흡입구와 고정 반원뿔 흡입구는 원뿔에서 발생한 경사충격파들이 흡입구 테두리와 정확하게 접하게 설계함으로써 공기흐름 속도를 감소시키고 후속해서 수직충격파를 발생시켜 최종적으로 아음속까지 감속시킨다. 전형적인 기종으로는 F-104 Starfighter(Mach 2), BAC TSR-2(Mach 2.15) 등이다.

형성된다. 후속 원뿔 충격파는 두 원뿔 표면이 만나는 지점에서부터 발생한다. 일반적으로 이중원뿔 흡입구는 등가의 단일 원뿔 충격파와 비교해서 효율이 높다. 왜냐하면, 수직충격파에 대한 진입 마하수가 후속 원뿔 충격파의 존재로 인해 약해지기 때문이다.

❖ 분리 흡입구의 문제점

소형 제트 항공기에 엔진 포드 방식은 적용하기 어렵다. 이 때문에 엔진 측면이나 아래에 흡입구를 배치하지만, 이들 항공기가 급기동할 때 요 또는 높은 받음각으로 인한 심각한 공기흐름의 분리는 적정 공기량이 흡입구에 공급되지 못할 수 있다. 그러나 F-16과 같은 기종은 동체 앞부분을 이용해서 공기흐름의 분리를 방지할 수 있도록 설계함으로써 높은 받음각 기동이 가능하다.

3.4.6 램프형 흡입구(가변 기하 덕트)

인렛 덕트(inlet duct)의 주요 기능은 엔진 입구에 정확한 공기량을 공급하는 것이다. 군용 초음속 항공기에서 디퓨저는 점진적으로 하류 방향에서 면적이 감소한다. 따라서 초음속 인렛 덕트는 유입되고 있는 공기 속도가 마하 1.0까지 감소할 때까지 이 같은 형상이 되어야 한다. 덕트의 후방 섹션은 [그림3-16]과 같이 면적이 증가하여 이 부분에서는 아음속 디퓨저(subsonic diffuser)로서 작용한다. 실제 초음속 항공기의 인렛 덕트는 항공기의 설계 특징에 따라 이 같은 설계 요건에 따른다. 고속 항공기를 위해서 덕트의 내부 면적은 항공기 속도의 증가 또는 감소에 따라 기계장치로 변화될 수 있고 이를 가변 기하 인렛 덕트(variable-geometry inlet duct)라 한다.

제트엔진 성능 향상에 따라 더 높은 초음속으로 비행하기 위한 흡입구는 단순 원통, 타원형, 원뿔이나 반원뿔 모양 외의 새로운 형태의 흡입구가 필요함에 따라 직사각형이나 약간 변형된 직사각형 모양의 흡입구가 개발되었다. 이들 3세대 흡입구는 흡입구 내에 램프(ramp)와 함께 설계되는 특징이 있고 이를 램프형 흡입구(intake ramp)라 한다. 초기 램프형 흡입구는 [그림3-19]와 같이 동체 양 측면에 수직 램프 형태로 설계되었다. 미국의 Century Series 제트엔진 항공기에서는 흡입구의 외측 수직 테두리(outer vertical edge)에 램프가 형성되도록 하였다.

【그림3-19】 F-106 Delta Dart
- Maximum speed: 1,325kn (2,454km/h) at 40,000ft
- Maximum speed: Mach 2.3

(1) 충격파 활용

이외에도 공기흐름 속에 충격파를 이용하는 것이다. 충격파는 공기흐름의 속도, 압력, 밀도, 그리고 온도의 급격한 변화가 발생하는 공기흐름에 존재하는 얇은 불연속 영역(thin region of discontinuity)이다. 충격파가 강할수록 공기흐름의 성질에서 더 큰 변화가 발생한다. 충격파는 높은 마하수에서 덕트에 돌출된 작은 제한기 또는 작은 구조물에 의해서 덕트에 유입되고 있는 초음속 공기흐름 속에 형성된다. 충격파는 반대로 공기흐름의 속도가 감소하는 확산 공기흐름 속에서도 발생한다. 항공기 설계에서 확산 작용을 일으키는 충격파 유형과 가변-기하 방식 모두가 상호 결합하여 사용된다. 덕트의 면적을 변화시키는 동일 장치 역시 덕트 내에서 유입되고 있는 공기의 속도를 더 감소시키는 충격파를 발생시킨다. 덕트 면적의 변화 그리고 충격파의 크기는 항공기의 대기속도와 함께 자동으로 변한다.

(2) 램프 기하학적 배열

인렛 덕트의 면적 또는 기하 형상을 변형시키기 위한 한 방법으로 덕트 내부에 램프 또는 웨지(ramp or wedge)와 같은 가동제어장치를 장착한다. 또 다른 시스템에서는 엔진의 전방 덕트로부터 흡입구 공기흐름의 일부를 빼내는 가변 공기흐름 바이패스(variable airflow bypass) 장치와 같은 방법이 사용된다. 일부 항공기에서는 이들 두 방식을 결합한 방법이 사용된다. 이들 램프는 동체를 향하여 후방 안쪽으로 향하는 각도를 갖도록 설계되었다. 수직 램프를 사용하는 항공기는 [그림3-20]의 Republic F-105(Thunderchief), F-4(Phantom) 등이 있다. 이후 외측 수직 테두리보다 수평 테두리의 상부에 가동(movable) 램프로 개량되었다. 이들 램프는 후방 그리고 아래를 향하도록 설계되었다. 이 설계는 흡입구의 구

【그림3-20】 F-105(Thunderchief), F-4(Phantom)

조를 더 단순하게 하였을 뿐만 아니라 엔진으로 유입되는 공기흐름을 조절할 수 있는 가변 램프(variable ramp)를 사용할 수 있도록 하였다. 이 장치는 1960년대 초부터 대부분의 초음속 항공기 흡입구로 채택되었고, 전형적인 기종으로는 F-14(Tomcat), Panavia Tornado, Concorde 등이 있다. [그림3-21]은 전형적인 램프형 흡입구를 장착한 F-14, F-15 전투기를 전면과 측면 모양을 잘 보여주고 있다. 이들 램프 역시 흡입구 압축과정을 보조하기 위한 장치이다. [그림3-21, 22]와 같이 램프는 상하로 움직일 수 있도록 설계되었고, 원뿔 흡입구와 달리 초음속을 감속시키는데 경사충격파를 활용한다.

공기흐름의 방향이 전환될 때 램프의 전방 끝단에서 경사충격파가 발생하는 특징을 이용한 것이다. 높은 마하수의 공기가 경사충격파를 통과할 때 낮은 마하수까지 감속시키고 압력은 상승한다. 일반적으로 램프는 2개 또는 그 이상이 연속으로 위치하도록 설계되고, 하류 쪽에 있는 램프의 경사각이 더 깊은각을 갖도록 설계된다. 공기는 최초 경사충격파와 후속 반사 경사충격파(reflected oblique shock wave)를 통과하면서 낮은 마하수까지 감속되고 최종적으로 수직충격파를 통과하면서 압축기에 유입되기 전까지 적정 아음속으로 감속시킨다.

【그림3-21】 콩코드, F-14, F-15 항공기들의 흡입구 외형이다. 이들 항공기의 흡입구는 모두 직사각형 모양으로 설계되었다. 이들 흡입구에서 어떻게 충격파들을 발생시키고 활용하고 있는지를 [그림3-22]와 비교 관찰했을 때 명확하게 이해할 수 있다. 최신 초음속 항공기들의 흡입구는 동체 주변의 경계층 영향을 최소화할 수 있고, 공기누출을 방지할 수 있는 기하학적 모양으로 설계된다. F-15 전투기의 왼쪽 모양은 비행 속도에 따른 적정 공기량을 제공할 수 있도록 램프의 각도를 상하로 조절하고 있다. 저속에서 공기 질량 유동률을 높이기 위해서 면적을 최대로 확장한 모습이고 속도가 증가할수록 면적을 줄여 적정 공기량이 유입될 수 있도록 설계되었다.

램프형 흡입구는 특히 높은 초음속에서 등가의 피토 인렛보다 양호한 총압력회복 성능을 갖는다. 경사충격파는 흡입구 테두리(intake lip)에 접할 수 있도록 설계함으로써 공기누출(spillage)을 방지하고 방향이 전환되는 유선흐름 면적의 외측 경계구역에 존재하는 진입 항력(entry drag)을 감소시킨다. 이 때문에 램프가 고정 취부각 만을 갖도록 설계되었다면 이 항공기는 오직 특정 비행 마하수에서만 최적의 효율을 달성할 수 있다. 왜냐하면, 충격파의 각도는 비행 속도의 증가에 예민하게 반응하기 때문이다. F-14 Tomcat 전투기와 콩코드는 [그림3-22, 23]과 같이 3개의 수평램프(horizontal ramps)를 활용하여 초음속 비행할 때 4개의 충격파(3개의 경사충격파와 1개의 수직충격파)를 발생시킨다. 첫 번째 충격파는 고정램프(fixed ramp) 앞전에서 발생하도록 한다. 이 충격파는 안쪽의 가동램프(movable ramp)로 제어되는 충격파들과 서로 조화될 수 있어야 한

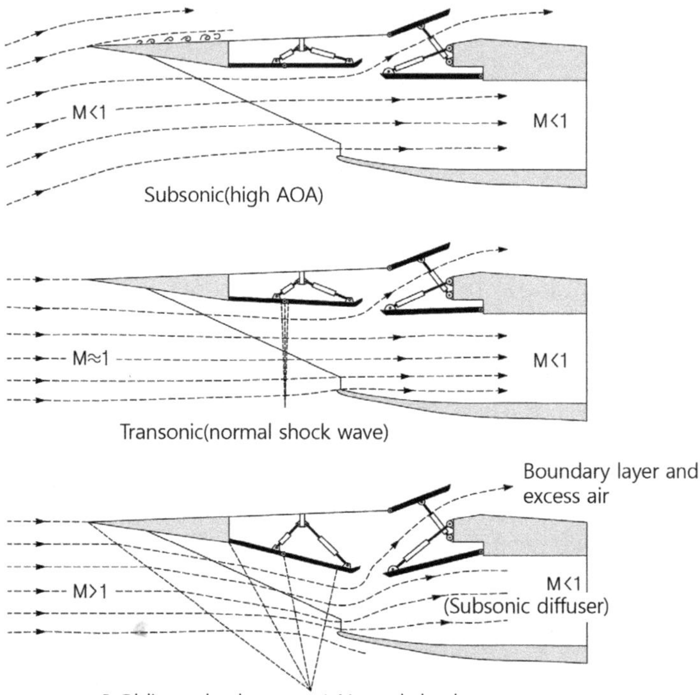

【그림3-22】 콩코드, F-14, F-15 전투기는 여러 개의 가동 수평 램프를 장착하여 공기흐름을 조절할 수 있도록 설계되어 있다. 위의 그림은 F-14 전투기의 수평 램프에 의해서 어떻게 공기흐름을 제어하고 있는지를 잘 보여주고 있다. 엔진 작동에 무리를 줄 수 있을 정도로 많은 양이 유입되고 있다면 일정량의 공기를 배출시켜야 한다. 3번째 그림은 설계 마하수에서 3개의 경사충격파와 1개의 최종 수직충격파를 발생시켜 엔진이 필요로 하는 양질의 아음속 공기흐름을 제공하고 있다.

다. 첫 번째 가동 램프는 고정 램프 구조에 장착되어 두 번째 가동 램프를 위한 가동 힌지(hinge) 역할을 한다. 세 번째 램프는 후방을 향하고 있으며 흡입구 구조물에 장착된 아음속 디퓨저와 스로트 슬롯(diffuser and throat slot) 높이를 형성한다. 램프의 가동은 에어 데이터 컴퓨터(air data computer)에서 보내온 마하 신호(Mach signal)에 따라 자동으로

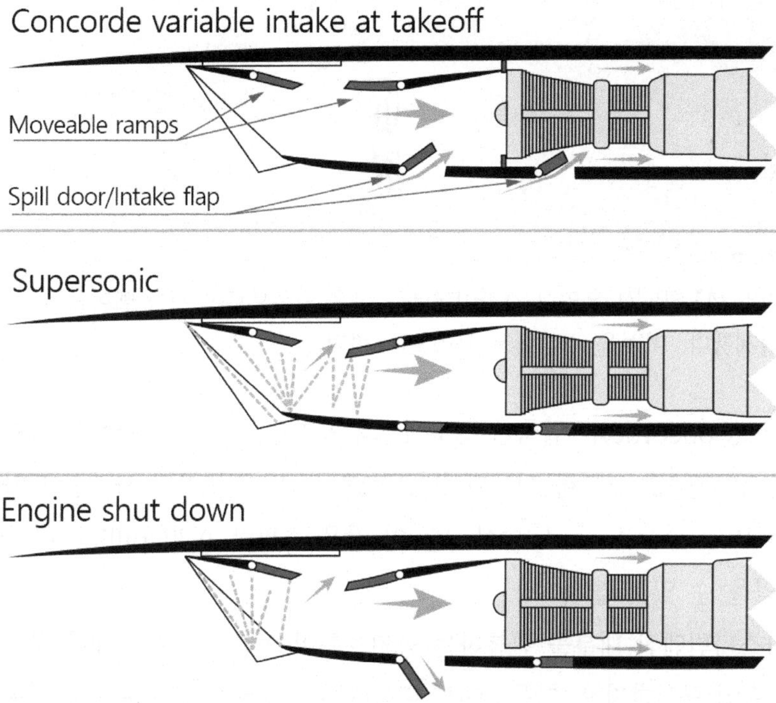

【그림3-23】 콩코드 가변 수평 램프 흡입구

작동한다. 흡입구 상부에 있는 블리드 도어(bleed door)는 2단-위치 조절 장치로 되어 있어 높은 받음각에서 엔진 실속 마진(engine stall margin)을 보전하고 고속에서 엔진 진동을 방지한다.

(3) 스필링 장치

스필링 장치(spilling system)는 용어가 의미하는 것과 같이 흡입되는 공기 일부를 의도적으로 대기로 배출하여 램 압력(ram pressure)을 회복하는 장치이다. 흡입구와 압축기 입구 사이에 스필링 장치를 설치하여 공기 흐름의 속도를 제어할 수 있다. 예를 들어 Mach 2.02로 순항 비행하는

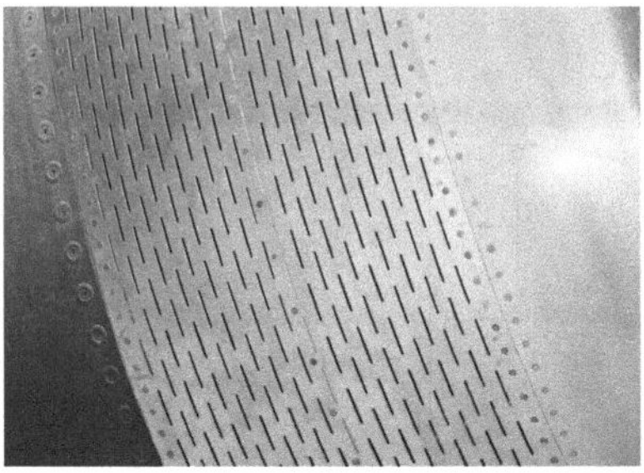
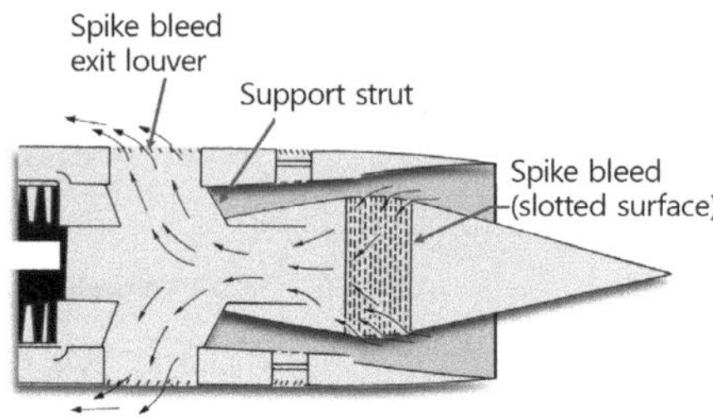

【그림3-24】 SR-71 흡입구 스파이크에는 작은 슬롯으로 공기를 빨아들일 수 있게 설계했다. 이것을 스파이크 블리드라 한다.

콩코드(Concorde)는 압축기 입구에서의 공기흐름 속도는 M=0.7~0.8 사이를 유지할 수 있도록 설계되었다. 또한, F-22 전투기의 사각형 모양의 흡입구(square-shaped intake)는 이 같은 스필링 효과(spilling effect)를 얻을 수 있는 설계이다.

가스터빈엔진 내부를 관통하는 공기흐름이 아음속을 유지해야 하므로 초음속에 근접하지만, 아음속에서 비행하는 대부분의 대형 운송용 항공기(Mach=0.85~0.95)는 이를 제어하기 위한 특별한 설계가 필요하지 않다. 그러나 콩코드, SR-71(black bird) 그리고 F-22와 같은 항공기는 Mach 2.0을 초과하는 초음속으로 비행하기 때문에 흡입구에 유입되는 자유공기 흐름의 속도는 Mach 2.0을 초과하는 속도로 유입된다. 높은 초음속은 흡입구가 수용할 수 있는 한계까지 흡입구 압축(intake compression)을 상승시킨다. 이를 제어하는 또 다른 방법으로 [그림3-24]와 같은 흡입구에서 과도한 공기를 빼낼 수 있는(spilling) 가변 스로트 면적(variable throat area)을 제공할 수 있는 특수 설계조건이 필요하다.

3.5 초음속 인렛 적용사례

3.5.1 F-16 전투기

전형적인 초음속 피토 인렛은 F-16 전투기를 포함한 [그림3-25]의 전투기들에서 채택하고 있다. 이들 전투기는 초음속 비행을 하면서도 흡입구에 유입되는 공기흐름을 흡입구의 기하학적 모양만으로 양질의 아음속으로 감속시키고 있다. 이들 전투기의 흡입구는 공통으로 외형이 거의 유사하다. 그리고 동체에서 발생하는 강력한 경계층(boundary layers)을 제어하기 위한 분리판(splitter plate)을 사용하고 있다. 흡입구는 동체 아래, 뒤쪽에 배치되어 있어 [그림3-26]과 같이 높은 받음각 조건이 요구되는 기동성에서도 양호한 공기흐름을 제공한다. 또한, 긴 전방 동체는 공기흐름이 위쪽으로 흐르는 것을 효과적으로 차폐하는 기능을 하여 양호한 유선흐름을 제공한다. 흡입구 길이가 상대적으로 짧아 무게 감소와 함께 압축기 전면에서 공기흐름의 흩어짐을 방지한다. 무장 장치의 포구가 스트레이크(strake) 위에 장착되어 있으므로 포구에서 방출되는 고온의 배기가스가 흡입되지 않도록 설계되었다. 이들 전투기의 특징은 속도가 증가할수록 압력손실이 증가하여 최대속도가 제한되기는 하지만 속도보다 높은 기동성을 더 중요시한다. 동체로부터 두꺼운 경계층이 흡입구에 유입되지 않도록 흡입구는 동체로부터 약 9cm 정도 이격시켜 장착되어 있다. 흡입구 카울(cowl)은 앞쪽으로 약 25cm 정도 확장된 분리판이 사용되고 있고, 아래쪽은 뭉툭한 테두리로 제작되어 있다. 분리판은 동체 경계층으로부터 흡입구 수직충격파를 분리한다.

길이가 짧게 설계된 분리판은 경계층 축적을 작게 형성될 수 있도록 함으로써 분리판 위의 경계층을 날려 보낼 필요가 없다. 아래의 뭉툭한 테두

【그림3-25】 F-16, Eurofighter, J-10a 전투기의 흡입구이다. 기본적으로 이들 전투기는 높은 기동성을 목표로 하므로 흡입구 역시 높은 받음각 조건에서도 양질의 공기흐름을 제공할 수 있어야 한다. 흡입구를 기수 아래 동체에 가깝게 위치시킴으로써 동체 하부 표면이 높은 받음각 조건에서 공기흐름을 흡입구로 유도하는 역할을 한다. 이들 항공기의 흡입구는 앞으로 돌출된 뾰쪽한 테두리로부터 단일 수직충격파를 유노하여 흡입구 내에서 압력회복 효과를 얻을 수 있도록 설계되었다. 또한, 동체와 일정한 거리를 유지하고 있는 것은 동체 경계층을 회피하기 위한 설계이다. 이외에도 미사일을 발사했을 때 분출되는 고온 가스가 흡입구에 유입되지 않도록 하는 것도 중요한 설계 필수요건이다.

리(blunt lip)는 흐름 분리를 방지하기 위한 것으로 높은 받음각에서 기동 중인 항공기의 공기흐름이 흩어지는 것을 방지한다. 최신 고성능 F-16과 F-18 전투기들은 수직충격파와 디퓨저의 손실이 더 크게 발생하는 조건에서도 최대속도 Mach 2.0을 무난히 달성했다.

F-16 전투기 흡입구와 같은 모양을 피토 흡입구(pitot intake)라고 한다. 피토관과 유사한 개념의 피토 흡입구는 단일 직선 충격파(수직충격파)를 발생시켜 초음속 흐름을 아음속으로 낮춘다. 제트엔진 압축기에 유입되는 공기흐름의 속도는 대략 Mach 0.4~0.5에서 균일한 공기흐름을 엔

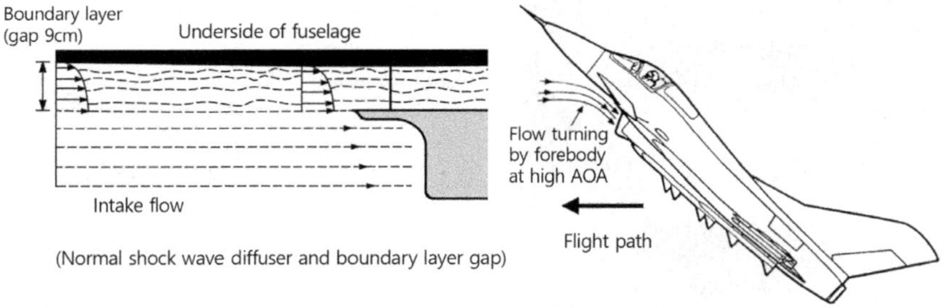

【그림3-26】 F-16 전투기의 흡입구와 동체 위치의 상관관계 그리고 동체에서 발생하는 저에너지 공기흐름인 경계층(난기류)을 회피하기 위한 설계를 관찰할 수 있다. 흡입구의 돌출된 윗면 테두리와 아랫면의 둥근 테두리에 경사충격파의 발생을 유도하여 1차 감속 효과를 얻고 압축기 직전에서 수직충격파를 발생시켜 최종적으로 양질의 적정 아음속까지 감속시킨다. 전투기가 급기동할 때 엔진에 유입되는 공기흐름에 영향을 줄 수 있다. 에어 인렛을 동체 아래에 배치함으로써 높은 받음각에서 동체가 공기흐름을 인렛으로 유도하기 때문에 높은 기동성을 유지할 수 있다.

진에 공급하는 것이다. 더 높은 비행 속도에서는 가능한 한 많은 흐름의 운동 에너지를 압력 증가로 변환해야 한다. 이로써 효율적으로 엔진 압축기의 공기 하중을 줄이고 질량 흐름을 증가시켜 결과적으로 추력을 증가시킨다. 피토 흡입구는 [그림3-27]과 같이 다른 에어 인렛 유형 중 구조적으로 단순하여 가볍고 기계적 복잡성이 거의 없을 뿐만 아니라 압력회복을 효율적으로 수행할 수 있는 설계이다.

전투기는 초음속을 유지하면서도 흡입구에 유입되는 공기흐름을 흡입구의 기하학적 모양만으로 양질의 아음속으로 감속시키고 있다. 이들 전투기의 흡입구는 공통으로 외형이 거의 유사하다. 그리고 [그림3-26]과 같이 동체에서 발생하는 강력한 경계층(boundary layers)을 제어하기 위한 분리판(splitter plate)을 사용하고 있다. 흡입구는 동체 하단, 후방에 장착되어 있어 높은 받음각 조건이 요구되는 기동성에서도 양호한 공기

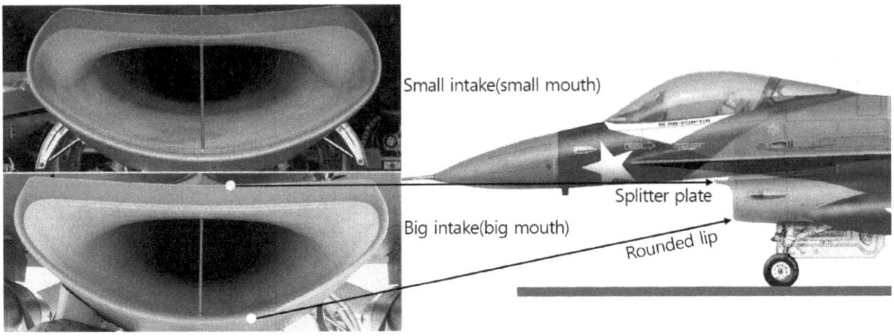

【그림3-27】 F-16 전투기 흡입구는 엔진에 따라 두 종류가 있다. 후기 더 강력한 엔진을 탑재하면서 더 많은 공기를 빨아들일 수 있도록 크기가 더 커졌다. 흡입구 자체를 단일 충격파 디퓨져라고 한다.

흐름을 제공한다. F-15와 같은 전투기를 제외하고 대부분 현대 전투기들은 단순 고정 에어 인렛으로 설계되었다. 이 같은 이유는 성능으로 인해 얻을 수 있는 이득에 비해서 기계 작동으로 인한 복잡성과 무게 증가, 부품의 고장 가능성 그리고 정비 소요로 인한 지연과 추가 비용 증가 때문이다. 오늘날 전투기의 임무에서 현재 이상의 높은 초음속 비행이 필수요건은 아니다. 이처럼 높은 초음속 비행은 지대공 미사일을 피하기 위한 전투 지역에서 빠져나오거나 위협의 대상이 되는 적 항공기를 요격하는 임무에만 유용하다. 미사일은 능동적이고 더 빨라져 전투기로는 능가할 수 없고, 레이더 탐지 범위는 적 전투기를 더 빨리 탐지할 수 있는 성능 향상으로 실질적으로 마하 2.5 이상의 요격기가 필요하지 않다. 또한, Mach 1.5로 비행하는 경우 단순 에어 인렛은 약간의 손실이 있지만, 가변 기하학 인렛보다 더 높은 추력의 엔진을 채택하는 것이 더 유리하기 때문이다.

【그림3-28】 SR-71의 순항속도는 마하 3.2이다. 흡입구 스파이크는 지상에 있을 때와 아음속 비행 중 완전히 앞쪽으로 확장되어 고정된다. 마하 1.6에 도달하면 잭 스크루가 스파이크를 안쪽으로 최대 26인치(66cm)까지 이동시킨다. 속도가 증가함에 따라 스파이크가 안쪽으로 이동하면서 스파이크 팁은 충격파가 흡입구 카울링 테두리 바로 안쪽에 닿을 때까지 충격파를 흡입구 카울링에 더 가깝게 끌어당긴다. 이 위치는 스파이크 중심 몸체와 흡입구 내부 카울링 측면 사이에서 반복적으로 스파이크 충격파를 반사하고, 누출 저항의 원인인 공기흐름의 누출을 최소화한다.

3.5.2 SR-71(다중원뿔 경사충격파 흡입구)

SR-71의 Pratt& Whitney J58 엔진은 앞서 언급한 것과 같이 일반 가스터빈엔진에서는 보기 드문 터보램제트(turboramjet) 엔진으로 재연소터보제트(afterburning turbojet)와 램제트(ramjet) 엔진이 결합한 유형이다. [그림3-28, 29]는 SR-71 흡입구의 외형을 잘 보여주고 있다. SR-71의 Pratt& Whitney J58 엔진은 일반 원뿔 흡입구(inlet cone)보다 더 복잡하게 설계되어 있다. 원뿔 스파이크(conical spike)는 엔진 나셀 내에서 전후로 움직이는 가동 원뿔(movable cone)을 채택하고 있다. 순항속도 마하 3.2에서는 램제트로 작동하기 때문에 추력의 약 80%가 흡입구의 성능에 의존하고 나머지 20%의 추력만이 엔진에서 생산한다. 인렛 스파이크(inlet spike)의 목적은 양호한 압축 성능을 제공할 수 있는 위치를

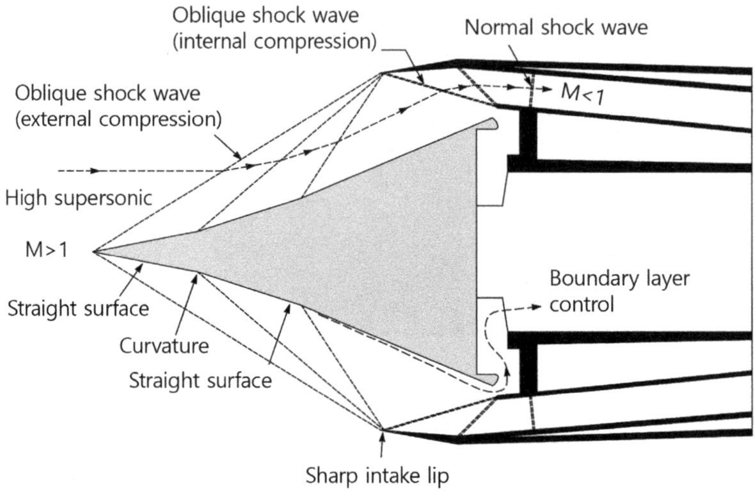

【그림3-29】 인렛의 특이한 설계는 비록 원뿔이기는 하지만 여러 각도로 설계되어 각도가 변화되는 지점에서 각각의 원뿔 충격파 발생을 유도하고 있는 점이다. 설계 비행 속도에서 여러 개의 경사충격파는 흡입구 테두리(intake lip)로 집중되어 1차 외부 압축 효과를 얻고 테두리 내부에서는 또 다른 경사충격파들을 발생시켜 2차 내부 압축을 유도하여 최종적으로 수직충격파에 의한 적정 아음속을 달성한다.

유지하면서 동시에 충격파의 위치를 정밀하게 조정함으로써 엔진 내부에 유연한 공기흐름을 제공하여 실속을 방지한다. 아음속에서 뾰쪽한 스파이크는 완전 전방 위치에 고정되어 있다. 속도가 증가함에 따라 스파이크는 잠금이 풀리면서 잭 스크루(jack screw)에 의해서 후방으로 프로그램화된 인렛 스로트(throat) 속으로 이동한다. 속도가 더 증가함에 따라 스파이크에 형성되는 경사충격파의 각도가 증가하고 경사충격파의 각도가 흡입구 테두리에 접할 수 있도록 더 후방으로 이동하도록 설계되었다.

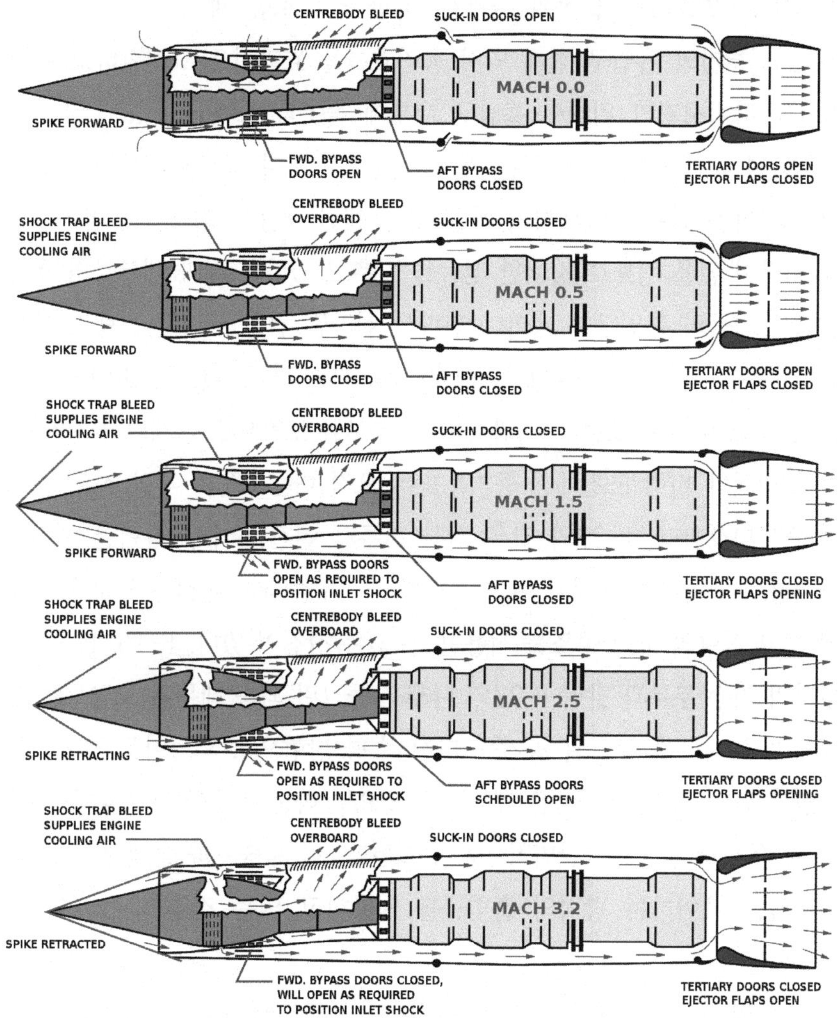

【그림3-30】 SR-71은 터보제트 엔진과 램제트의 결합으로 추력을 얻는다. 최대 속도영역에서는 램제트 엔진에 의한 출력을 얻기 때문에 순수 터보제트 엔진에 의한 마하수 3.2를 기록했다고 할 수 없다. 흡입구는 커다란 가동형 스파이크가 장착되어 있어 비행 속도에 따라 전후로 자동으로 움직인다. [그림3-29]와 비교했을 때 이 항공기가 어떻게 적정 아음속까지 감속시킬 수 있는가를 잘 보여주고 있다.

3.5.3 F-22(내부 슬롯과 슬랫에 의한 공기흐름 제어)

F-22 전투기의 흡입구 설계 역시 공기흐름을 효과적으로 전환하고 아음속까지 감속시키기 위해서 흡입구 내부에 슬롯과 슬랫(slot and slat)을 장착하여 공기흐름을 제어하는 것으로 알려져 있다. F-15 전투기와 같이 외형상 가동 램프를 채택하지 않은 것은 엔진 성능이 최소한의 공기누출에 지장이 없을 정도로 강력한 성능을 갖추고 있다는 점과 대부분의 초음속 전투기들의 흡입구가 레이더 전파에 취약한 점을 고려한 스텔스 기능을 위해서도 흡입구 내부에서 공기흐름을 제어할 수 있도록 고안되었다. F-22의 흡입구는 [그림3-31]과 같이 마름모꼴 모양으로 설계되어 전체 마하수 영역과 비행 조건에서 공기누출은 오직 마름모꼴의 후방 하부 코너에서만 발생한다. F-22와 같은 최신 전투기 엔진은 매우 강력한 엔진을 탑재하고 있어 흡입구에서 어느 정도의 공기누출(spillage)에도 문제가 되지 않고 경량의 고정 구조를 적용할 수 있는 장점이 있다. F-16, F-15 전투기의 기수 부분과 달리 F-22의 나셀은 둥그런 외측 테두리 모양으로 설계되었기 때문에 누출된 공기를 다시 수평 방향으로 되돌아오도록 하는 역할을 한다. 따라서 나셀은 엔진에서 필요로 하는 것보다 큰 부피를 수용할 수 있도록 매우 큰 단면적으로 설계된다. 내부 슬롯과 슬랫에 의한 공기흐름을 제어하는 방식의 흡입구를 사용하고 있는 전투기는 F/A-18, F-22 등이 있다.

F-22의 흡입구는 [그림3-31]과 같이 동체로부터 분리되어 경계층으로 인한 난기류를 차단하고 있다. 동체에 거의 붙어 흐르는 경계층은 흐름 속도가 느릴 뿐만 아니라 일부 비행영역에서는 항공기 표면으로부터 충분히 분리되어 있어 흡입구에 의해 자유롭게 흡수되는 공기에 비해 매우 거친 난기류가 될 수 있다. 이로 인해서 흐름은 불안정해지고 불안정 연소가 될 수 있으며 심한 경우 상당한 공기 부족 현상이 발생할 수 있다. 일부 설계

【그림3-31】 F-22 전투기의 흡입구는 마름모꼴로 설계된 점이 특이하다. F-14 또는 F-15 전투기와 같은 외형적으로 램프를 작동시킬 수 있는 장치들이 없다. 물론 흡입구 테두리에서 필요로 하는 충격파들을 발생시킬 수 있도록 설계되어 있기는 하지만 엔진 성능이 엔진작동 전 범위에서 양질의 공기를 처리할 수 있으므로 어느 정도의 공기누출에도 영향을 받지 않는다.

- Maximum speed: Mach 2.25, (2,414km/h) at altitude
- Mach 1.21, (1,482km/h) at sea level
- Mach 1.82, (1,963km/h) supercruise at altitude

는 [그림3-33]과 같이 분리판과 같이 동체로부터 떨어져 있지 않고 경계층을 제거하는 "가우징 패널(gauzing panels)"을 사용한다. 다른 설계는 흡입구 바로 앞 항공기 동체에 험프(hump)를 사용하여 경계층 난기류를 불어낸다.

【그림3-32】 스플리트 플레이트(분리판)이지만, F-4 Phantom II는 측면에 그리고 Eurofighter Typhoon은 동체 아래에 장착되어 있다. 이것은 일부 제트엔진으로 들어가는 공기흐름을 제어하는 데 사용된다. 스플리터 플레이트는 경계층을 엔진 흡입구에서 멀어지게 하는 경계층 제어의 한 형태이다. 대부분 분리판에는 흡기의 엔진 측에 가까운 표면에 일련의 작은 구멍이 뚫려 있어 이들 구멍을 통해 흡입력이 가해져 경계층을 더 낮출 수 있다. 석션(suction)은 표면에 붙어 느리게 움직이는 공기층을 제거하기 위해 적용되므로 흡입구로 들어오는 공기는 흡입 단면에 걸쳐 가능한 한 균일한 속도 분포기 된다.

3.5.4 경계층 제어

유체 흐름 속에 놓여 있는 물체 표면에 거의 붙어 흐르는 흐름은 표면에 더 가까울수록 흐름 속도는 느려져 원하는 목적을 달성하기 어렵다. 이 흐름은 표면으로부터 일정 높이까지 영역을 형성하고 이 구역을 경계층이라 한다. 공기흡입구의 직 전방이나 주위 표면에 경계층이 형성될 수 있고, 이를 효과적으로 제어하는 것은 엔진 성능 향상에 도움이 될 수 있다.

(1) 분리판(splitter plate)

항공기 동체나 날개와 같은 표면에 부착되어 흐르는 공기흐름은 느려지고 난기류로 인한 에너지 손실이 발생할 수 있다. 이들 저에너지 흐름과 흡입구 사이에 적절한 간격을 두거나 판(plate)을 설치함으로써 자유공기흐름이 엔진에 그대로 유입됨으로써 성능 향상에 도움이 될 수 있다. 이를 위한 설계 또는 장치는 공기흐름에 흩어짐이 없이 더 균일한 공기 흡입을 허용한다. 이것은 분리판(splitter plate or diverter plate) 또는 동체 경계층 전환 채널(fuselage boundary layer diverter channel)이라고도 한다. 전방 동체에 형성된 경계층은 스플리터 플레이트 자체에 의해 제거된다. 천공(perforation; 작은 구멍들)은 스플리터 플레이트의 상류 길이 선상에 있는 경계층을 제거한다. 일부 스파이크 흡기구 설계에는 흡입구 콘(intake cone)에 경계층을 빨아들일 수 있도록 하여 흡기구의 스트럿을 통해 엔진 외부로 유도하도록 설계했다. [그림3-24]는 SR-71 흡입구는 스파이크의 슬롯을 통해 공기를 빨아들이고 나셀을 통해 빠져나가는 덕트를 통과함으로써 경계층을 제거한다.

(2) 가우징 패널

일부 설계에서 경계층을 제거하는 방법으로 스플리터 플레이트와 같은 별도의 구조를 만드는 대신 동체가 흡입구의 앞쪽 가장자리와 만나는 지점에 [그림3-33]과 같은 "가우징 패널(gauzing panel)"을 사용했다. 이 패널에는 미세한 구멍이 뚫려 있어 흡입구로 들어가기 전에 동체에 붙어 있는 경계층을 빨아들이는 것이다. 이들 공기는 배출 도어를 통해 외부로 배출된다. 이 장치는 경계층을 분리하는 대신 빨아들임으로써 경계층을 제거했다.

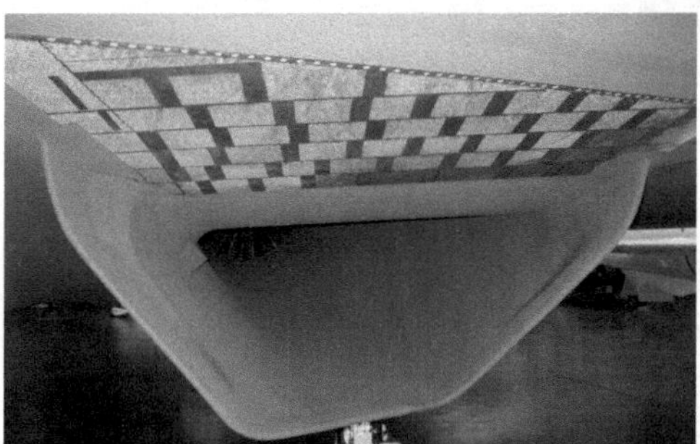

【그림3-33】 가우징 패널은 흡입구 직전 동체 하부에 직물 모양의 패널을 설치해서 경계층을 빨아들인다.

3.5.5 F-35(무변환기 초음속 흡입구)

전투기의 흡입구는 광범위한 속도영역(정지에서부터 초음속), 고도 그리고 다양한 기동성을 보장하기 위해서 엔진에 고품질의 공기흐름을 제공할 수 있어야 한다. 이를 위해서 기존의 전투기 흡입구들은 고정 또는 가동 원뿔 흡입구(inlet cone or spike) 그리고 직사각형 램프 인렛(ramp inlet) 등은 전적으로 공기흐름의 방향을 전환하는 다이버터(diverter)와 통합되었음을 알 수 있다. 이를 작동시키기 위한 복잡한 기계장치와 그에 따른 무게의 증가는 결정적으로 전투기의 기동성을 떨어뜨리는 단점으로 지적되었다. 이 같은 문제점에 대한 해결책을 제시한 것이 무변환기 초음속 인렛(diverterless supersonic inlet; DSI)이다. 물론 F-16, Eurofighter, J-10a 전투기들의 인렛 역시 F-15 전투기의 인렛과 같은 기계장치를 갖추고 있지 않았기 때문에 무변환기라고 볼 수 있으나 동체와 흡입구가 분리되어 있으므로 완전한 형태의 무변환기 초음속 흡입구로 분류하지 않는다.

이 설계개념(DSI)은 1994년 통합타격전투기(joint strike fighter; JSF)를 개발하는 과정에서 [그림3-34]와 같이 항공기 전체의 무게 감소와

【그림3-34】 F-16 전투기에 시도된 DSI 외형이다. 경계층 분리판, 공기 배출 바이패스 도어 그리고 작동 부품이 없다. 무게 감소와 충분한 흡기 성능으로 기동성이 향상되었고, 엔진 실속과 같은 문제점도 없다. 조종석 하부에 있는 연료 탱크 바닥이 불룩하게 개조되었고 테두리는 앞쪽으로 돌출된 모습을 관찰할 수 있다. 흡입구가 기존의 개념과는 달리 동체와 일체형으로 설계되었다.

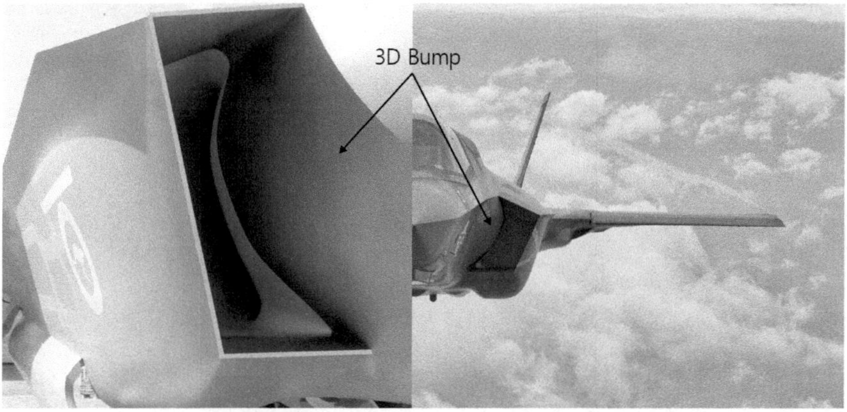

【그림3-35】 F-35 수직이착륙 전투기는 흡입구 구조에서 복잡한 기계장치를 제거하고도 원하는 흡입구 효율을 얻을 수 있도록 설계되었다. 나셀이 다른 전투기들과 달리 길이가 짧고 부피가 상당히 크게 설계되어 있으며 나셀 부분이 볼록하게 설계되었다. 이 부분은 외부 공기 압축을 위한 설계이다. 이외에도 공기 흡입구 성능을 떨어뜨리는 경계층을 제거하는 역할을 한다. 흡입구는 3면으로 되어 있지만, [그림3-36]과 같이 앞으로 젖혀진 형상이다.

함께 복잡한 기계장치를 줄이기 위한 노력으로 개발되었다. 이 과정에서 F-16 전투기의 재래식 흡입구를 무변환기 초음속 흡입구로 개조하였다. 무변환기 흡입구를 장착한 F-16 전투기의 시험비행에서 기존의 F-16 전투기의 전체 비행영역과 기동성에서 만족한 성과를 거두면서 F-35 전투기에 최초로 무변환기 초음속 인렛(DSI) 설계가 적용되었다.

[그림3-34]의 F-35(Lighting II) 전투기는 가장 최근에 개발된 일명 5세대 전투기다. 이 전투기 역시 초음속 비행을 하면서 스텔스 기능을 갖추고 있어 공중전(dogfight)에서 탁월한 성능을 갖추고 있다. 최대속도가 Mach=1.67(2,065km/h)이기 때문에 초음속 비행을 위해서는 흡입구에서 공기흐름을 아음속으로 감속시켜야 하는 필수 설계조건이다. 또 다른 고려요소는 전체 속도영역에서 동체의 표면에 들러붙어 있는 저에너지의

【그림3-36】 F-35 흡입구는 범프와 앞 젖힘(forward swept) 카울이 특징이다. 블리드 시스템, 변환 장치, 그리고 작동 부품이 없다. 흡입구는 동체 안쪽으로 향하고 있어 측면에서는 외형만 볼 수 있다. 또한, F-22와 같이 동체 윗면과 아랫면 경계선을 뚜렷하게 구분할 수 있다.

경계층(boundary layer)이다. 초음속에서 발생하는 충격파의 효과와 경계층을 제어할 수 있는 기술이 동시에 적용된 모델이 F-35 전투기의 흡입구 설계이다. 무변환기 초음속 인렛(DSI)의 기본 설계 개념은 다음과 같다.

- 동체-흡입구 일체형
- 앞젖힘 흡입구 카울(forward-swept inlet cowl)
- 동체 돌출부(fuselage bump or hump)

DSI는 기존의 초음속 흡입구와 달리 동체와 일체형이다. 또한, 흡입구 전면에 동체 일부가 불룩하게 튀어나왔으며 흡입구 카울(inlet cowl)이 앞젖힘(forward-swept)으로 설계되어 있다. 이 범프는 일종의 3차원 외부 공기 압축 기능을 하여 경계층 흐름이 흡입구에 영향을 주지 않도록

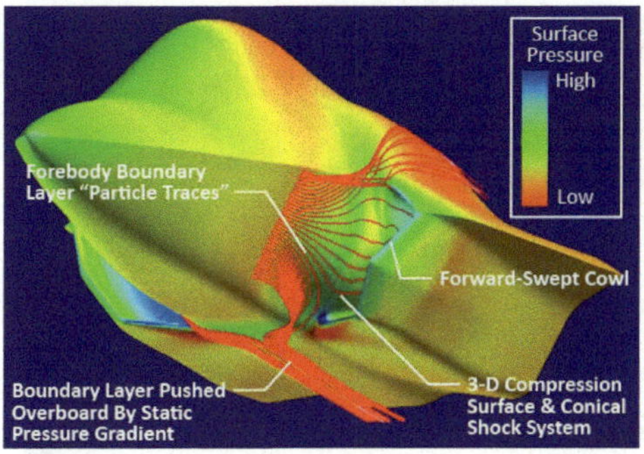

【그림3-37】 경계층 흐름은 범프로 인해 외측으로 밀어내고 있다.

외측으로 밀어내는 역할을 한다. 또한, 초음속 비행에서 공기흐름을 외부에서 압축하여 일차 감속된 속도에서 경사충격파 속으로 유입될 수 있도록 하는 역할을 한다. DSI 범프는 흡입구 전면에 형성된 고압 공기의 난기류 경계층을 흡입구 상단과 하단으로 밀어내 흡입구 테두리의 모서리로 흐르게 한다. 대부분의 전투기 흡입구와 달리 DSI 흡입구 테두리는 앞으로 약간 돌출된 형태이다. 이것은 DSI 범프로 흐르고 있는 유용한 공기가 흡입구 위로 튀어 오르는 것을 방지하고(엔진에 흐르는 공기 부족), 또한 천음속 및 초음속 비행 중에 앞전 충격파(leading shock wave)를 생성한다. 카울링은 충격파 원뿔(shock cone)로 작용하여 DSI 범프에 가해지는 공기 압력을 증가시켜 엔진으로 유입되는 경계층의 양을 최소화하고, 또한 엔진에 필요한 아음속으로 공기흐름을 늦추는 데 도움이 된다. 충격파 콘은 일부 다른 흡입구에서 볼 수 있는 크기의 대략 두 배 정도이다. 충격파 콘은 흡입구 카울링에서 초음속 공기를 튕겨낸다.

DSI의 주요 단점 중 하나는 움직이는 부품(F-15처럼)이 없으므로 특정 마하수로 제한된다. 이것은 항공기 최대속도에 관한 한 엔진에 대한 공기 질량 흐름을 제한함으로써 제한 요소가 될 수 있다. 이 설계의 주요 장점은 정비 수요 감소와 무게를 줄이는 것뿐만 아니라 레이더에 탐지될 수 있는 공진 공동(resonant cavities)이 될 수 있는 전환기 흐름 채널

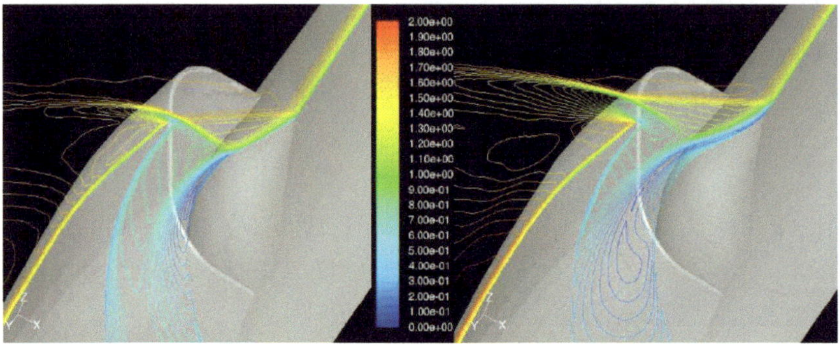

【그림3-38】 F-35 DSI 흡입구는 내부 표면에 특수 설계된 돌기를 사용하여 앞 젖힌 카울링과 테두리의 정밀한 조합으로 흡입구 효율을 얻도록 설계되었다. DSI 범프 전면에 고압 공기가 형성되어 난기류 경계층을 흡입구의 상하로 밀어내고 테두리의 모서리 부분으로 흐른다. 또한, 앞젖힘 카울링과 테두리는 DSI 범프 위를 흐르는 유용한 공기가 넘어 튀어 오르는 것을 방지하고(엔진에 공기 부족 방지) 초음속 비행 중 앞전 충격파를 생성한다. 앞젖힘 카울링은 DSI 범프에 가해지는 공기 압력을 증가시키는 충격 콘을 유발하여 엔진으로 들어가는 경계층의 양을 최소화하고 엔진에 필요한 아음속으로 공기흐름을 늦추는 데 보조 역할을 한다. 위의 그림은 마하 1.7에서 설계 질량 흐름율(왼쪽) 그리고 낮은 질량 흐름율(오른쪽)의 차이를 보여주고 있다.

을 남기지 않는다. 이것은 더 넓은 범위의 주파수에서 더 낮은 레이더 단면(radar cross section; RCS)을 초래한다는 것을 의미한다. DSI는 경첩, 간격 및 솔기가 레이더 반사를 제공하여 항공기의 레이더 단면을 증가시키는 가변 기하 흡입구 램프의 필요성을 제거하는 또 다른 방법이다.

4 Chapter 고속 및 초음속 에어포일

4.1 개요

고속 및 초음속 비행을 위해서 개발된 항공기 유형은 아음속 항공기 설계와 비교했을 때 동체 모양이나 날개 에어포일 및 플랜폼(planform: 날개평면)에서 큰 차이가 있다는 것은 주지의 사실이다. 천음속과 초음속 항공기의 날개에서 가장 뚜렷한 차이점 중 하나는 천음속이나 초음속 비행을 위한 에어포일 두께이다. 아음속 비행을 위한 날개와 천음속 또는 초음속 비행에 적합한 날개의 에어포일과 플랜폼은 [그림4-1]과 같이 다르게 설계해야 하는 것은 고속 및 초음속 비행에 따른 효과가 다르기 때문이다. 초음속 에어포일은 공기 압축으로부터 충격파라는 새로운 도전적 과제에 직면한다.

【그림4-1】 초음속 항공기의 에어포일은 아음속 에어포일과 달리 조파항력을 최소화하기 위해서 아주 얇게 설계된다.

4.2 공기역학적 효과

4.2.1 초음속 에어포일 형상

초음속 에어포일 형상은 높은 마하수에 적합하게 설계되었다. 초음속에서 발생하는 충격파는 상당한 압력 변화를 발생시켜 에어포일의 공기흐름 및 공기역학적 효율에 영향을 준다. 전형적인 아음속 에어포일 형상은 초음속 비행에 적합하지 않다. 초음속 에어포일은 두께와 시위의 비율이 낮고 앞뒤 끝이 뾰족한 형상이다. 일반적으로 초음속 에어포일은 [그림4-2]와 같이 두 형상이 있다.

① 이중 쐐기 에어포일(double-wedge): 대칭 각진 평면(다이아몬드 모양)

② 이중 볼록 에어포일(biconvex): 대칭 원호(볼록 모양)

초음속 에어포일 앞전이 뾰족하게 설계되는 것은 조파항력을 낮추기 위해서 에어포일 앞에서 분리된 선수 충격파(bow shock wave)의 형성을 방지한다. 초음속 흐름은 [그림4-3]과 같이 에어포일 단면의 뾰족한 앞전 위를 유연하게 통과하여 조파항력 발생을 낮춘다. 또한, 흐름의 압축 및 확산과 관련된 에너지 손실을 최소화하도록 두께 및 캠버 형상으로 설계된다.

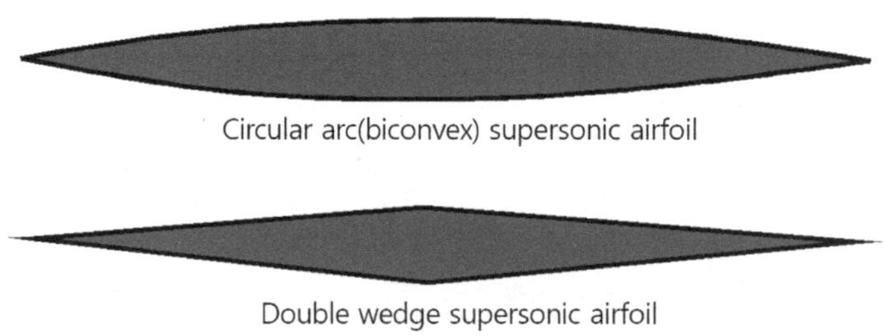

【그림4-2】 초음속 에어포일의 전형적인 형상이다. 양력 발생을 우선으로 하는 아음속 에어포일과 전혀 다르다.

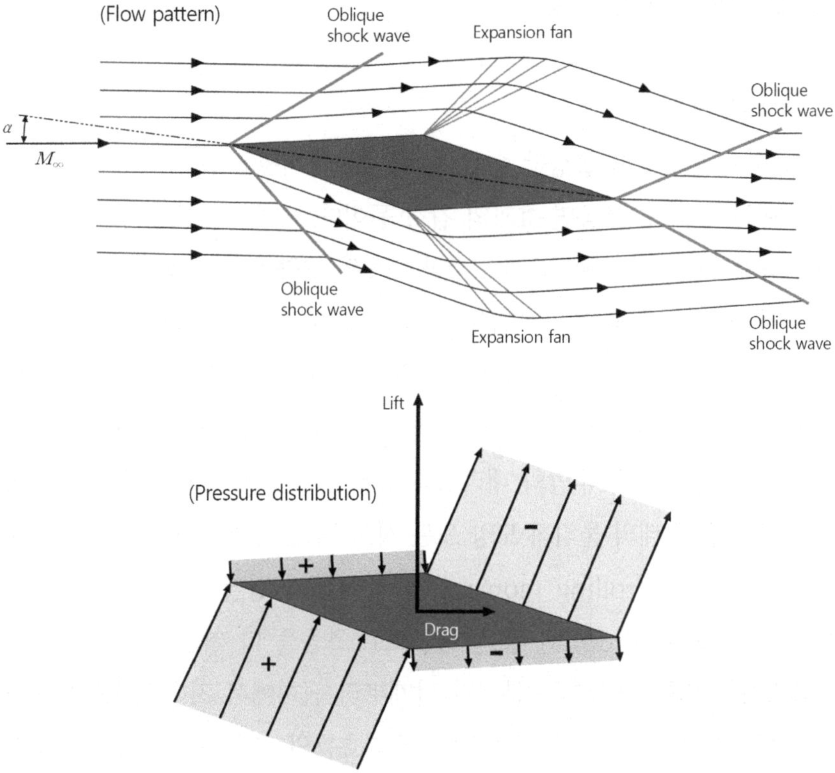

【그림4-3】 초음속 흐름에서 상류 흐름은 다가오는 에어포일에 대한 경고가 없으므로 유선 흐름은 굽어짐이 없다. 경사 충격파는 에어포일의 앞쪽 가장자리에서 발생한다. 충격파를 가로지르는 마하수는 감소하지만(초음속 유지), 정압은 증가한다. 특히 에어포일 아랫면에서 더 큰 압력 증가가 양력에 크게 기여하고 있다. 최대 두께의 지점에서 팽창파가 나타나 마하수가 증가하고 팽창이 완료된 후 압력이 감소한다. 이때부터 에어포일의 윗면이 양력 발생에 도움이 된다. 뒷전에서도 약한 충격파가 형성되어 마하수가 증가하고 압력은 자유공기흐름 값으로 회복한다.

4.2.2 속도에 따른 영향

(1) 천음속 비행

항력급등과 연관되어 발생할 수 있는 현상들은 버핏(buffet), 트림 및 안정성의 변화, 그리고 조종면 효과의 감소 등이다. 재래식 도움날개, 러더, 그리고 승강타 표면들이 이 같은 고주파 버핏의 영향을 받아 윙윙거리는 진동음이 발생할 수 있고 힌지 모멘트의 변화는 불필요한 조종력을 유발한다. 이 같은 버핏이 심하게 계속되거나 운용 한계를 벗어났을 때 구조적 파손이 발생할 수 있다. 충격파 형성으로 인한 공기흐름 분리가 발생할 때 양력 상실과 함께 영향 구역 후방의 내리흐름 상실도 발생한다. 날개 위의 충격파가 서로 다른 형태의 물리적 모양 또는 사이드슬립 등으로 인하여 불규칙하다면 롤링 모멘트(rolling moment)는 최초 양력 상실 방향으로 발생하면서 "윙드롭(wing drop)"과 같은 현상으로 조종을 더 어렵게 할 수 있다.

충격파로 인한 공기흐름 분리가 날개뿌리 근처에서 지속적이고 연속적으로 발생한다면 이 구역 뒤에 있는 내리흐름의 감소는 양력을 상실하고 있다는 것을 유추할 수 있다. 수평꼬리날개에서 내리흐름의 감소는 기수가 급격히 하향하는 모멘트를 유발할 것이고 이 현상을 마하턱이라고 한다. 이 같은 상태가 후퇴익 플랜폼에서 발생한다면 날개 압력중심 이동은 트림 변화를 초래한다. 날개뿌리에서 먼저 발생한 충격파는 날개 압력중심을 후방으로 이동시켜 급강하 모멘트를 더욱 가속시킨다. 반면 날개끝에서 먼저 발생한 충격파는 날개 압력중심을 앞으로 이동시켜 노스-업 모멘트를 유발하고 꼬리날개 내리흐름의 변화는 "피치-업(pitch up)" 모멘트가 발생할 수 있다.

천음속 비행에서 초래되는 대부분 문제점은 공기흐름의 분리와 관계된 충격파로 인한 것이기 때문에 분리로 인한 충격파를 지연시키거나 완화하기 위해서 개발된 여러 장치는 공기역학적 특성들을 향상시킨다. 항공기 유형에서는 천음속 항력발산(drag-divergence)을 지연시키고 크기를 감소시키기 위해서 후퇴각과 함께 작은 가로세로비의 얇은 표면들을 활용할 수 있다. 이외에도 경계층 제어장치, 고양력장치, 와류발생기 등과 같은 다양한 장치들이 천음속 특성들을 향상하기 위해서 활용될 수 있다. 예를 들어 날개 표면 위에 장착된 와류발생기는 더 높은 국지 표면 속도를 발생시켜 경계층의 운동 에너지를 증대시킬 수 있다. 따라서 유용한 공기흐름 분리를 위해서는 더 강한 압력 구배(충격파)가 존재해야 한다.

천음속 영역을 비행해야 하는 항공기 유형이라면 조종사는 받음각과 고도의 영향에 상당한 주의를 기울여야 한다. 에어포일 윗면의 국지 흐름 속도는 받음각과 함께 증가하기 때문이다. 따라서 국지 초음속 흐름과 후속 충격파는 더 낮은 자유공기흐름 마하수에서 발생할 수 있다는 점에 유의해야 한다. 또한, 양력계수와 함께 마하수의 "항력발산"이 감소한다는 것을 확실하게 이해할 수 있어야 한다. 왜냐하면, 고속비행에서 수행되는 기동들은 가속되지 않은 상태에서 직면할 수 없는 압축성 효과들이 발생할 수 있기 때문이다. 고도의 영향 역시 중요시되어야 하는 데 이는 압축성으로 인한 힘과 모멘트 변화의 크기가 공기흐름의 동압에 달려있기 때문이다. 고고도와 낮은 동압에서 직면한 압축성 효과들은 천음속 항공기의 운용에서 그리 중요시되지 않는다. 그러나 저고도와 높은 동압에서 직면한 동일 압축성 효과들은 더 큰 트림의 변화, 더욱 강한 버핏 현상과 같은 오직 저고도에서 특별히 주의가 요구되는 천음속 제한 요소들이 발생할 수 있다.

(2) 초음속 비행

초음속 비행에서 발생할 수 있는 대부분의 특정 효과들은 이미 앞에서 부분적으로 다루었다. 압축성 흐름 속에서 비행하는 항공기 유형이라면 낮

【그림4-4】 콩코드 동체는 매우 높은 날씬비를 가진 항공기이다. 저속 경비행기 중 Questair Venture는 달걀 모양의 높은 날씬비로 설계되었다.

은 항력을 가질 수 있도록 공기역학적 모양(aerodynamic shape)을 갖추어야 한다. 낮은 항력을 갖는 비행기 유형은 조파항력을 최소화할 수 있고, 이를 위해서 낮은 두께비율의 에어포일 단면, 뾰족한 앞전, 그리고 [그림4-4, 5]와 같은 높은 날씬비(fineness ratio)의 동체 등으로 설계되어야 한다. 초음속 흐름과 함께 공기역학적 중심이 후방으로 이동하기 때문에 정적 세로 안정성의 증가는 초음속 기동을 위한 적절한 조종성을 얻는데 효과적인 강력한 조종면이 필요하다.

초음속 비행에서 추론할 수 있는 결과로서 비행기에 형성된 충격파는 비행기 표면의 바로 외측 근처에서 특별한 문제들을 일으킨다. 비행기로부터 더 먼 거리에 있는 충격파들이 상당히 약해지는 동안에 압력 파장들은 가청 요란(audible disturbance)을 유발할 수 있을 정도로 크기가 충분히 확대된다. 음속폭음(sonic boom)은 초음속 비행의 단순한 결과이다. 초음속 비행을 위한 항공기 동력장치들은 상대적으로 높은 추력 출력(thrust output)을 발생시킬 수 있어야 한다. 동력장치는 흡기식이어야 하고 흡입되는 공기흐름은 압축기 전면(compressor front) 또는 연소실에 도달하기 전에 아음속까지 감속시킬 수 있는 특수한 흡입구 유형이 필

【그림4-5】 고속비행을 위해서 날개를 뒤로 최대 68°까지 젖힐 수 있다. 이착륙과 같은 저속비행을 위해서 날개 후퇴각을 20°로 조절할 수 있다. F-14 Tomcat

수적으로 요구된다. 또한, 초음속 비행에서 발생하는 공기역학적 열은 임계 구조적 온도만큼이나 가스터빈엔진을 위한 임계 흡입구 온도(critical inlet temperature)를 제공할 수 있어야 한다.

이를 요약하면 [그림4-4, 5]와 같이 초음속 항공기는 기수에서부터 동체 그리고 꼬리까지 매우 날씬하게 설계되어 있고, 고속비행을 위해서 날개 후퇴각은 필수로 고려해야 할 설계 요건이다. 이 항공기는 후퇴각이 60° 이상을 초과하는 높은 후퇴각으로 설계된 항공기로 고속비행 성능은 매우 우수하지만, 저속비행을 위한 특별한 장치들이 보강되어야 한다. 초음속 비행기의 다양한 구성품들을 개발할 때 대부분 갖추어야 할 일반 유형의 특성들은 다음과 같다.

첫째, 날개는 설계 속도 범위에서 작은 가로세로비, 뚜렷한 테이퍼비, 그리고 후퇴각 설계가 되어야 한다.

둘째, 동체와 나셀은 높은 날씬비가 되어야 한다. 이처럼 길고 날씬한 초음속 압력분포는 상당한 양력과 항력을 유발하고, 이들 표면에서 안정성을 위해서 반드시 고려해야 한다.

셋째, 꼬리날개 표면들은 작은 가로세로비, 뚜렷한 테이퍼비, 후퇴각 그리고 뾰족한 앞전 등과 같이 날개와 유사해야 한다. 조종면은 완전하게 힘을 받아야 하고 모든 가동 표면들은 조종력이 역전달되지 않아야 한다.

넷째, 천음속과 초음속 비행에서 간섭항력을 감소시키기 위해서 항공기의 아주 큰 교차 단면은 일부 최적 고속 모양의 것에 가까워질 수 있도록 "면적법칙(area rule)"을 적용해야 한다.

고속 항공기 유형들의 가장 중요한 품질의 하나는 저속비행 특성들일 것이다. 작은 가로세로비의 후퇴익 플랜폼은 저속비행에서 높은 유도항력 특성을 갖는다. 급선회, 과도하게 낮은 속도, 그리고 착륙 중에 깊은각 무동력 접근은 극히 높은 강하율이 발생할 수 있다. 후퇴각과 작은 가로세로비는 권장 이착륙 속도 이하에서 조종 성능을 현저히 악화시키는 원인이 될 수 있다. 반면에 높은 날개 하중에서 얇은 후퇴각 날개는 상대적으로 높은 착륙 속도를 갖게 될 것이다. 기본적으로 이 같은 높은 속도는 브레이크, 타이어, 그리고 강제제동장치(arresting gear)의 사용을 불가능하게 하는 원인이 된다.

4.2.3 충격파 각도와 날개

초음속 항공기는 안정성을 위해 기수 끝에서 발생한 충격파가 날개 끝과 교차하는 속도 이상에서 비행할 수 없다. 날개에서 발생하는 충격파 각도와 기수 끝에서 충격파 각도는 다르다. [그림4-6]은 F-22와 F-35의 기수에서 날개 끝 각도에 따른 마하수의 변화를 보여주고 있다. 이들 두 전투기의 기수에서 날개 끝까지 각도는 각각 27.25°와 27.75°이다. 그러나 날개의 후퇴각은 각각 47.5°와 55°이다. 기수 충격파 각도에 따른 마하수는 각각 2.184와 2.148로 차이(0.036)가 있고, 날개 충격파 각도에 따른 마하수는 각각 1.356과 1.221로 차이(0.135)가 있다.

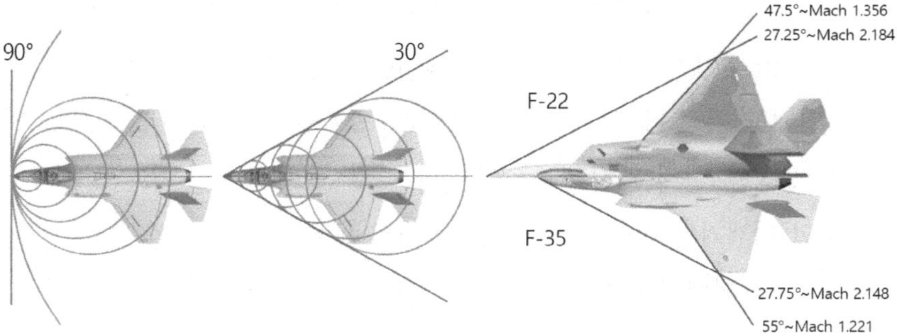

【그림4-6】 초음속 비행을 위해서 날개는 기수 충격파의 영역에 있어야 안정성을 유지할 수 있다. F-22와 F-35 초음속 전투기의 비행을 위한 기수 충격파와 날개 충격파의 관계를 관찰할 수 있다.

4.2.4 날씬비

대부분 항공기는 길이가 길고 폭이 좁게 설계된다. 이것은 공기의 영향을 받을 수 있는 면적으로 최소화하기 위함이다. 이처럼 비행체의 최대 너비에 대한 길이의 비율을 날씬비(fineness ratio)라고 한다. 특히 초음속 항공기는 날씬비가 매우 높다. 임계 마하수 이하의 속도에서 주요 항력 중 하나는 표면 마찰(skin friction)이다. 이러한 항력을 최소화하기 위해 항공기는 노출된 면적(wetted surface)을 최소화하도록 설계되어야 한다. 이 문제에 대한 한 해결책으로 [그림4-4]의 Questair Venture 경비행기와 같이 동체를 "달걀 모양"으로 설계하는 것이다. 아음속 항공기 동체에서 이상적인 날씬비는 대략 6:1 정도이다. 그러나 좌석 또는 화물 크기 요구사항과 같은 다른 설계 고려사항으로 인해 달라질 수 있다. 동체 날씬비를 높였을 때 꼬리 표면을 줄일 수 있어 이 비율은 실질적으로 8:1까지 증가할 수 있다. 그러나 대부분 항공기는 이보다 훨씬 더 큰 날씬비를 갖는다. 때로는 꼬리 조종면을 더 긴 모멘트 암 끝에 배치하여 효과를 높여야 하기 때문이다. 동체의 길이를 줄이면 더 큰 제어장치가 필요할 것이며, 이는 이상적인 날씬비를 사용할 때의 항력 절감 효과를 상쇄할 수 있다. Lancair 경비행기는 불완전한 날씬비를 가진 고성능 단발엔진 비행기다. 이외에도 좌석 배치 또는 화물 팔레트 크기와 같은 외적 요인으로 인해 비이상적인 설계를 사용하기도 한다.

현대의 여객기는 이상적 날씬비보다 훨씬 높은 날씬비로 설계되는 것은 강도를 위해 선택된 원통형 단면으로 인한 것으로 좌석 배치 및 항공 화물 취급을 단순화하기 위해 단일 폭을 제공하기 위함이다. 항공기가 음속에 접근할 때 생기는 충격파는 더 큰 곡면의 영역에 형성된다. 이러한 충격파는 강력한 조파항력을 발생시켜 이를 돌파하기 위한 엔진 동력은 더 커야 한다. 조파항력은 임계 마하수보다 약간 낮은 속도에서도 항력은 대략 3배가 된다. 조파항력을 최소화하기 위해서는 항공기의 곡면을 최소로 유지해야 하며, 이는 훨씬 더 높은 날씬비 설계를 의미한다. 따라서 초음속 항공기는 공통으로 길고 뾰족한 기수와 꼬리날개, 그리고 조종실 캐노피가 동체 선과 맞닿아 있는 이유이다.

초음속 설계를 위한 최고의 성능은 "완벽 형태(perfect shape)"로 고려되는 양쪽 끝이 뾰족한 "Sears-Haack body" 그리고 꼬리가 뭉툭한 "von Kármán ogive(미사일이나 로켓의 원뿔꼴 두부)와 같은 2개의 모델이 있다. Concorde, F-104 Starfighter and XB-70 Valkyrie 등은 전형적인 후자의 설계가 반영된 항공기이지만, 실제로 제2차 세계 대전 이후의 모든 요격기는 어느 정도 이러한 설계를 특징으로 했다. 그러나 이들 높은 날씬비 항공기에서는 새로운 형태의 불안정성과 관성 커플링(inertial coupling) 현상이 문제점으로 지적되었다. 엔진과 조종실이 항공기의 질량 중심에서 멀어질수록 질량의 롤 관성은 공기역학적 표면의 힘을 압도할 수 있게 되었다. 이러한 효과를 방지하기 위해 과대 크기의 조종면 및 안정성 증대 장치를 포함한 다양한 방법이 사용되었다.

4.2.5 초음속 에어포일 단면

음속에 가까운 높은 아음속 비행을 위한 에어포일은 최대한 높은 임계 마하수를 갖도록 설계되어야 한다. 왜냐하면, 임계 마하수는 충격파 형성과 이로 인한 후속 항력발산 마하수(drag-divergence Mach number: M_{DD})를 결정하는 주요인이기 때문이다. 이 속도 영역에서 에어포일 단면의 부가적인 복잡성은 높은 최대양력계수와 고양력 장치들을 사용하기 위한 충분한 두께비율율(thickness to chord ratio)을 갖추어야 한다. 그렇지 않으면 기동성과 충분한 이착륙 속도를 위한 큰 날개면적이 필요하다. 그러나 해당 항공기의 주요 비행영역이 천음속 이상의 고속비행 영역이라면 에어포일은 실질적으로 최대 임계 마하수(critical Mach number)를 갖도록 선택해야 한다. 임계 마하수는 일부 표면 위에서 국지적으로 음속 흐름의 첫 징후가 나타나는 비행 마하수(flight Mach number)라고 정의했다. 따라서 임계 마하수는 압력과 속도 분포를 결정하는 에어포일 모양과 양력계수에 상당한 영향력을 갖는다.

재래식 저속 에어포일 모양들은 앞전 근처에서 높은 국지 속도들 때문에 상대적으로 약한 압축성 특성들을 갖는다. 최대 두께비율과 캠버 모두가 시위 선상에서 상당히 앞쪽에 위치한다면 이들 높은 국지 속도들은 피할 수 없는 현상이다. 압축성 특성을 개선하는 방법은 최대 두께비율과 캠버의 위치를 후방으로 이동시키는 것이다. 이것은 시위 선상에서 압력과 속도를 더욱 고르게 분포시키고 동일 양력계수를 위한 더 낮은 최대 속도를 유발한다. 다행히도 낮은 아음속에서 광범위한 층류 흐름과 낮은 형상항력(profile drag)을 제거하기 위한 에어포일 모양은 고속비행에서도 양호한 압력분포를 제공한다. [그림4-7]은 압력분포들과 재래식 저속 에어포일 그리고 고속 에어포일 단면을 위한 양력계수와 함께 임계 마하수의 변화를 보여주고 있다. 일부 낮은 양력계수에 있는 에어포일로부터 높은

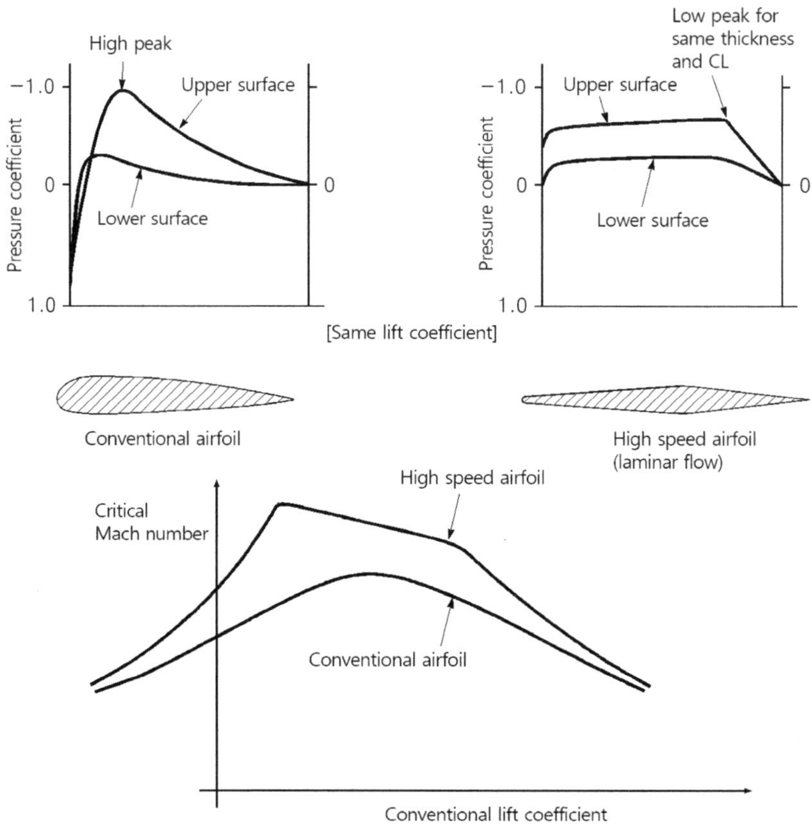

【그림4-7】 재래식 에어포일은 윗면과 아랫면의 압력차가 클수록 양력이 크게 발생할 수 있지만, 초음속 에어포일은 2/3 지점까지 윗면과 아랫면에서 발생하는 압력이 거의 일정한 패턴으로 발생하고 있는 점이 재래식 에어포일과 확실하게 다른 점이다. 이 같은 초음속 에어포일의 특징은 항공기 안정성과 조종성에서 아음속 항공기와 다른 특징이다.

임계 마하수를 얻기 위해서 단면들은 다음과 같은 조건을 갖추어야 한다.

첫째, 낮은 두께비율율로 설계되어야 한다. 그리고 최대 두께 지점은 유연한 압력분포를 위해서 후방에 위치해야 한다.

둘째, 낮은 캠버를 갖도록 설계되어야 한다. 평균 캠버선은 국지 속도의 최대치를 최소화하는 데 도움이 될 수 있는 모양으로 설계해야 한다.

이외에도 더 큰 양력계수가 필요하다면 임계 마하수는 더 낮아야 하고 더 큰 캠버의 에어포일이 필요하다. 해당 유형의 항공기가 초음속 영역을 비행해야 할 가능성이 있다면 두께비율과 앞전 반경은 조파항력을 감소시키기 위해서 최대한 작게 설계해야 한다.

기본 초음속 에어포일 단면에서 흐름 패턴과 함께 조파항력계수, 양력계수, 항력계수, 그리고 양력 곡선 기울기에서 유일한 차이점은 조파항력이기 때문에 조파항력에 영향을 줄 수 있는 다양한 유형 요소들에 유의해야 한다. 두께비율이 같다면 원호 에어포일(arc airfoil)이 앞전에서 윗면과 아랫면 사이에 형성된 더 큰 쐐기 각도를 갖는다. 동일 비행 마하수라고 한다면 앞전이 더 큰 각도일수록 앞면에서 더 강한 충격파가 형성되고, 원호 에어포일에서 더 큰 압력 변화가 발생하는 원인이 된다. 에어포일 두께의 효과에 대해서도 동일 원칙이 적용된다. 이들 에어포일의 조파항력계수는 [그림4-8]과 같이 두께비율의 제곱으로 변한다는 것에 유의하라. 예를 들어 두께비율이 2배가 된다면 조파항력계수는 4배로 커진다. 두께비율이 증가한다면 앞전에 있는 공기흐름은 더 큰 방향 변화가 발생하고 더 강한 충격파가 형성될 것이다. 두께비율과 함께 더 강해진 조파항력의 변화는 초음속 비행을 위해서 앞전이 뾰족하고 매우 얇은 에어포일의 사용이 필수적이라는 것을 말해준다. 부가로 고려해야 할 사항은 구조상의 무게를 가볍게 하는 것과 동시에 견고성과 강성(stiffness and rigidity)을 위해서 작은 가로세로비와 큰 테이퍼비의 사용이 유리하다. [그림4-8]의 공기역학적 계수의 방정식에서 분모로 사용된 변수는 마하수(M) 증가와 함께 계수의 감소를 나타낸다. 이것은 필연적으로 어느 공기역학적 표

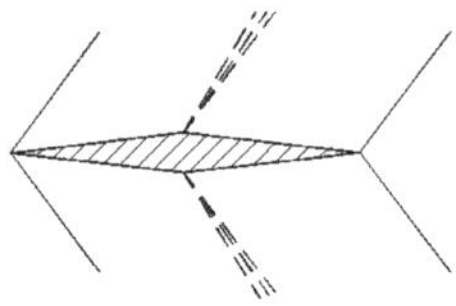

Double-edge(diamond) airfoil section

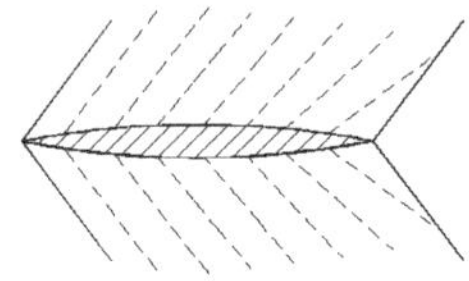

Biconvex(arc) airfoil section

$$C_{dw} = \frac{4}{\sqrt{M^2 - 1}}\left(\alpha^2 + (\frac{t}{c})^2\right)$$

$$C_{dw} = \frac{4}{\sqrt{M^2 - 1}}\left(\alpha^2 + k_t(\frac{t}{c})^2 + k_c\beta^2\right)$$

α : thickness-to-chord ratio
β : maximum camber
k_t : constant
k_c : constant

【그림4-8】 초음속 에어포일에서 양력계수는 에어포일 모양에 따라 변하지 않는다. 따라서 주어진 받음각에서 초음속 에어포일에 의해 생성되는 양력계수는 평판, 다이아몬드-모양 에어포일, 또는 이중 원호(볼록) 에어포일에서 동일하다. 그러나 초음속 비행에서 항력의 지배적인 원천이 에어포일 모양에 따른 조파항력이기 때문에 항력은 다르다. 이것은 에어포일 두께 대비 시위의 제곱으로 조파항력이 증가하고 있음을 알 수 있다. 따라서 초음속 비행기의 날개에 사용되는 에어포일이 아음속 비행기에 사용되는 에어포일에 비해 매우 얇고 약간의 캠버 형상이 되도록 하는 이유가 명확해진다.

면이든지 마하수가 높을수록 받음각 변화에 덜 민감하다는 것을 의미한다. 마하수와 함께 양력 곡선 기울기의 감소는 고속 항공기의 안정성과 조종성에서 상당한 영향을 미치는 결과를 초래한다.

이외에도 수직꼬리날개는 사이드슬립(sideslip) 각도에 덜 민감하게 반응하는 경향이 나타나기 때문에 방향 안정성은 마하수와 함께 더욱 악화될 것이다. [그림4-9]는 전형적인 초음속 전투기의 방향 안정성을 향상하고 기동성을 높이기 위해서 수직꼬리날개가 2개로 설계되었다. 고속 항공기

【그림4-9】 꼬리 조종면 역시 자체 구조에 의한 충격파뿐만 아니라 동체 및 날개 등에서 발생한 충격파의 영향을 동시에 받을 수 있어 높은 기동성을 요구하는 전투기들의 꼬리 조종면이 상대적으로 크게 설계되는 이유이다.

의 수평꼬리날개도 같은 일반적인 효과를 받게 될 것이고, 세로 피칭 진동(pitching oscillation)을 낮추는 기능을 한다. 이들 효과는 높은 마하수에서 매우 중요하기 때문에 항공기는 전체적인 안정성을 갖추어야 한다.

4.2.6 두께비율

날개이론에서 두께비율(thickness-to-chord ratio or thickness ratio)은 [그림4-10]과 같이 시위 대비 두께의 비율이다. 이것은 특히 천음속 비행에서 날개평면의 성능을 나타내는 중요한 요소이다. 음속에 가까운 속도에서 날개와 동체에 있는 굽어진 부분에서 베르누이 원리의 효과는 국지적 초음속 흐름이 나타날 수 있다. 이때 조파항력이라는 강력한 형태의

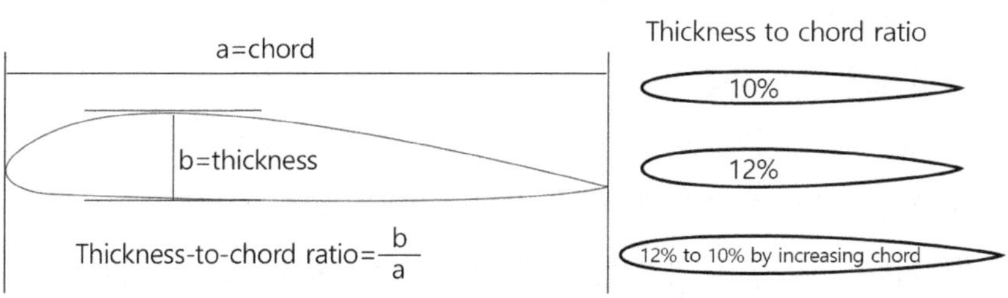

【그림4-10】 에어포일의 두께를 줄이거나 시위를 늘리면 두께비율을 낮출 수 있다.

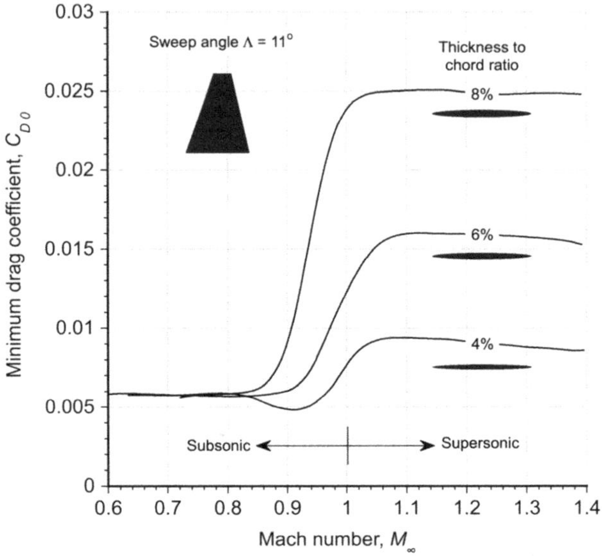

【그림4-11】 후퇴각 11°에서 마하수에 따른 최저항력계수의 변화를 관찰할 수 있다. 시위 대비 두께가 얇을수록 최저항력계수에서 큰 차이가 있다.

항력을 생성하는 충격파를 생성함으로써 음속 장벽이라는 개념이 생겼다. 이러한 충격파가 처음 형성되는 속도를 임계 마하수라 하고, 이것은 곡면의 크기에 따라 달라진다. 조파항력을 줄이기 위해 날개는 여전히 필요한 양의 양력을 생성하면서 가능한 최소 곡률로 설계해야 한다. 따라서 두께비율을 최대한으로 낮추는 설계의 목적은 더 높은 마하수와 관련된 압축성 효과를 지연시켜 충격파 형성의 시작을 지연시키기 위함이다. 이를 위한 설계 요건은 [그림4-11]과 같이 낮은 두께비율을 갖는 얇고 넓은(thin and wide) 날개설계이다. 그러나 저속에서는 전체 표면적에서 유해항력이 지배적 요소이기 때문에 이는 시위를 최대한 작게 설계함으로써 일반 경비행기와 같이 높은 가로세로비 날개로 적절하게 절충된 결과이다. 이러한 설계는 자연스럽게 큰 두께비율을 갖는다. 그렇다고 큰 두께비율을

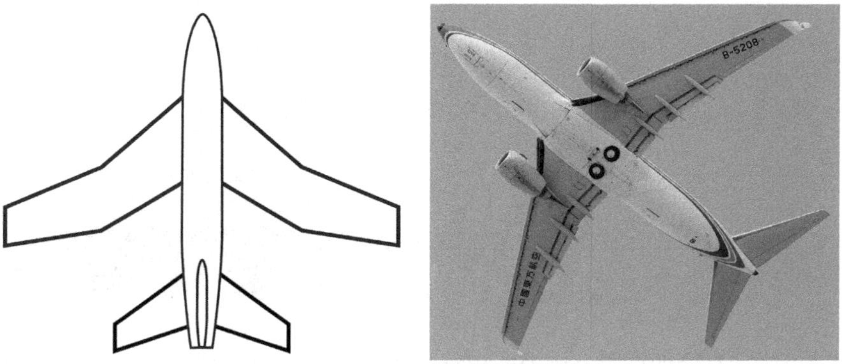

【그림4-12】 왼쪽은 크레센트 날개 형상이다. 오른쪽 Boeing 737 항공기 날개 안쪽 부분에 크레센트 모양의 각도로 설계되었다.

갖는 날개가 항상 바람직한 것은 아니다. 현대 운송용 제트항공기와 같이 넓은 속도 영역에서 운항하는 모든 항공기 설계에서 이들 다양한 요소들을 신중하게 균형을 맞출 필요가 있다.

후퇴익은 초음속 비행을 위해서 낮은 두께비율이 필요하고 이륙 및 착륙과 같은 낮은 속도에서는 더 작은 두께비율을 원하는 실용적인 결과이다. 후퇴각 날개 형상에서 공기흐름은 시위를 늘리면서도 날개의 표피 면적(wetted area)을 최소로 유지할 수 있다. 일반적으로 날개는 동체에 장착되는 부분에서 가장 두껍게 설계된다. 이러한 이유로 날개는 끝으로 갈수록 시위를 가늘게 하여 두께비율을 비교적 일정하게 유지함으로써 저속에서 유도항력을 감소시킨다. [그림4-12]의 크레센트 날개(crescent wing: 초승달 모양)는 두께비율을 비교적 일정하게 유지하기 위한 설계의 또 다른 해결책이다.

❖ 표피 면적(wetted area)
작동 유체와 상호작용이 일어나는 표면적이다. 선박의 사례에서 선체가 잠긴 면적으로 전체 유체역학적 항력과 직접적인 관계가 있다. 항공에서 노출 표면적은 외부 공기흐름과 접촉하는 면적이다.

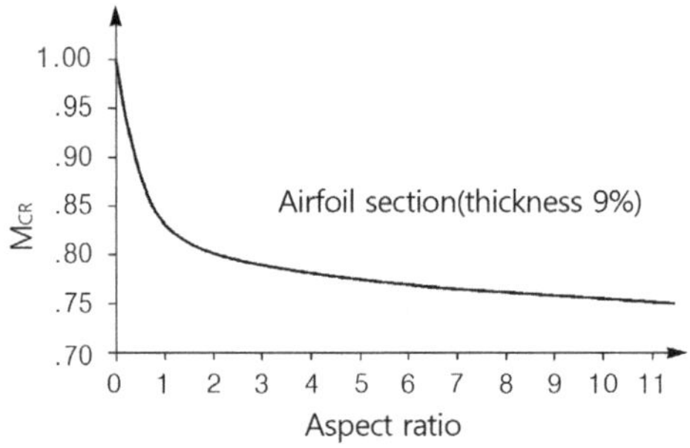

【그림4-13】 날개의 가로세로비 역시 임계 마하수와 천음속 항력급등에 영향을 미치는 요소이다. 임계 마하수의 급격한 증가는 가로세로비가 4보다 작을 때 발생한다. 그러나 작은 가로세로비 날개는 높은 유도항력 때문에 아음속에서 불리하게 작용한다.

4.2.7 가로세로비와 임계 마하수

고속비행에서 날개의 후퇴각 외에도 가로세로비(aspect ratio: AR)와 날개끝 모양 같은 플랜폼은 공기역학적으로 중요한 특성들이 발생한다. 높은 가로세로비 또는 중간 가로세로비는 임계 마하수에 특별한 효과를 주지 못한다. AR 4~5 이하일 때 임계 마하수에 확실한 변화를 초래하고 있다. [그림4-13]의 그래프는 전형적인 9% 대칭형 에어포일에서 이 효과를 보여주고 있다. 매우 작은 가로세로비는 임계 마하수를 증가시키는 원인이라는 것에 유의하라. 따라서 매우 작은 가로세로비는 3차원 흐름의 극한값과 국지적으로 음속 흐름을 유발할 수 있는 자유공기흐름 속도의 후속 증가를 초래할 수 있다. 실제로 높은 임계 마하수의 발생이 요구되는 극히 작은 가로세로비는 거의 실용성이 없다. 이 때문에 작은 가로세로비의 날개가 실용성을 확보하기 위해서는 후퇴각과 고속 에어포일 단면을 적절하게 결합한 설계가 필수이다. 이를 요약하면 [그림4-13]과 같은 기본 에어포일 단면에서 가로세로비와 임계 마하수의 관계를 보여주고 있다. 매우 작은 가로세로비에서 임계 마하수 역시 상당히 높다. 가로세로비가 증가할수록 임계 마하수가 감소하면서 변화 역시 크지 않음을 알 수 있다.

❖ 수증기 응축구름(vapor cone)

항공기가 음속 또는 음속에 가까운 속도로 비행할 때 항공기 주변에 원뿔 모양의 둥근 구름이 형성되는 것을 볼 수 있다. 이것을 수증기 응축구름이라 한다. 이것을 마하 다이아몬드(Mach diamond) 또는 충격파 칼라(shock collar)라고도 한다. 이 현상은 초음속으로 비행하는 항공기와 같은 습한 대기를 통해 빠른 속도로 움직이는 물체 주변에 때때로 형성되는 응축된 물방울이 눈에 보이는 구름이다. 고속 항공기 주변의 국지 압력이 급격하게 떨어지면 주변 공기 온도도 급격하게 떨어진다. 이때 포화 온도 이하로 떨어지면서 순간적으로 구름이 형성된다.

4.3 후퇴익

4.3.1 설계 개념

대부분의 중고속 비행기들의 날개는 [그림4-14]와 같이 뒤로 젖혀진 날개 평면으로 설계되는 것이 일반화되었다. 후퇴각 날개평면이 고속비행을 위한 설계라는 점에 대해서는 이미 언급되었다. 비행영역이나 비행기 유형에 맞는 날개를 설계하기 위해서는 테이퍼비, 가로세로비, 비틀림, 날개끝 변형 설계, 날개하중 등 여러 요소가 함께 고려되고 조화를 이루어야 한다. 후퇴각 날개평면이 고속비행에 적합하다고 해서 날개 고유의 문제들을 모두 해결할 수 있는 것은 아니다. 다음은 후퇴각 날개의 효용성과 장단점에 대해서 알아본다. 고속 항공기의 후퇴각 날개는 충격파를 지연시키고 음속에 가까운 유체 압축성으로 인한 공기역학적 항력 상승을 동반하는 효과가 있어 성능이 향상된다. 따라서 대부분의 고속 및 초음속 항공기 날개는 후퇴각 날개 형상이다.

【그림4-14】 대부분 중고속 항공기의 날개는 후퇴각 날개 형상이다. 고속비행으로 인한 항력을 최소화하기 위한 필수 설계이다. 일부 항공기는 변형된 형태의 후퇴각 설계를 적용하고 있다. 예를 들어 델타 날개 역시 공기역학적으로 후퇴각 날개의 형태이다.

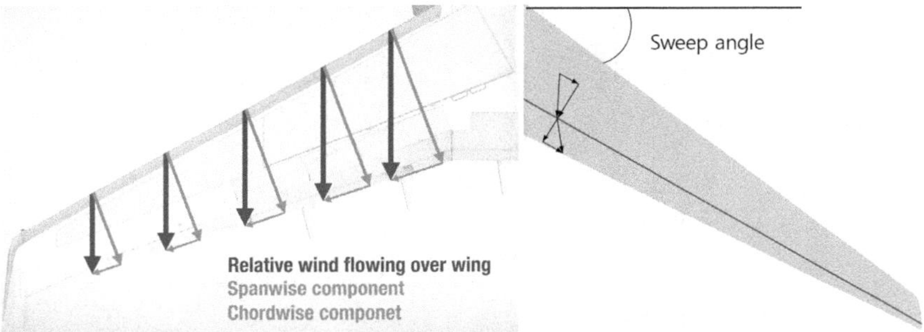

【그림4-15】 후퇴익에 부딪히는 속도 분력은 자유공기흐름 속도보다 느리다. 이 같은 이유는 후퇴각 날개에 작용하는 속도는 앞전에 평행한 속도 분력과 수직으로 작용하는 분력의 합력이기 때문이다. 여기서 평행 속도 분력은 실질적으로 날개의 양력 발생에 도움이 되지 않고 수직으로 작용하는 분력은 평행분력과의 분력이기 때문에 자유공기흐름 속도보다 느리다. 오른쪽 그림은 충격파(빨간색 선)의 위치와 함께 천음속 흐름에서 후퇴익이다. 이 선은 일정한 압력(등압선)이다. 충격파는 등압선을 가로질러 존재하지 않는 데 이것은 잘 설계된 날개는 그림과 같이 일정한 퍼센트 시위와 일치하기 때문이다. 다운스트림에서 빨간색 선에 수직인 화살표로 표시된 부분인 삼각형은 일부 자유공기흐름만이 양력을 발생시키거나 충격파를 발생시키는 역할을 한다. 충격파 뒤의 길이는 더 짧으며, 이는 충격파를 통해 흐름이 느려졌음을 나타낸다.

4.3.2 후퇴각 날개의 효과

초음속 비행을 위해서 개발되는 표면들은 에어포일 단면 외에 다른 요소들을 함께 고려해야 한다. 예를 들어 테이퍼비, 가로세로비, 그리고 후퇴각 등은 각종 고속비행 에어포일 표면들에 중대한 영향을 미치는 요소들이다. 고속 특성에서 후퇴각은 특별한 효과가 발생할 수 있고 공기역학적으로 매우 중요한 개념이다. [그림4-15, 16]은 후퇴각 날개에 작용하는 속도를 분석한 것으로 자유공기흐름 속도보다 느리다는 것을 보여주고 있다.

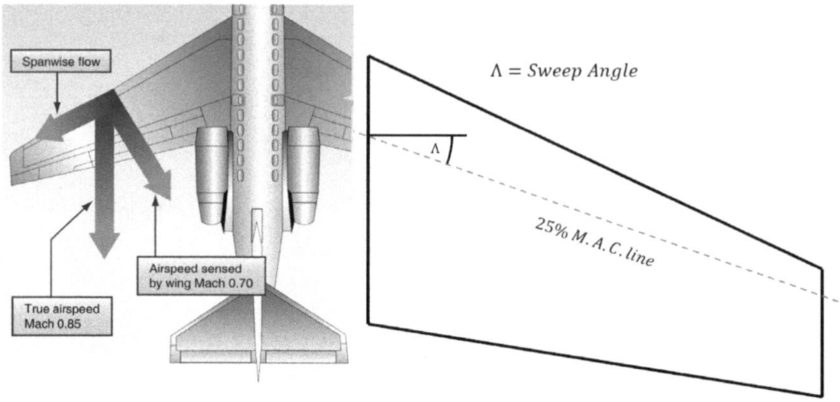

【그림4-16】 후퇴각은 앞전으로부터 1/4(25%) 스팬 선상의 MAC 선과 동체에 수직인 선 사이의 각도이다. 오른쪽 사례에서 비행 마하수는 M=0.85이지만, 날개에 수직으로 작용하는 마하수는 M=0.70으로 감소했다.

후퇴각 날개는 자유공기흐름 속도에서 앞전에 평행하게 작용하는 속도 분력과 앞전에 수직으로 작용하는 속도 분력으로 나누어진다. 앞전에 수직으로 작용하는 속도 분력은 자유공기흐름 속도보다 느리고(후퇴각의 코사인) 이 속도 분력이 압력분포의 크기를 결정한다. 앞전에 평행하게 작용하는 속도 분력은 일정한 단면을 가로질러 흐르고 있음을 관찰할 수 있으며, 이 같은 속도 분력의 행태로 인하여 후퇴각 날개에서는 압력분포에 역할을 하지 못한다. 따라서 고속비행에서 후퇴익 표면은 유리한 효과가 있다. 왜냐하면, 앞전에 수직으로 작용하는 속도 분력이 날개에 임계조건에 도달하기 전 더 높은 속도까지 비행할 수 있기 때문이다. 이처럼 후퇴각 날개는 임계 마하수, 항력발산 마하수 또는 항력급등이 최고치가 되는 마하수를 더 증가시킬 수 있는 중요한 장점 중의 하나이다. 결론적으로 날개의 후퇴각은 에어포일에 형성될 수 있는 압축성 효과를 지연시킨다.

날개의 젖힘은 [그림4-17]과 같이 전진익(sweep forward) 또는 후퇴익(sweep back)의 형태가 있으나 전진익은 공기역학적 탄성 불안정성으로

【그림4-17】 NASA X-29 시험용 항공기

일부 시제기 제작만으로 그쳤다. 후퇴각 에어포일이 압축성 효과의 형성을 지연시키는 것 외에도 압축성으로 인한 힘의 계수들이 증가하는 것을 감소시킬 수 있다. 앞전에 수직으로 작용하는 속도 분력이 자유공기흐름 속도보다 작아 날개에 작용하는 모든 압력 힘들의 크기는 대략 후퇴각의 코사인 제곱으로 감소시킬 것이다. 압축성 항력발산은 압력분포의 변화로 인한 것이기 때문에 후퇴각의 활용은 항력발산을 다소 낮출 수 있을 것이다. [그림4-18]의 그래프는 직사각형 날개평면과 다양한 후퇴각에서 마하수에 따른 전형적인 항력계수의 변화를 보여주고 있다. 직사각형 날개는 M=0.7에서 항력급등이 시작되어 M=1.0에서 최대치(peak)에 도달하고 M=1.0을 지난 후 계속해서 떨어지기 시작한다. 주목해야 할 점은 어느 형태의 날개평면이든 항력급등은 피할 수 없는 현상이고, 항공기 성능을 고려하여 이 항력발산 마하수를 최대한 지연시키거나 항력급등을 최소화하는 데 설계의 초점이 맞추어져야 한다는 것이다. 그래프를 보면 후퇴각이 증가할수록 항력발산 마하수를 더 높일 수 있을 뿐만 아니라 항력급등 역시 작아지고 있음을 알 수 있다. 후퇴각이 적용되지 않은 날개평면과 후퇴각이 적용된 날개평면의 양력계수를 비교했을 때 후퇴각 날개평면은 높은 속도에서 양력계수의 변화는 상대적으로 일정하다. 직사각형 날개평면은 비록 낮은 아음속에서 양력계수가 높지만, 임계 마하수를 초과하면서 항력급등과 함께 양력은 급격히 감소하고 있음을 알 수 있다. 따라서

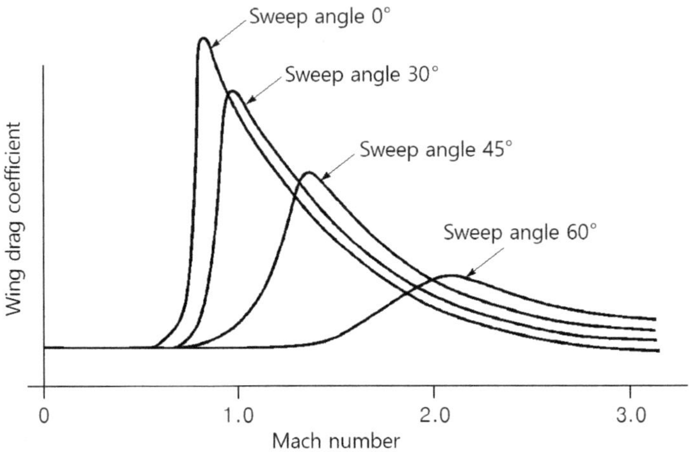

【그림4-18】 모든 날개평면은 항력급등에 직면하게 될 것이다. 다만 이를 최소화하고 항력발산 마하수를 지연시키는 것은 후퇴각이 클수록 양호한 성능이 나타난다. 고속비행에서 후퇴각에 따른 항력계수는 임계 마하수를 초과하면서 감소하는 경향이 나타난다. 흥미로운 것은 마하수 2.0 이상에서 후퇴각이 작을수록 항력계수가 작아지고 있는 점이다.

후퇴각 날개평면이 고속비행에 양호한 성능을 발휘하고 있음을 입증해 주고 있다.

4.3.3 후퇴각의 선택

고속이나 초음속에서 다양한 형태의 충격파 형성은 피할 수 없는 현상이다. 충격파는 발생 근원이 다른 만큼 항공기 구조에 따른 충격파를 이용함으로써 조파항력을 감소시키고 초음속 비행에서도 공기흡입구나 날개 프로파일이 설계자나 조종사의 의도대로 아음속과 유사한 기능으로 작동할 수 있도록 하는 것이 설계의 핵심이다. 경사 충격파가 형성되는 각도는 [그림4-19]와 같이 항공기가 이동하는 속도의 함수이다. 예를 들어 M=1.3에서 각도는 약 45°이며, M=2.0에서 60°로 증가한다. 설계 중인

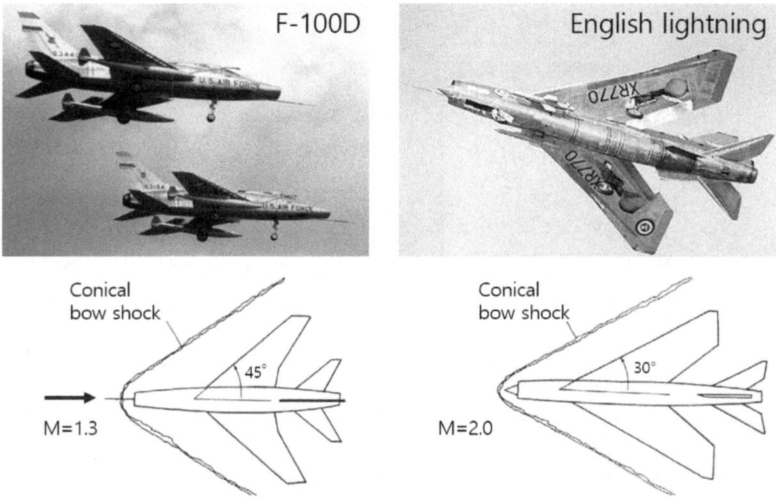

【그림4-19】 초기 전투기 단순 비교에서 후퇴각에 따른 임계 마하수에 차이가 있음을 알 수 있다.

초음속 항공기의 순항속도 또는 일반적인 운용 속도를 알고 있다면, 날개가 초음속 설계 속도에서 아음속 공기흐름을 받고 아음속 속도로 비행할 때와 같이 작동하도록 날개를 뒤로 젖히는 것이다. 날개 앞전이 충격파에 의해 형성된 아음속 흐름 원뿔 내부에 있다면 [그림4-20]과 같이 날개는 아음속 앞전으로 고려한다. 그러나 날개의 전부 또는 일부가 초음속 영역 내부에 있다면 날개는 초음속 앞전으로 고려해야 한다.

초음속 영역에 들어 있는 앞전은 강력한 수직충격파를 형성하여 날개 위에 큰 항력급등을 초래하여 날개의 정상 작동을 어렵게 한다. 그러나 아음속에서의 앞전은 자유공기흐름이 마하수가 1보다 크더라도 아음속 흐름에서 상부 및 하부 날개 표면이 상호작용으로 양력을 발생시키고 조종면 효율을 정상으로 작동시킨다. 여기에 항공기 구조의 기하학적 설계는 날개 위의 공기흐름을 아음속까지 낮출 수 있는 약한 연속 경사 충격파를 형성한다. 이로 인해 날개 앞전은 수직충격파보다 작은 항력급등을 예상

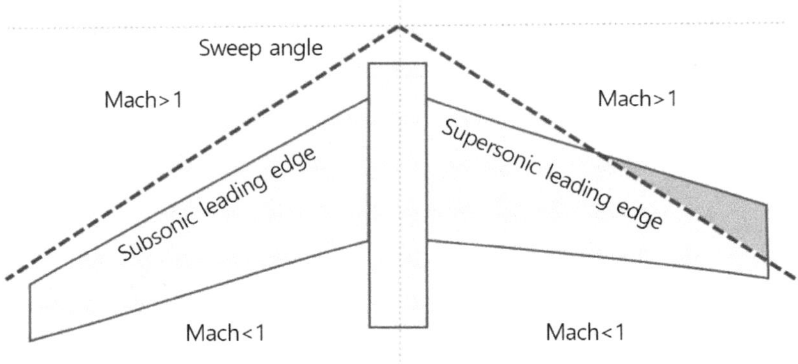

【그림4-20】 왼쪽 날개는 충격파 후방에 있다. 이때 날개는 비록 초음속 비행을 하고 있을지라도 아음속 날개와 같이 작동한다. 그러나 오른쪽과 같이 날개 일부가 초음속 영역에 포함되어 있다면 이것은 초음속 날개로 고려해야 한다. 이처럼 충격파 전후의 흐름 변화는 특히 공기흡입구 기하학적 구조에 큰 영향을 미친다.

할 수 있다. 날개 후퇴각을 선택할 때 신중하게 고려해야 하는 중요한 트레이드-오프(trade-off) 및 설계에서 적절하게 절충해야 한다. [표-7]은 항공기에 따른 운용 속도와 후퇴각의 비교이다. 완전히 아음속 앞전으로 설계된 높은 후퇴각 날개는 초음속에서 매우 유용하지만, 저속에서는 아음속 성능이 크게 떨어진다. 후퇴익이 동등한 직사각형 날개보다 양력 발생이 작다는 것을 여러 차례 강조했다. 따라서 높은 후퇴각 날개는 실속속도가 더 높고 기동성이 더 떨어지는 날개평면 형상이다. 이처럼 속도 영역에 따른 장단점을 고려한 모델이 F-14 전투기와 같은 가변 후퇴각 날개 또는 스윙 날개(variable sweep or swing wing)이다.

일반적으로 운송용 제트여객기는 M=0.8 이상의 천음속 영역에서 순항하기 때문에 이들 항공기 날개의 적정 후퇴각은 대략 40° 미만이다. 그러나 M=1.5 이상의 속도를 낼 수 있는 전투기의 후퇴각은 최대 60°까지 설계된다. 날개 후퇴각 설계의 장단점은 다음과 같지만, 이들로 한정되는 것은 아니다.

① M=0.5~0.6을 초과하는 항공기의 날개 후퇴각은 국지적으로 M=1.0을 초과하는 구역에서 충격파 형성으로 인한 항력급등을 최소화한다.

② 초음속 항공기는 기하학적 구조설계로 날개 위의 흐름을 아음속으로 낮추어 수직충격파로 인한 항력급등 없이 정상 비행하는 데 필요한 양력 생성을 보장한다.

③ 저속에서는 날개 후퇴각에 따라 성능이 떨어진다. 날개 후퇴각은 아음속 비행 중 더 큰 유도항력 분력과 관련된 날개의 가로세로비를 낮추는 경향이 있다. 또한, 날개 위를 흐르는 유효 공기량 성분을 감소시켜 주어진 받음각에서 양력이 감소하고 항공기 실속속도는 증가한다.

Aircraft	Operating Mach number	Wing Sweep Angle (°)
B737-400	0.75	25.0
B767-300	0.80	31.5
TU-95 Bear	0.78	35.0
A330-300	0.82	30.0
B777-300ER	0.84	31.6
B747-400	0.85	37.5
A380-800	0.85	33.5
F-22	1.80	42.0
F-16	2.00	40.0
MiG-21	2.00	57.0
Mirage 2000	2.20	58.0

【표-7】 운용 속도와 후퇴각

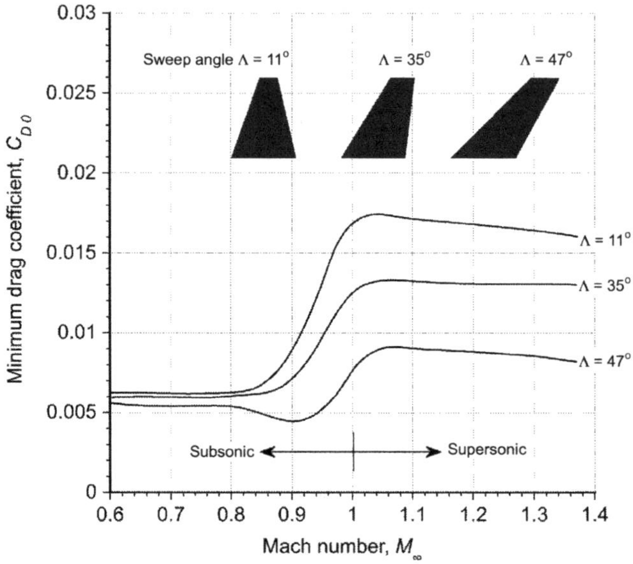

【그림4-21】 초음속 영역에서 후퇴각(Λ)이 클수록 최저항력계수는 낮다.

4.3.4 후퇴익과 항력계수

후퇴익에 관한 많은 실험에서 얻어진 데이터에 따르면 천음속 영역에서 [그림4-21]과 같은 날개 후퇴각 그리고 에어포일 두께가 항력 수준을 결정하는 중요한 역할을 하고 있음을 보여준다. [그림4-22]는 이들 효과를 명확하게 보여주고 있다. 왼쪽 도형은 후퇴각이 47°이고, 에어포일의 두께가 각각 9, 6 그리고 4%에서 최저항력계수 값의 변화를 보여준다. 두께비율이 9%에서 4%로 감소함에 따라 마하수가 "1.00"을 초과했을 때 항력계수가 급격히 감소하고 있다. 오른쪽 도형은 두께비율이 4%일 때 후퇴각이 각각 11°, 35° 그리고 47°를 갖는 에어포일에서 최저항력계수의 변화를 보여주고 있다. 속도가 마하 1.00을 초과하면서 주어진 두께비율에서 후퇴각이 클수록 최대항력계수가 감소하고 있음을 알 수 있다. 여기서

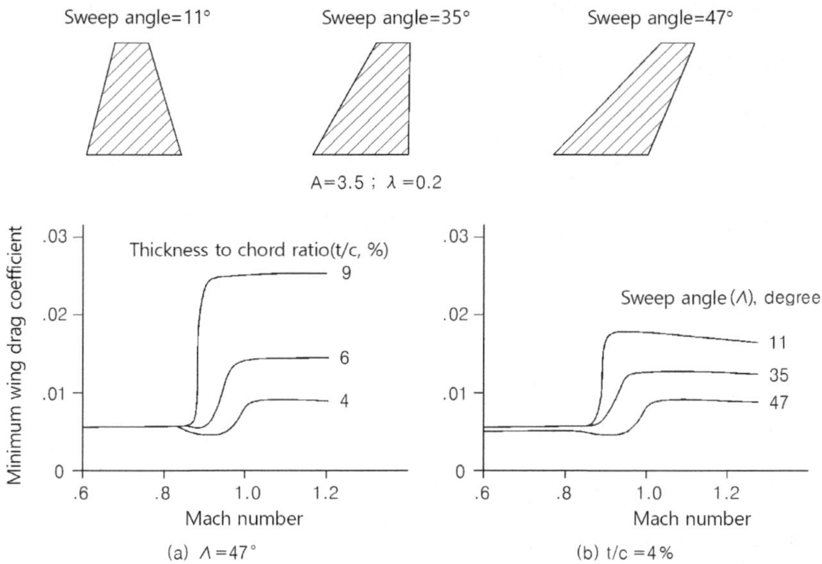

【그림4-22】 고속비행에서 두께가 얇을수록 항력 발생이 작다는 것은 주지의 사실이다. 위의 그래프는 두께가 다른 에어포일의 실험에서 나타난 날개 항력 곡선의 변화를 통해서 다시 한번 얇은 에어포일이 고속비행에 유리하다는 것을 보여주고 있다. 또한, 동일 두께비율을 갖는 에어포일이라면 후퇴각이 클수록 항력계수 값 자체가 작을 뿐만 아니라 항력계수의 변화가 작다는 것을 그래프를 통해서 알 수 있다.

얻을 수 있는 명확한 사실은 낮은 초음속 영역을 돌파하려면 항공기의 날개는 얇고 후퇴각 형태를 갖추어야 한다는 것이다. 그러나 이것이 순수한 공기역학적 요소만을 고려한 최저 항력의 날개이지만 주어진 항공기 유형에 적합한 최적의 날개가 될 수는 없다. 따라서 아음속이든 초음속 비행이든 최적의 날개는 날개의 다양한 기하학적 모양이나 공기역학적 특성들 그리고 날개의 강도, 무게 그리고 견고성 등이 상호 보완되었을 때 달성할 수 있다.

고속비행에서 에어포일 단면(airfoli section)이 매우 얇아야 한다는 필수요건 때문에 이들의 상호 보완은 천음속 또는 낮은 초음속 영역을 돌파하기 위한 전투기들은 필연적으로 작은 가로세로비를 갖게 된다. 아음속 운송용 제트항공기들의 가로세로비는 통상 7~8 정도이지만, 전투기들의 가로세로비는 2~3 정도가 되는 것이 보통이다.

4.3.5 장점

속도가 증가할수록 뒤로 젖힌 날개(후퇴익)가 공기역학적 이점이 있고, 초음속에서 후퇴각은 충격파 영향을 최소화하기 위한 필수 설계 요건이라는 것을 알았다. 일반적으로 후퇴각 날개의 장점은 다음과 같지만, 이것으로 한정하는 것은 아니다.

(1) 압축성 지연

임계 마하수와 항력발산 마하수는 압력분포에 영향을 미치고 있는 속도분력이 자유공기흐름 속도보다 느리므로 증가할 것이다. 또한, 항력급등의 최대치는 앞전에 수직으로 작용하는 흐름이 음속에 도달할 수 있는 약간 더 높은 초음속 속도까지 지연시킨다. 중간 가로세로비의 날개에 적용된 다양한 후퇴각이 천음속 비행에서 나타날 수 있는 대략적인 효과들은 아래 [표-8]과 같다.

후퇴각(Λ)	항력급등 감소율(%)	최대양력계수의 손실 감소율(%)
0°	0	0
15°	5	3
30°	15	13
45°	35	30
60°	60	50

【표-8】

예를 들어 후퇴각이 60°일 때 항력급등 감소율은 대략 60%에 달한다. 이것은 항력급등 그래프에서 M_{DD} 지연을 확인할 수 있다.

(2) 공기역학적 힘의 크기 변화

후퇴익은 압축성으로 인한 공기역학적 힘의 계수들이 변할 수 있는 크기를 감소시킨다. 후퇴각의 사용으로 항력, 양력, 그리고 모멘트 계수들을 감소시킬 수 있다. 중간 가로세로비의 날개에 적용된 다양한 후퇴각이 천음속 비행에서 나타날 수 있는 대략적인 효과들은 아래 [표-9]와 같다.

후퇴각(Λ)	임계 마하수 증가율(%)	항력 최대치 마하수 증가율(%)
0°	0	0
15°	2	4
30°	8	15
45°	20	41
60°	41	100

【표-9】

[그림4-23]은 항력 감소와 천음속 최대양력계수의 보존(conservation)을 보여주고 있다. 따라서 천음속 항공기에 적용된 후퇴익은 항력급등을 감소시키거나 지연시키고 천음속 비행에서 항공기 기동성을 보존한다. 후퇴각이 작을 때는 후퇴각으로 인한 이점이 매우 미미하다는 사실에 유의해야 한다. 후퇴각을 조금이라도 적용하고자 한다면 최소한 30~35° 이상이 적용되어야 후퇴익의 장점을 얻을 수 있다. 또한, M=2.0의 초음속 비행에서 항력급등을 지연시키는 데 필요한 후퇴각의 양은 반드시 60° 이상 매우 커야 한다는 점에도 유의해야 한다. 높은 마하수에서 항력 곡선들을 비교했을 때 극도로 높은(현실성이 없는) 후퇴각은 항력급등을 지연시키는 데 필수적이지만 "0°" 후퇴각에서 가장 낮은 항력계수가 발생하고 있음을 알 수 있다. 따라서 지속적으로 높은 마하수에서 운용하기 위해서 설계된

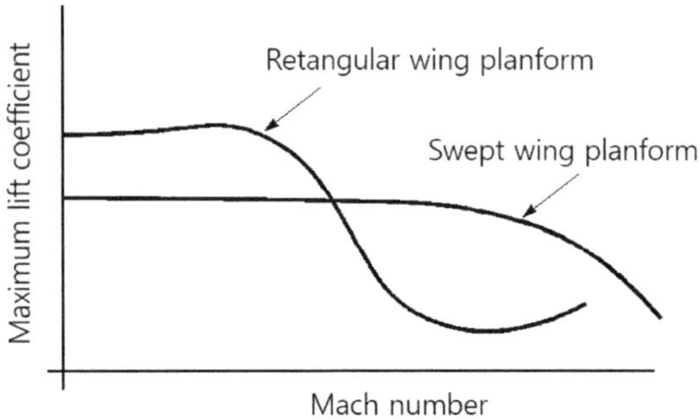

【그림4-23】 직사각형 날개평면과 후퇴각 날개평면에서 마하수에 따른 최대양력계수의 변화를 관찰할 수 있다.

날개평면은 매우 얇고 작은 가로세로비 그리고 후퇴각이 없는 형태의 에어포일이다. 여기서 얻을 수 있는 결론은 후퇴익은 천음속 영역에서 가장 많이 적용되는 설계이다. 이를 요약하면 [그림4-23]과 같이 아음속에서 직사각형 날개평면은 후퇴각 날개평면보다 양력계수가 높지만, 임계 마하수에 도달하면서 항력급등과 함께 양력계수가 급격히 떨어지고 있음을 보여주고 있다. 반면 고속비행에서 후퇴각 날개평면은 상대적으로 변화가 작고 양력이 급격히 감소하지 않는 장점이 있다.

(3) 양력 곡선 기울기 감소

후퇴익은 주어진 가로세로비를 위한 날개 양력 곡선 기울기(구배)가 감소한다. [그림4-24]는 직사각형과 후퇴익의 양력 곡선을 비교하여 보여주고 있다. 양력 곡선 기울기가 완만하다는 것은 날개는 받음각의 변화에 덜 민감하게 반응한다는 것을 의미한다. 받음각 변화에 민감하지 않다는 것은 돌풍 또는 난기류를 만났을 때 그 영향이 그리 크지 않다는 것을 의미하는 것으로 해당 항공기 날개의 주어진 가로세로비와 날개 하중에서 돌풍 또는 난기류에 대한 반응은 약한 동요(bump) 정도로 나타나게 될 것이다. 이 같은 장점은 특히 운송용, 화물기, 그리고 정찰기 유형의 항공기에서 우세한 돌풍 하중 스펙트럼 효과가 나타나는 구조적 설계에 고려해야 할 사항이다.

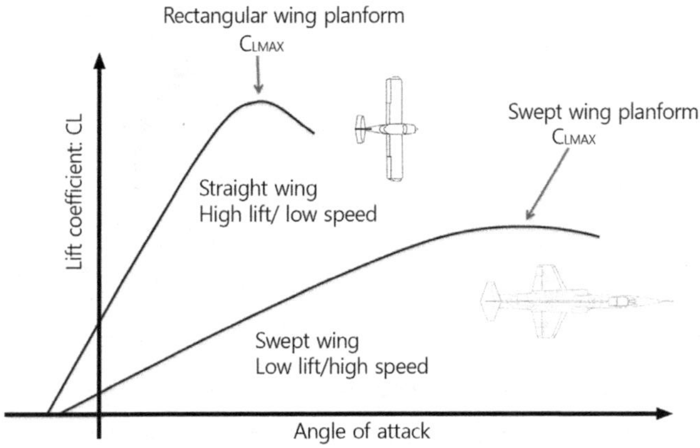

【그림4-24】 직사각형 날개평면과 후퇴각 날개평면의 양력 곡선을 비교했을 때 후퇴각 날개평면의 양력 곡선 기울기가 완만하게 그려지고 있다. 이것은 받음각 변화에 대한 반응이 민감하지 않다는 후퇴각 날개평면의 또 다른 특징을 보여주고 있다.

(4) 안정성 향상과 높은 항력발산 마하수

후퇴익은 항공기 안정성이 향상되고 항력발산 마하수를 더 높이는 데 도움이 된다. 표면의 항력발산은 높은 동압에서 발생할 수 있는 공기역학적 탄성 문제를 유발한다. 굽힘(bending)과 비틀림(twisting)이 조합되어 발생한 편향은 고속에서 공기역학적 힘들과 상호작용을 일으켜 급격한 에어포일 성능의 상실을 초래한다. 전진익은 날개를 자유공기흐름에 선행(leading)하도록 하므로 이 상황을 더욱 악화시키고 항력발산 속도를 더 낮추는 경향이 있지만 후퇴익은 날개가 자유공기흐름에 후행(trailing)하도록 하므로 안정성을 제공하고 항력발산 속도를 더 높이는 경향이 있다.

(5) 정적 방향 안정성

후퇴익은 항공기의 정적 방향 안정성에도 도움이 된다. [그림4-25]는 후퇴익에 대한 요잉(yawing) 상태에서 이 같은 효과를 보여주고 있다. 바람을

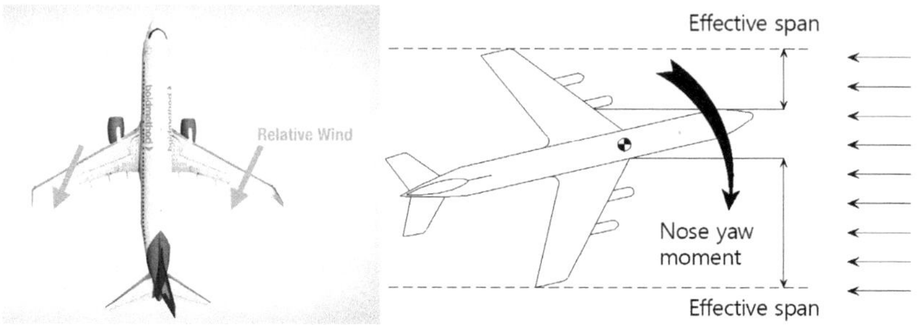

【그림4-25】 항공기의 사이드슬립 상태에서 상대풍에 노출되는 유효 스팬의 변화를 관찰할 수 있다. 가로 안정성을 생성하는 후퇴각 효과는 상반각과 유사하다. 한쪽 날개가 슬립으로 낮아졌다면 낮아진 날개에 대한 받음각이 증가하여 더 큰 양력을 생성한다. 이로 인해 낮아진 날개는 위로 들리고 비행기를 수평으로 회복하는 경향이 발생한다.

먼저 맞고 있는 날개는 후퇴각 효과가 감소하면서 항력이 약간 증가하는 반면 반대쪽에 있는 날개는 더 큰 후퇴익 효과를 받아 항력이 감소한다. 이들 힘 변화의 순효과(net effect)는 기수를 상대풍 쪽으로 향하게 하는 요 모멘트(yaw moment)를 유발한다. 일반적으로 방향 안정성에 도움이 되는 효과는 미미하고 꼬리가 없는 항공기(tailless)에서만 중요시된다. 이를 요약하면 [그림4-25]와 같이 후퇴익 날개평면이 사이드슬립 상태가 되었을 때 바람을 직접 받는 쪽 후퇴각 날개와 반대편 날개에서 상대풍과 후퇴각의 변화가 발생하고 있음을 알 수 있다. 이는 풍향계 효과와 같이 즉각적으로 원래의 세로 안정성을 스스로 회복하려는 경향이 있다.

(6) 후퇴익의 상반각 효과

후퇴익은 기능 면에서 상반각(dihedral)과 유사하고 가로 안정성에도 도움이 된다. 후퇴익 항공기가 사이드슬립(sideslip) 상태가 되었을 때 바람을 먼저 받는 쪽 날개는 후퇴각 효과가 감소하기 때문에 양력이 더 증가

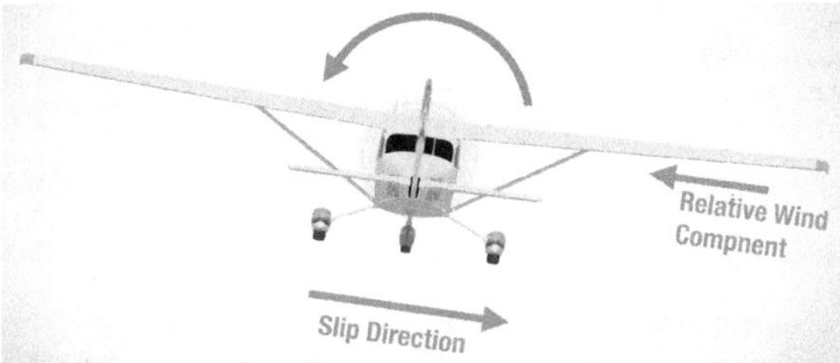

【그림4-26】 비행기가 오른쪽으로 슬립할 때 상대풍이 낮아진 날개 아래에 부딪히면서 왼쪽으로 롤 모멘트가 발생한다.

할 것이고, 반대쪽 날개는 후퇴각이 더 커지기 때문에 양력의 감소가 발생할 것이다. [그림4-26]과 같이 사이드슬립 상태의 후퇴익 항공기에서 양력 변화가 발생하고 있는 것과 이로 인하여 항공기를 오른쪽으로 기울게 하는 롤 모멘트(roll moment)를 보여주고 있다. 이와 같은 가로 안정성에 도움이 될 수 있는 것은 후퇴각과 날개의 양력계수에 달려있다. 일반적으로 높은 양력계수에서 운용되는 후퇴익은 과도한 가로 안정성 기여로 인하여 조종성(controllability)에 심각한 문제를 초래할 수 있다. 후퇴각의 적용이 비행기의 설계와 비행운용 모두의 관점에서 일부 피할 수 없는 단점들이 발생하기도 한다.

4.3.6 단점

후퇴익 날개평면이 고속비행을 위한 필수 설계라는 것은 여러 가지 실험 데이터를 통해서 입증되었음에도 여러 단점을 보완하지 않으면 효율적인 날개로 활용될 수 없다. 이들 단점 중 중요한 것들은 다음과 같다.

(1) 날개끝 실속

일반적으로 고속 항공기는 후퇴각과 테이퍼 설계가 조합된 형식으로 이들 날개평면에서는 강력한 날개끝 실속이 발생하는 경향이 있다. 이 같은 실속 패턴은 바람직하지 않다. 왜냐하면, 실속 경고가 미약하고 심각한 가로

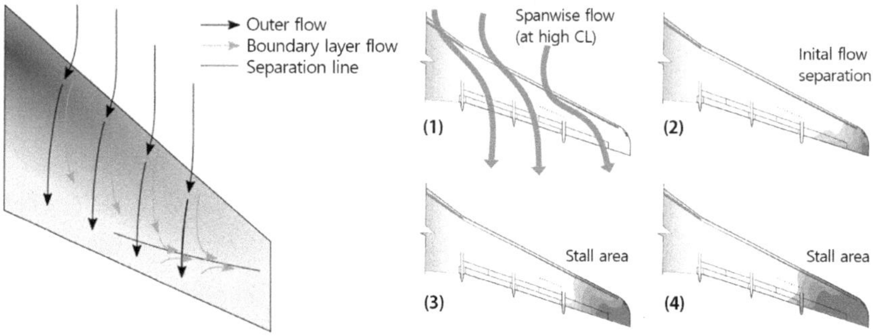

【그림4-27】 후퇴각 날개 끝에서 흐름의 변화를 관찰할 수 있다. 받음각이 높아지면서 스팬을 따라 흐르는 흐름이 더 강하게 발달한다. 결국, 날개끝에서 초기 흐름 분리가 발생하고 실속 구역은 점차 확대된다.

조종 효력의 감소, 그리고 압력중심의 전방 이동은 노스-업 모멘트를 초래하기 때문이다. 테이퍼비는 그 자체가 날개끝을 향하여 더 높은 국지 양력계수들을 발생시키는 효과가 있고, 후퇴각 효과에서 나타나는 것과 유사한 효과이기도 하다. 날개의 모든 외측 단면들은 상대적으로 앞쪽에 있는 내측 단면들의 오름흐름(upstream)의 영향을 받고 후퇴각 설계 단독으로 초래된 양력분포는 높은 테이퍼비의 것과 유사한 효과를 나타낸다. 또 다른 부가 효과는 [그림4-27]과 같이 날개가 높은 양력계수에 있을 때 날개끝 쪽으로 향하는 강력한 경계층 날개 횡방향(spanwise) 흐름이 발달하는 경향이다. 이 날개 횡방향 흐름은 날개끝 근처에서 쉽게 분리될 수 있는 상대적으로 낮은 에너지 경계층을 유발한다. [그림4-27]과 같이 날개 길이 선상에서 흐름이 날개끝 쪽으로 흐르는 측방 흐름의 존재를 보여주고 있다. (1), (2), (3), (4)는 날개끝 실속이 점차 확대되는 과정을 보여주고 있다.

테이퍼와 후퇴각이 조합된 효과는 상당한 날개끝 실속(wingtip stall)으로 나타나고 [그림4-27]과 같이 흐름 패턴은 이를 잘 설명해 주고 있다.

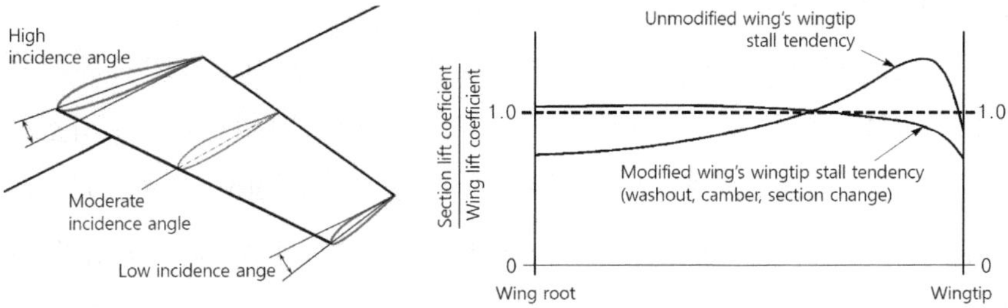

【그림4-28】 대부분 고성능 비행기 날개는 후퇴각과 테이퍼 그리고 각 단면에서의 붙임각(incidence)을 다르게 설계한다. 날개끝을 변형한 형태와 그렇지 않은 날개끝에서의 실속 경향이 다르게 나타나기 때문에 와시아웃이나 비틀림 또는 윙렛으로 실속 경향을 낮출 수 있다.

구조상 효율이 높은 테이퍼비의 날개평면을 요구하는 것과 같이 고속 성능을 위한 설계는 높은 후퇴각이 요구될 수 있다. 이 같은 경우가 적용될 때 날개는 적절한 실속 패턴과 양력으로 인한 항력이 감소하는 순항 조건에서 양력분포를 제공할 수 있도록 공기역학적으로 넓게 다듬어져야 한다. 실속 패턴을 변경시키고 순항 조건에서 양력으로 인한 항력을 최소화하기 위해서 날개끝 와시아웃(washout), 날개 길이 전체에 걸쳐 서로 다른 단면 캠버, 흐름 방지 펜스, 슬랫, 앞전 확장(droop) 등과 같은 장치들이 사용되어야 한다.

이를 요약하면 [그림4-28]의 그래프는 날개 양력계수 대비 단면 양력계수의 비율을 보여주고 있다. 점선으로 그려진 것은 날개와 단면의 양력계수가 동일 날개평면을 보여주고 있으며 어떠한 구조적 변형을 하지 않은 날개의 날개끝에서는 상당한 항력이 발생하고 있으나 비틀림이라든지 적절한 캠버 등으로 보강된 날개끝에서의 항력은 상당히 낮아지고 있음을 알 수 있다.

(2) 최대양력계수 감소

후퇴익은 양력 곡선 기울기와 아음속 최대양력계수를 감소시킨다. 후퇴각 설계가 적용되었을 때 양력 곡선 기울기와 아음속 최대양력계수를 감소시키는 경향이 있다. 이 경우는 명백하게 아음속이라는 점에 유의할 필요가 있고, 이는 후퇴익은 천음속 기동 성능을 향상하는 데 사용될 수 있기 때문이다. 중간 가로세로비의 날개들에 적용된 다양한 후퇴각은 아음속 양력 특성들에서 [표-10]과 같은 효과들이 발생한다.

후퇴각(Λ)	아음속 최대양력계수와 양력 곡선 기울기 감소율(%)
0°	0
15°	4
30°	14
45°	30
60°	50

【표-10】

따라서 설계할 때 저속 최대양력계수의 감소(날개끝으로 인한 것 외)는 매우 중요한 의미가 있다. 날개 하중이 감소하지 않았다면 실속속도는 증가하고 아음속 기동력도 감소한다. 반면, 날개 하중이 감소한다면 날개면적의 증가는 천음속 영역에서 후퇴각으로 인하여 예상되는 장점이 감소할 수 있다. 해당 항공기 유형의 주요 성능(기동성 혹은 순항속도)의 필수요건이 우선 고려해야 하므로 실속속도 또는 이착륙 속도에서 일부 속도의 증가는 허용될 수 있다. 양력 곡선 기울기의 감소가 돌풍 상황을 고려했을 때 장점이 될 수 있지만, 받음각 변화에 대한 민감성 감소는 아음속 비행에서 일부 바람직하지 않은 효과들이 발생할 수 있다. 날개 양력 곡선 기울기의 감소가 최대 양력 받음각을 증가시키는 경향이 있고, 착륙장치 설계와 조종실 시야(field of view)의 문제점을 복잡하게 한다. 또한, 더 낮은 양력 곡선 기울기는 주어진 꼬리날개 조종면의 안정성에 대한 기여를 감소시킬 것이다.

(3) 고양력장치의 효력 감소

후퇴익은 뒷전 조종면과 고양력 장치들의 효력을 감소시킬 수 있다. 이 효과가 적용된 전형적인 사례는 직사각형 날개와 35° 후퇴각을 갖는 날개 모두에서 내측 60% 날개 길이를 따라 장착된 단일 슬롯티드 플랩(slotted flap)이다. 직사각형 날개에 적용된 플랩은 최대양력계수가 약 50% 증가할 수 있고, 후퇴각 날개에 적용된 동일 종류의 플랩은 최대양력계수를 약 20% 정도 증가시킨다. 후퇴각 날개에서 적절한 최대양력계수를 발생시키기 위해서는 플랩 힌지선(hinge line)이 후퇴각에 포함되지 않도록 설계하거나 슬랫 또는 슬롯과 같은 앞전 고양력 장치들 그리고 가능한 경계층 제어 장치들로 보강해야 한다.

(4) 조종성 감소

후퇴각 효과로 인한 과도한 안정성은 조종성을 떨어뜨릴 수 있다. 후퇴익의 가로 안정성 기여도는 날개 후퇴각의 크기와 양력계수에 따라 다르다. 후퇴각이 클수록 그리고 높은 양력계수일수록 가로 안정성에 더 많이 도움이 된다. 모든 항공기에서 안정성이 바람직하기는 하지만 과도한 안정성은 조종성을 감소시킬 수 있다. 높은 가로 안정성이 대부분의 항공기 유형에서 필수적이거나 바람직한 성능으로 볼 수 없지만 적절한 가로 조종은 양호한 비행 품질을 위해서는 절대적으로 필요한 요소이다. 후퇴각으로 인한 과도한 가로 안정성은 "더치롤(Dutch roll)" 문제점을 더욱 악화시킬 수 있으며 측풍 이착륙과 같은 기동은 확실한 사이드슬립 상태에서 기동해야 하므로 과도한 가로 안정성은 조종성의 한계를 초과할 수 있다.

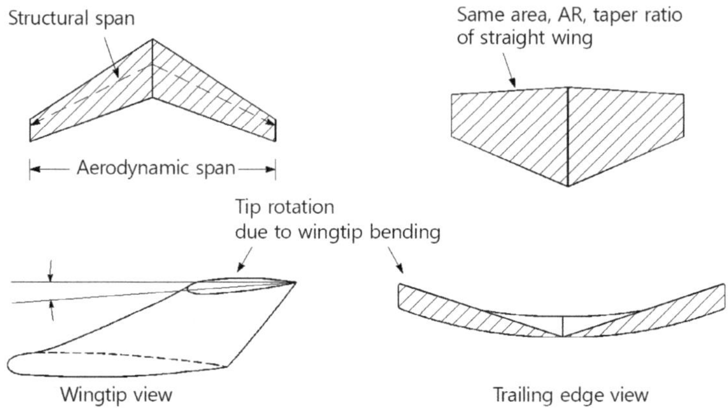

【그림4-29】 구조적 날개 길이와 공기역학적 날개 길이의 차이와 와시아웃 설계를 적용했을 때 날개끝에서 받음각의 변화를 유도할 수 있다

이 같은 이유로 후퇴각 날개평면은 측풍 이착륙 필수요건에 충족하기 위하여 음성 상반각(하반각)으로 설계되거나 다른 가로 조종 장치들로 보강해야 한다.

(5) 구조적 복잡성과 공기역학적 탄성 문제

날개의 후퇴각은 구조적 복잡성과 공기역학적 탄성 문제점들이 존재한다. [그림4-29]는 후퇴각 날개가 동일 면적과 가로세로비의 직사각형 날개보다 더 큰 구조적 날개 길이를 갖는 효과를 보여주고 있다. 이 효과는 날개 구조적 무게를 증가시킨다. 왜냐하면, 더 큰 굽힘(bending)과 전단 재료(shear materials)는 동일 설계 각도를 발생시키기 위해서 날개에 고르게 분배되어야 하기 때문이다. 이로 인한 부가적인 문제점이 날개뿌리 근처에서 유발되고 큰 비틀림 하중으로 인한 "일관 구조(carry-through construction)"의 필요성과 뒷전을 향하여 집중된 굽힘 응력 분포가 나타나는 경향이 있다. 또한 [그림4-29]는 날개길이방향 양력분포에서 날개 편향의 영향을 보여주고 있다. 날개 굽힘은 날개끝 하중을 줄여주고 압력중심을 앞쪽으로 이동시키는 경향이 있지만, 날개끝 회전(tip rotation)을 유발한다. 그러나 이 같은 설계의 적용이 세로 안정성에는 바람직하지 않게 작용할 수 있다.

(6) 요약

일반적으로 높은 후퇴각의 영향은 다음과 같이 요약해 볼 수 있다.

① 날개 후퇴각은 양력 곡선 기울기와 날개의 최대 양력을 감소시킨다.

② 착륙 자세에서 높은 후퇴각과 가느다란 날개는 날개끝에서 표피 면적이 심각하게 제한되므로 고양력장치가 필요하다.

③ 후퇴각은 경계층을 외측으로 흐르게 하여 날개 가로세로비와 후퇴각의 특정 비율을 초과하면서 심한 실속을 유발할 수 있다.

④ 후퇴각 날개에서 벤딩 모멘트가 부분적으로 비틀림 모멘트로 전환되어 날개의 비틀림 보강이 필요하다.

⑤ 후퇴익은 날개가 휘어지면서 압력중심이 피치-업과 피치-다운을 유발할 수 있다. 이것은 날개 밴딩 모드와 함께 빠른 주기 모드 사이에 강력한 상호작용을 일으켜 플러터를 발생시킨다.

4.3.7 후퇴익과 측방흐름

후퇴각 날개평면의 공기흐름을 분석했을 때 2개의 분력이 존재하고 이 중 날개와 평행한 평행분력은 항력 발생에만 작용할 뿐 양력 발생에는 유해요소이기 때문에 이를 최소화하기 위한 설계가 고안되었다. 후퇴각 날개평면의 기하학적 구조에서 날개끝의 위치는 통상 항공기 무게중심의 후방에 있다. 항공기의 속도가 감소함에 따라 받음각이 증가하면서 공기흐름이 앞전에서부터 날개끝 쪽으로 밀려가는 측방흐름이 발달한다. 날개의 중간지

【그림4-30】 날개의 외측 부분에서 시위가 날카롭게 꺾여지면서(화살표) 시위길이가 확장된 것을 관찰할 수 있다. 왼쪽은 날개 위에 펜스를 부착해서 공기흐름이 옆으로 흐르는 것을 제어하고 있다. 후퇴각 날개에서 흔히 발생하는 측방흐름을 제어하기 위한 설계이다.

점에서는 앞전에서 발달한 측방흐름과 날개뿌리에서 발달한 측방흐름이 합류된다. 이 같은 현상으로 인하여 날개끝에서 실질적인 공기흐름은 앞전에서 뒷전으로 흐르기보다 날개 길이 선상을 따라서 흐르는 현상이 발생한다. 정상 비행 상태라면 날개끝에서는 노스-다운(nose-down) 모멘트를 유발하는 양력이 발생한다. 날개끝 실속(wingtip stall)이 발생하면서 양력과 이에 동반한 피치-다운 모멘트의 힘 역시 급격히 소멸한다. 피치-다운 모멘트를 상실하면서 항공기는 피치-업 현상이 발생하여 받음각이 더 증가하고 날개의 대부분 구역에서 실속이 발생하는 원인이 된다. 완전 실속에 이은 급격하고 강력한 피치-업(pitch-up)은 실속으로부터 회복을 매우 어렵게 한다. 이 같은 현상은 F-86 Sabre 항공기에서 주로 발생하여 사고 발생의 한 원인이 되었고 이를 “Sabre dancing”이라 한다.

초기의 측방흐름을 제어하기 위한 설계는 [그림4-30]과 같이 윙-펜스(wing fence) 또는 도그투스(dog tooth) 앞전으로 설계하는 것이다. 톱니모양 날개평면은 날개 외측에서 시위길이가 증가하도록 설계되었다. 이 같은 설계는 날카롭게 꺾여진(kink or curl) 위치에서 공기흐름을 뒤로 흐르도록 유도하여 항력의 원인이 되는 와류 발생을 감소시킨다.

윙-펜스(wing fence) 또는 경계층 펜스(boundary fence)는 고정날개 항공기 날개 위에 부착된 공기역학적 고정 장치이다. 윙-펜스는 용어가 의미하는 것과 같이 공기흐름을 막아주는 역할을 하는 장치로 주로 후퇴각 날개(swept wing)에서 공기의 측방흐름(lateral flow)을 제어하거나 방지한다. 윙-펜스가 주로 후퇴각 날개평면에서 사용되는 이유는 이 유형의 날개평면이 뒤쪽으로 젖혀져 있어 특정 조건에서 날개 위를 흐르는 공기가 앞전에서 뒷전으로 직접 흐르지 못하고 날개 길이를 따라서 이동하는 경향이 발생하기 때문이다. 공기흐름이 날개 길이를 따라 흐른다는 것은 기본적으로 날개의 역할을 하지 못하는 것으로 펜스의 기능은 날개길이방향으로 흐르는 측방 공기흐름을 지연시키거나 방지하여 실속속도를 최대한 낮추는 데 있다. 윙-펜스 또는 도그투스 앞전은 현대의 비행기들에서 거의 채택되지 않는 데 이 같은 이유는 이들 설계보다 앞전 슬롯과 슬랫, 캠버의 변화(droop), 비틀림, 날개 길이 선상으로 다른 공기역학적 에어포일의 사용 등 더욱 효과적인 측방흐름을 제어할 수 있는 장치들이 사용되고 있기 때문이다.

4.3.8 가변 후퇴각 날개

초음속 비행을 위한 항공기의 날개는 매우 얇으면서 작은 가로세로비 특징이 있지만, 상대적으로 최대양항비가 매우 낮아 저속비행에서 요구되는 높은 받음각 조건에서는 다루기가 매우 어려운 단점이 있다. 최근 개발되는 전투기들의 초음속 비행이 일반화되면서 더 넓은 속도 영역에서 운용할 수 있는 모델로 [그림4-31, 32]와 같이 가변형 날개에 관한 연구가 진행되었다. [그림4-33]은 NACA에서 가변 날개의 성능을 비교하기 위한 시험에서 후퇴각을 3개로 선정하여 각각의 위치에 따른 비행 특성들을 연구한 그래프이다. 기본적으로 날개 길이가 증가하는 것은 가로세로비가 증

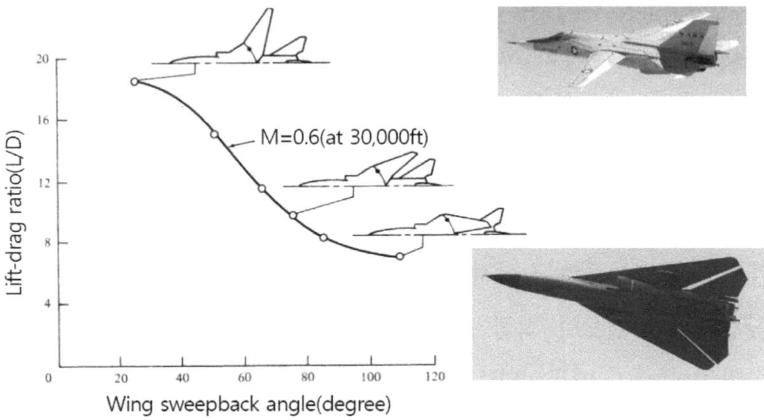

【그림4-31】 M=0.6 근처에서 상당한 양력계수가 감소하고 있다. 후퇴각 증가는 양력계수를 더 감소시킨다. 이것은 안정성과 조종성에도 영향을 줄 수 있다. 그러나 항력발산 마하수를 높이는 효과가 있다.

가하는 것과 같은 효과를 나타내는 것이고, 가변 날개에서는 후퇴각이 최대한 작은 위치에 놓여 있어야 한다. 물론 아음속에서 최대양항비는 가로세로비와 함께 증가한다. 따라서 이륙과 착륙 그리고 상승 중에는 높은 가로세로비가 요구되고 이때 날개의 후퇴각은 거의 "0"인 상태가 된다.

아음속 순항비행에서 날개의 후퇴각은 중간 정도가 되어야 하고 높은 아음속과 초음속 비행에서 날개는 최대 후퇴각 상태가 되어야 한다. [그림4-33]은 양력중심과 후퇴각의 상관관계를 보여주고 있다. (a) 항공기는 날개의 회전축(pivot point)이 동체 중심선에 있으면서 후퇴각이 변하는 날개이다. 아래의 그래프는 아음속과 초음속 영역 모두에서 날개의 양력중심이 뒤쪽으로 이동하는 것을 보여주고 있다. 항공기의 무게중심이 약간 뒤로 이동하는 것

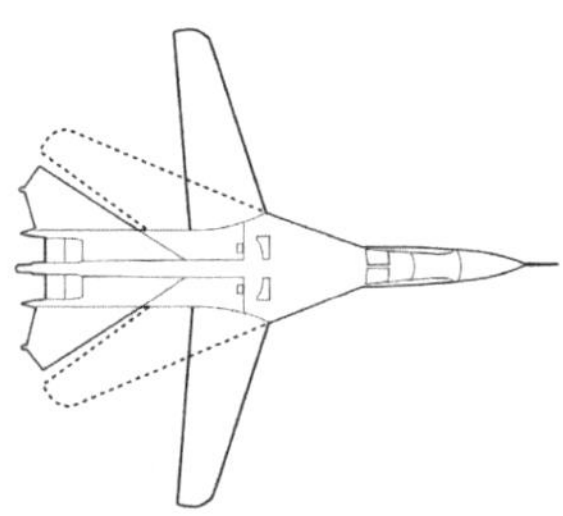

【그림4-32】 가변 날개 또는 스윙 날개

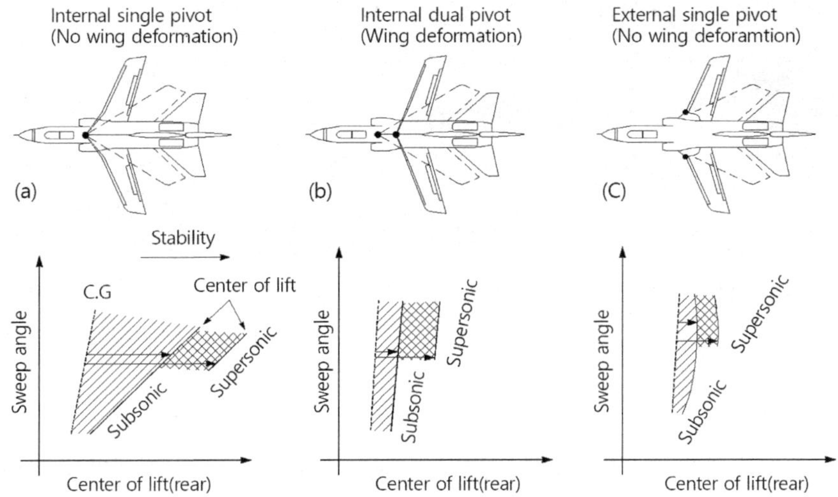

【그림4-33】 최적 스윙 지점을 찾기 위한 설계

은 날개의 무게가 뒤쪽으로 이동했기 때문이다. 그래프의 빗금 구역이 무게중심과 양력중심 사이의 길이를 나타낸다. 이 거리는 세로 안정성을 나타내는 척도이고 후퇴각이 증가할수록 더 증가하는 것을 알 수 있다. 이 길이가 짧을수록 세로 안정성이 양호하지만 (a)의 경우는 이 거리가 상당히 크고 이는 항공기의 기동성을 현저히 감소시키면서 트림 항력(trim drag)이 더 증가한다. 따라서 (a) 모델의 단일 회전축 항공기의 안정성에 매우 불리하므로 개발 모델로서는 가치가 없다. (a) 모델의 단점을 극복하고 안정성을 높인 것이 (b) 모델이다. (b) 모델은 (a) 모델과 달리 후퇴각이 증가함에 따라 날개가 앞으로 변형되도록 하여 모든 후퇴각에서 동일 안정성을 유지할 수 있도록 하였다. 초음속 비행영역에서 안정성의 증가가 가변 후퇴각과는 관련성이 없지만, 아음속에서 천음속 영역을 통과할 때 모든 날개에서 안정성이 요구되는 특성이다.

【그림4-34】 F-14 Tomcat의 가변 후퇴각 날개-오른쪽의 그림과 같이 날개는 동체 안쪽으로 고정된 부분이 있고 고정부 끝단에 회전축이 장착되어 가변 날개를 작동시킬 수 있도록 설계되어 있다.

가변 후퇴각 날개의 회전과 변형 모델을 근거로 두 대의 시제기가 생산되었다. 먼저 Bell X-5 연구용 항공기가 제작되어 1951년 첫 비행을 하였고 가변 후퇴각은 20°에서 60°까지 변화시킬 수 있다. X-5의 시험비행 중 가변 후퇴의 기계장치에는 어떠한 문제점도 발생하지 않았고 모든 가변 후퇴각에서 양호한 비행 특성들을 보였다. 얼마 후 Grumman XF10F 가변 후퇴각 날개 전투기가 시험비행에 들어갔다. 이 항공기 역시 X-5 모델과 같이 양력중심과 무게중심 사이의 관계를 제어하기 위해서 회전과 변형(rotation and translation)을 결합한 날개를 사용하였다. 그러나 전적으로 가변 후퇴각 날개 특징과는 무관한 다른 문제점들 때문에 성공적 모델로 발전하지 못했다. 이들 두 모델은 높은 아음속에서 다른 고정날개 항공기와 비교해서 임계 마하수를 높이고 동시에 착륙 속도를 낮추기 위해서 시도된 아음속 항공기들이다. 결국, 원하는 목적은 달성했으나 가변 후퇴각 날개를 작동시키기 위한 기계장치의 무게와 복잡성은 치명적 단점이 되었다.

[그림4-33]의 (c)는 현재 운용 중인 가변 후퇴각 날개 항공기의 설계에 채택하고 있는 모델로 가변형 날개가 안고 있는 안정성 문제를 근원적으로

【그림4-35】
Polish Su-22
Swing-wing

해결한 모델이다. 이 모델은 [그림4-34, 35]와 같이 회전축이 동체 외측에 위치하고 가변 날개는 회전축으로부터 동체의 측면까지 매우 높은 후퇴각을 적용할 수 있도록 설계됐다. 이 모델은 NASA Langley Research Center에서 개발했으며 다른 모델과 달리 날개는 고정된 부분과 가동 부분으로 구성되어 있어 후퇴각에 따라 양력중심의 이동이 후방 쪽으로 이동을 최소화할 수 있도록 날개 길이-하중 분포(span-load distribution)가 변한다. (c)와 같이 아음속에서 양력중심과 무게중심 사이의 거리는 날개가 2개의 후퇴각으로 변화되었지만 거의 같다는 것을 알 수 있다.

이를 요약하면 [그림4-33]과 같이 가변 날개의 회전축 선정의 중요성은 날개의 후퇴각을 변형시킬 때 회전과 변형을 최소화할 수 있도록 설계되어야 넓은 속도 운용 범위에서 안정성을 유지할 수 있다. 이 같은 설계 목적에 가장 적합한 모델은 [그림4-33, (c)] 그리고 [그림4-34, 35]와 같이 회전축을 날개 외측에 지정함으로써 안정성과 날개의 변형(deformation)을 방지할 수 있다. 아래 그래프는 양력중심의 이동 거리를 보여주고 있다. 양력중심이 무게중심으로부터 멀리 떨어져 있을수록 피치 모멘트가 크게 발생할 수 있는 불안정성 요소이다.

4.4 날개끝 마하콘

4.4.1 날개끝 공기역학

임계 마하수(critical Mach number)를 넘어서 천음속 흐름에서는 얇은 직사각형 날개에서 몇 가지 중요한 사실이 있음을 유추해 볼 수 있다. [그림4-36]은 직사각형 날개끝에서 마하콘(Mach cone)이 형성되었고, 마하콘 내의 구역에서 압력분포에 영향을 미친다. 압력 차이로 인한 날개끝 내에서 와류가 발달하고 마하콘 내부 구역에서 형성된 평균 압력은 대략 마하콘의 영향을 받지 않는 중간 구역의 절반 정도의 압력이다. 이 때문에 양쪽 마하콘 사이의 구역에서 날개에서는 순수한 2차원 흐름이 나타나는 동안 날개끝에서 3차원 흐름은 날개끝 마하콘 내의 구역으로 한정된다.

초음속 비행에서 직사각형 날개의 3차원 흐름은 아음속 비행의 것과는 크게 다르다는 것을 반드시 인식해야 한다. 아음속 비행에서 유한 가로세로비의 날개는 날개끝 와류, 날개 뒤 내리흐름(downwash), 날개 업 워시(upwash: 날개 위로 흐르는 흐름), 그리고 날개 길이를 따라서 형성된 국지 유도 속도를 포함하는 3차원 흐름이 형성되고 있음은 주지의 사실이다. 날개 횡방향(spanwise)을 따라서 형성되는 국지 유도 속도는 상대적인 자유공기흐름에 대하여 뒤로 기울어진 단면 양력이 발생하여 이로 인한 유도항력(induced drag)이 초래된다. 초음속 흐름에서 이 같은 흐름 조건 때문에 날개와 직접 연관시킬 수 없다.

[그림4-36]은 직사각형 날개의 흐름 패턴에서 3차원 흐름은 날개끝으로 한정되고 순수한 2차원 흐름은 날개끝 마하콘 사이의 날개면적에 존재하고 있음을 보여주고 있다. 날개끝이 오른쪽 그림과 같이 날개끝 마하콘 외측으로 비스듬하게 경사져 있다면 날개 전체 흐름은 2차원 조건과 동일하게

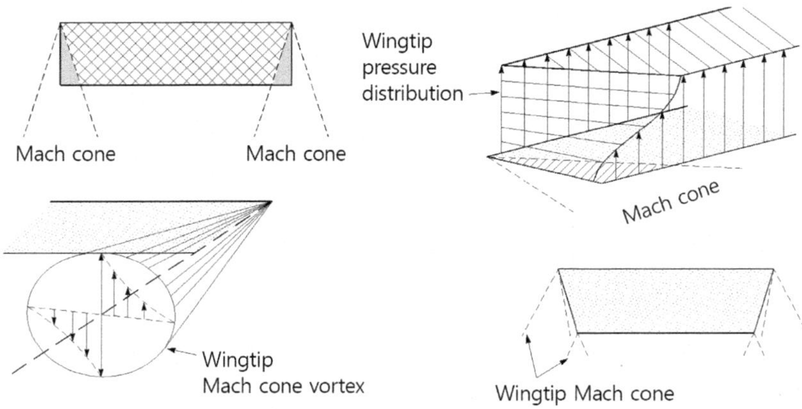

【그림4-36】 직사각형 날개의 끝부분이 생성된 마하콘의 일부 영역에 들어갈 수 있다. 날개의 양쪽 끝에서 마하콘이 발생하여 이를 벗어나기 위한 설계를 고려하지 않으면 날개의 일부 구역이 마하콘 영향을 받게 된다. 아래의 오른쪽 그림은 날개 앞전에서 발생한 마하콘의 영향을 벗어날 수 있도록 날개끝이 안쪽으로 잘린 형태를 보여주고 있다. 날개끝에서의 흐름은 3차원 흐름으로 간주하지만, 마하콘 사이의 날개면적은 2차원 흐름과 유사한 패턴을 보인다.

될 것이다. 따라서 초음속 흐름을 위한 날개는 날개 앞에 업워시(upwash)가 없어야 하고, 3차원 흐름은 날개끝 마하콘으로 한정되어야 하며, 그리고 날개끝 마하콘 사이의 날개 길이를 따라서 국지 유도 속도가 발생하지 않아야 한다. 아음속 유도항력이 양력계수와 가로세로비의 상관관계에 있다면 양력으로 인한 초음속 항력은 에어포일 단면과 받음각의 상관관계에 있다. 실제 조파항력을 최소화하기 위하여 매우 얇은 에어포일이 사용되었다면 작은 가로세로비와 큰 테이퍼비는 구조상의 고려에서 유리하다는 것을 의미한다.

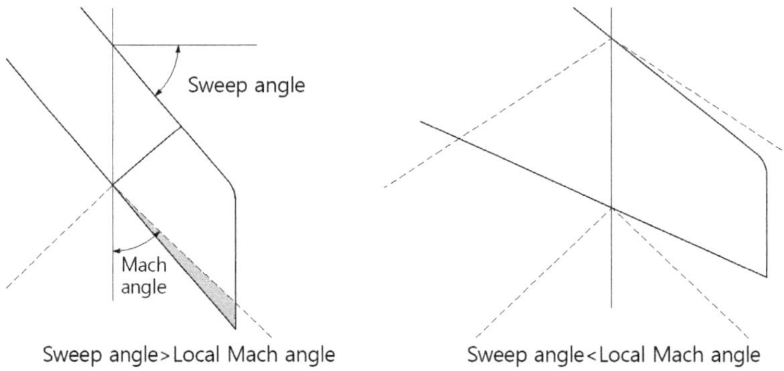

【그림4-37】 후퇴각과 국지 마하각

4.4.2 압력분포

후퇴익 초음속 날개에서 압력분포는 앞전 흐름과 관련된 마하콘의 위치에 따라 영향을 받는다. 후퇴각 날개평면에서 테이퍼비가 적용되지 않았다면 앞전과 뒷전은 [그림4-37]의 왼쪽과 같이 평행하고 이때 앞전의 공기흐름이 아음속이라면 뒷전도 아음속 상태가 놓이게 되면서 아음속 흐름과 유사한 공기역학적 특성이 나타난다. 앞전이 초음속이라면 뒷전 역시 초음속에 놓이게 될 것이고 초음속 공기흐름 특성이 나타나게 될 것이다. 그러나 오른쪽 그림과 같이 뒷전의 후퇴각이 국지 마하각(local Mach angle)보다 크다면 공기흐름은 아음속이 되고, 국지 마하각보다 작으면 초음속이 된다. 후자의 경우라면 뒷전에서 형성된 마하콘의 영향 구역에 날개 일부가 포함되어 결국 앞전은 아음속 그리고 뒷전은 초음속 흐름이 존재하는 양상이 된다. 다시 말해서 초음속 비행에 가장 적합한 유형은 앞전에서 아음속이 존재하고 뒷전에서는 초음속 흐름 패턴의 압력분포가 존재하는 형상이다. 이 같은 설계 조건을 만족하기 위해서는 뒷전의 후퇴각이 앞전의 후퇴각에 비해서 작아야 한다. 아음속에서 압력분포는 앞전과 뒷전의 차이가 크게 발생하고 초음속에서는 앞전과 뒷전의 압력분포가 균등

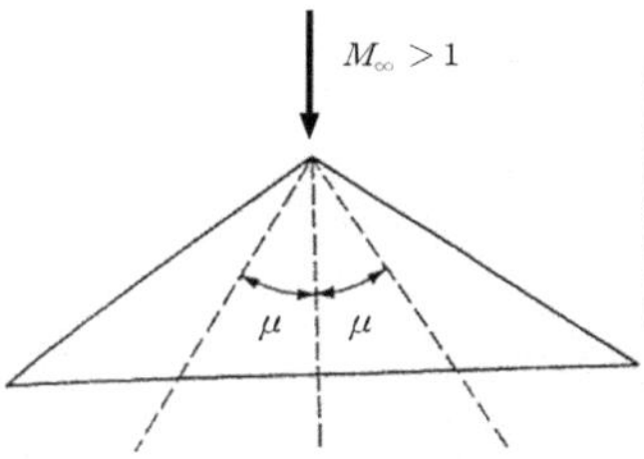

$$\mu = \sin^{-1}\left(\frac{1}{M_\infty}\right)$$

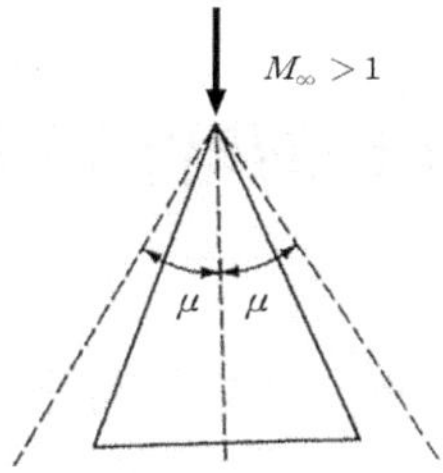

【그림4-38】 날개평면 위의 아음속 흐름 조건을 위해 날개는 앞전 중앙 섹션에서 마하콘 뒤로 젖혀져야 한다.
• 후퇴각 날개 앞전이 마하콘 밖에 있을 때 앞전에 수직인 마하수의 분력은 초음속: 큰 조파항력
• 후퇴각 날개 앞전이 마하콘 안에 있을 때 앞전에 대한 수직 마하수의 분력은 아음속: 조파항력 감소

하지만, 앞전이 아음속 그리고 뒷전이 초음속의 경우는 앞전에서 적절한 크기의 압력분포 그리고 뒷전에서도 적절한 크기의 압력분포가 나타난다. 이를 요약하면 [그림4-37, 38]과 같이 후퇴각과 마하각 사이의 관계에 따라 앞전과 뒷전에서 발생하는 마하콘의 영향 여부를 결정한다. 대부분의 후퇴각 날개에서 앞전보다는 뒷전의 후퇴각이 작게 설계되는 데 이 같은 이유는 국지 마하콘의 영향을 벗어나기 위한 설계이다.

4.5 꼬리날개 조종면

이제까지는 기체와 날개에 영향을 주는 초음속 공기역학을 다루었고, 꼬리날개 역시 초음속의 영향을 받지 않도록 정밀한 설계가 필요하다. 이 문제를 해결하는 방법으로 전체작동 형식 그리고 전체 면적을 더 크게 확장함으로써 에어포일 전체가 공기흐름의 질에 상관없이 원하는 피치 조종을 유지할 수 있다. 또한, 승강타 표면을 더 크게 함으로써 더 많은 공기흐름을 제어할 수 있어 꼬리 부분에 공기하중이 증가할 수 있고, 항공기는 더 높은 속도에서 정밀한 조종이 가능하다.

4.5.1 초음속 조종면

천음속과 초음속 비행을 위한 조종면의 설계 역시 날개의 비행 특성과 마찬가지로 여러 가지 중요한 요소들을 함께 고려해야 한다. [그림4-39]는 천음속 및 초음속에서 꼬리날개 조종면에 흐르는 공기흐름의 패턴을 보여주고 있다. 임계 마하수 이상의 비행에서 기수와 날개에서 형성된 충격파들은 뒷전 조종면의 기능은 크게 떨어뜨릴 수 있다. 공기흐름이 조종면의 버핏팅으로 인하여 초래된 충격파에 의해서 조기에 공기흐름 분리가 발생한다면 이것은 조종면에 매우 큰 장애가 될 수 있다.

조종면의 버핏팅 외에도 공기흐름의 분리로 인한 압력분포의 변화와 충격파의 위치는 조종면 힌지 모멘트(hinge moment)에서 매우 큰 변화를 유발할 수 있다. 이 같은 힌지 모멘트의 변화들은 매우 불리한 조종력을 유발하고 조종계통에서 조종력이 역으로 전달되는 것을 방지하기 위한 장치가 요구된다. 꼬리날개 조종면에서도 날개와 마찬가지로 자유공기흐름의 속도가 음속 또는 음속에 가까워질 때 충격파가 형성된다. 날개의 유형

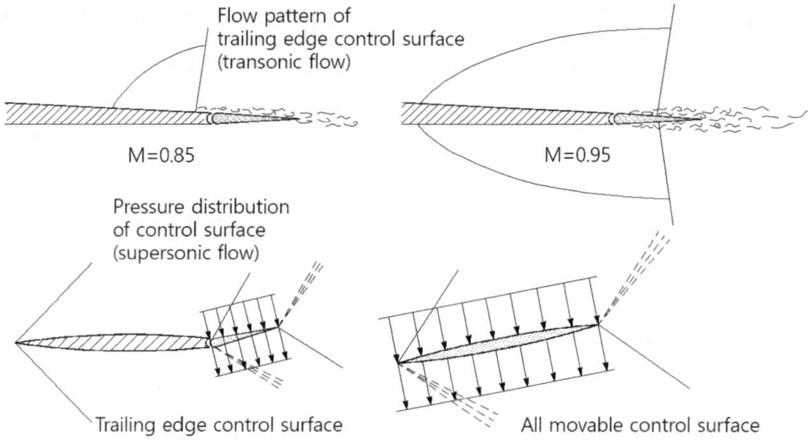

【그림4-39】 천음속과 초음속 흐름에 노출된 꼬리 조종면에서 압력분포가 달라 꼬리날개 조종면 효율에 영향을 줄 수 있다.

과는 다를 수 있지만, 고속 공기흐름에서 발생하는 충격파의 형태는 동일하다. [그림4-39]의 위의 그림(왼쪽)은 임계 마하수 근처에서 충격파가 발생하고 있지만, 승강타의 힌지선에는 영향을 주고 있지 않다. 그러나 속도가 더 빨라짐에 따 충격파의 영향 구역이 승강타 힌지선을 포함하고 승강타는 충격파의 영향을 받게 되어 심각한 조종성을 상실할 수 있다. 천음속 흐름과 달리 초음속 흐름에서 충격파는 꼬리 조종면에만 영향을 미치고 있음을 알 수 있다. 따라서 꼬리 조종면의 기능만 보강한다면 초음속에서의 조종성은 보존될 수 있다.

4.5.2 전체작동 수평꼬리날개(스테빌레이터)

[그림4-39]의 위 그림과 같이 천음속에서 수평꼬리날개 위에서 발생하는 충격파의 영향 구역을 관찰할 수 있다. 임계 마하수 이하에서 고정 수평안정판에서 발생한 충격파는 승강타의 힌지에 영향을 주지 않지만, 마하수가 증가할수록 충격파의 범위는 승강타 위아래에서 동시에 발생하고 있을

뿐만 아니라 승강타의 중간지점까지 충격파의 영향 구역에 포함되어 힌지 모멘트에 심각한 영향을 줄 수 있다. 아래의 그림은 초음속에서 재래식 승강타에서 발생한 충격파가 승강타만으로 제한되고 있음을 관찰할 수 있고 오른쪽의 전체작동 수평꼬리 조종면(stabilator)의 채택으로 수평꼬리날개의 성능을 보강할 수 있도록 설계되어 있다. 꼬리 조종면에서 발생한 불규칙한 진동이 조종간에 거꾸로 전달되지 않도록 강력한 유압 또는 전기 작동기(electric actuators)들을 장착함으로써 조종면에 발달한 공기하중이 조종간으로 피드백(feedback)되는 것을 방지한다. 물론 이들 조종면은 적절한 번지 스프링(bungees spring), 보브웨이트(bobweight) 등으로 보강되어야 한다.

천음속과 초음속 비행은 뒷전 조종면의 효력을 크게 감소시킬 수 있다. 낮은 아음속에서 뒷전 조종면 내림(deflection)은 조종면의 가동 부분뿐만 아니라 고정 표면에서도 압력분포를 변경시킬 수 있다. 예를 들어 40% 시위 승강타의 1° 내림은 스테빌레이터 세팅의 1° 변화와 거의 동등한 양력의 변화가 발생한다. 그러나 조종면에 초음속 흐름이 존재한다면 뒷전 조종면의 내림은 가동(movable) 조종면들 앞에 있는 초음속 구역에 존재하는 압력분포의 영향을 받지 않을 것이다. 특히 이 같은 현상은 초음속 흐름이 시위 전체에 존재하는 높은 초음속 비행영역에서 확실하게 나타나는 현상이고 압력분포의 변화는 조종면의 면적으로 제한된다.

천음속과 초음속 영역에서 뒷전 조종면의 효력이 감소하는 것은 스테빌레이터와 같이 전체작동 수평꼬리 조종면을 적용해야 하는 필요성을 설명해 준다. 이 때문에 대부분의 초음속 항공기의 수평꼬리날개는 [그림4-40]과 같이 전체작동 조종면으로 설계되는 것이 보편적이다. 왜냐하면, 초음속 비행에서 세로 안정성의 증가는 초음속 기동을 위해서 필요한 조종성을 달성하기 위해서는 높은 조종 효력(control efficiency)이 필요하기

【그림4-40】 현대 전투기의 꼬리 조종면이 상대적으로 크게 설계되는 것은 초음속 흐름 속에서 효율적 기동성을 유지하기 위함이다.

때문이다.

이를 요약하면 [그림4-40]과 같이 초음속 전투기의 수평꼬리날개는 대부분 전체가 움직일 수 있도록 설계되어 있다. 높은 기동성을 발휘하기 위해서는 강력한 기능을 갖춘 승강타의 역할이 요구되지만, 충격파의 영향으로 상대적으로 약해진 수평꼬리날개의 성능을 보강하기 위한 고려이다.

전체작동 스테빌레이터를 사용하는 주요 이유는 초음속에서의 안정성과 기동성 향상이다. 에어포일이 임계 마하수에 도달하면 윗면 흐름은 음속을 초과하면서 충격파가 형성된다. 이 충격파는 날개의 뒷전에서 공기흐름의 경계층 분리를 초래하여 전형적인 승강타 표면이 배치된 위치에 영향을 준다. 이는 날개의 양력을 감소시키면서 승강타 표면의 효력을 감소시켜 마하턱 현상으로 이어진다. 이 문제를 해결하기 위해서 전체작동 조종면으로 설계함으로써 전체 에어포일은 공기흐름의 질과 관계없이 공기흐름을 유도하고 따라서 항공기 피치를 제어하는 데 사용되므로 이 문제를 해결할 수 있다. 또 다른 이점으로는 승강타 표면이 클수록 더 많은 공기흐름의 방향을 조절할 수 있어 꼬리 부분에 더 많은 힘이 작용하므로 더 높은 속도에서 적절한 피치 조종이 가능하다. 이 같은 설계의 최종 결과는 전체작동 스테빌레이터로 설계하는 것이다. 이들 요소는 모두 전투기 설계에서 마하수 1.0(일부는 M=2.0을 초과할 수 있음)에서의 비행이 가능하고, 높은 피치 조종에서 기체의 관성 모멘트가 증가하더라도 높은 기동성을 유지할 수 있다.

4.5.3 엘리본 또는 테일러론

엘리본 또는 테일러론(elevons or tailerons)은 [그림4-40]과 같이 승강타와 도움날개(ailerons)의 기능을 결합한 항공기 수평꼬리날개이다. 이들 조종면은 플라잉 윙(flying wing)과 같은 꼬리날개 부분이 없는 항공기(tailless aircraft)에 주로 사용된다. 주 날개의 일부가 아닌 별도의 꼬리 표면인 엘리본은 스테빌레이터이다. 콩코드와 같이 길고 날렵한 날개와 동체 일체형에서는 피치와 롤 조종을 위한 엘리본(elevons)을 채택했다. 콩코드는 6개의 엘리본으로 피치와 롤을 조종하고, 요(yaw)는 2개의 방향타로 조종된다. 콩코드에는 꼬리 조종면이 없고, 날개의 뒷전을 따라 엘리본이 배치된다. 테일러론은 꼬리에 장착된 엘리본으로 도움날개와 승강타의 기능을 결합한 것이다. 일반적으로 델타 및 후퇴각 날개 플랫폼에서 사용되며 주날개 날개끝 가까이에 배치된다. 조종간의 앞뒤 움직임은 테일러론이 함께 움직여 승강타와 같이 피치를 조종하고, 조종간을 좌우로 움직이면 차동 작동으로 움직여, 한쪽 테일러론은 올라가고 반대 테일러론은 내려가면서 마치 도움날개와 같이 롤 축을 중심으로 회전한다.

Chapter 5 음속폭음(소닉 붐)

5.1 개요

콩코드와 같은 민간 초음속 항공기는 여러 문제점과 연이은 사고로 인해 운항이 중단되었다. 초음속 항공기의 문제점 중의 하나가 [그림5-1]과 같이 음속을 돌파할 때 발생하는 충격파의 부산물인 엄청난 폭음이다. 음속폭음으로 잘 알려진 이 폭음은 비행기가 음속을 돌파하는 과정에서 발생하는 피할 수 없는 현상 중 하나이다. 비행체가 음속보다 느리게 이동할 때 압력은 넓은 영역에 분산되지만, 속도가 빨라질수록 압력은 점점 더 좁은 영역으로 쌓이면서 분산된다. 비행체 속도가 음속을 초과하면서 압력은 분산되지 못하고 뾰쪽한 모양의 가장자리 압력파를 생성하여 지상까지 확장된다. 음속폭음은 급격한 압력변화를 청각으로 인식하는 것이다.

【그림5-1】 수면에 물보라를 일으킬 정도의 압력파 확산을 관찰할 수 있다.

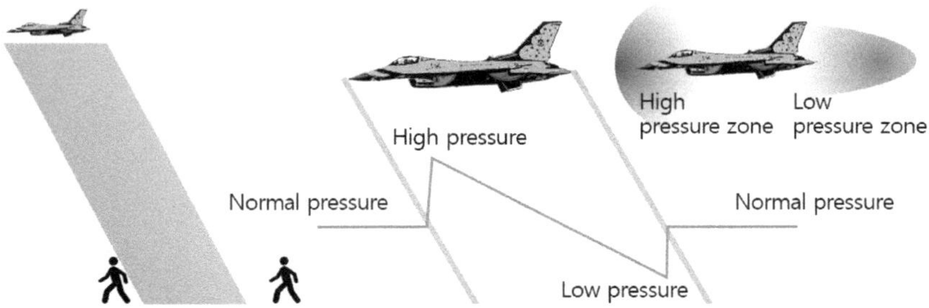

【그림5-2】 비행체에서 생성된 압력파는 N-자 모양이다. 첫 압축 공기(고압)는 압력이 급격하게 떨어진 후 정상 압력으로 빠르게 회복한다. 일반적으로 N-파의 지속 시간은 전투기와 같은 소형 항공기는 약 0.1초 정도, 그리고 콩코드와 같은 대형 항공기는 약 0.5초 사이이다. 긴 N-압력파와 함께 두 번의 음속폭음을 들을 수 있는 것은 하나는 파동의 시작 그리고 다른 하나는 끝에서 생성된 폭음이다. 음속폭음은 한 번으로 그치지 않고 초음속 비행체 뒤를 따라 연속으로 이어진다. 이 때문에 N-파가 지나가는 각각의 관찰자는 음속폭음을 듣게 된다.

5.2 음속폭음

5.2.1 음속폭음의 특징

보통 소리의 파장은 잠재적 물리적 피해를 주지 않지만, 충격파로 인한 폭음(sonic boom)은 상당한 소음 피해를 줄 수 있어 피해야 한다. 초음속 비행이 일반화됨에 따라 인구 밀집 지역에서 음속폭음의 방지가 매우 어렵고 까다로운 일이 되었다. 음속폭음은 [그림5-2, 3]과 같이 항공기가 음속을 돌파하는 순간 기수 충격파와 거의 동시에 꼬리 충격파도 함께 발생한다. 이들 충격파는 약간의 시차를 두고 발생하면서 앞쪽 고압(high pressure)과 후속 저압(low pressure)의 형태로 발달한다. 이 같은 강력한 압력 파장이 지상에 도달했을 때 폭음으로 들릴 수 있다. 대기가 정적인 상태라면

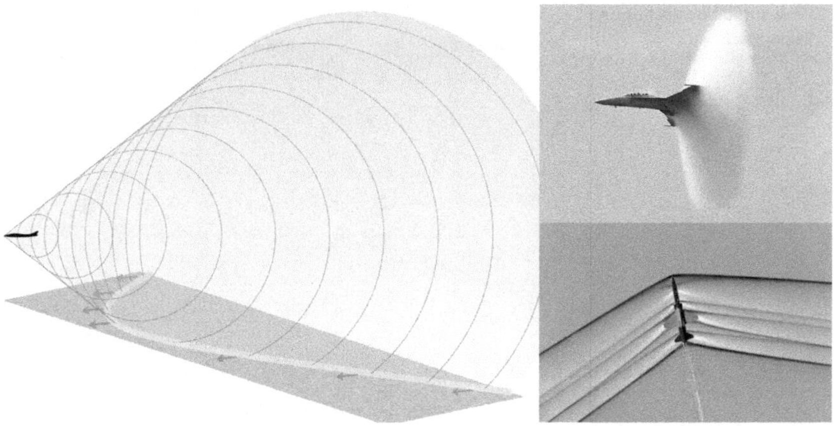

【그림5-3】 항공기가 음속을 돌파하는 순간 원뿔 충격파(파란색)가 확산하면서 지상(노란색)까지 도달했을 때 폭음을 청취할 수 있다. 이것이 음속폭음이다. 지상까지 확산한 압력파의 길이는 항공기 고도의 대략 5배 정도이다. 예를 들어 5km 높이에서 비행하는 초음속 항공기는 뒤에서 약 25km 폭의 음속폭음 압력파를 생성한다.

유발 항공기의 바로 아래에 있는 지역이 최대의 폭음을 청취하게 될 것이다. 때로는 전투기 한 대가 지역 사회 전체를 흔들리게 하거나 사람이나 동물을 놀라게 할 수 있어 인구 밀집 지역 상공에서는 음속 돌파를 금지하고 있다.

5.2.2 초음속과 음속폭음

음속 또는 음속에 가까운 속도로 비행할 때 충격파가 발생한다는 사실과 충격파는 엄청난 에너지 소모를 동반한다는 것은 주지의 사실이다. 음속폭음은 초음속 비행 중에 형성된 충격파로 인하여 발생한 압력파(pressure wave)라고 정의할 수 있다. 일반적으로 소리는 듣는 것으로만 알려졌지만 소리의 강도가 높아지면 압력파를 통해서 소리를 느낄 수 있을 정도가 된다. 예를 들어 볼륨을 최대로 높였을 때 스피커가 가볍게 떨리는 현상에

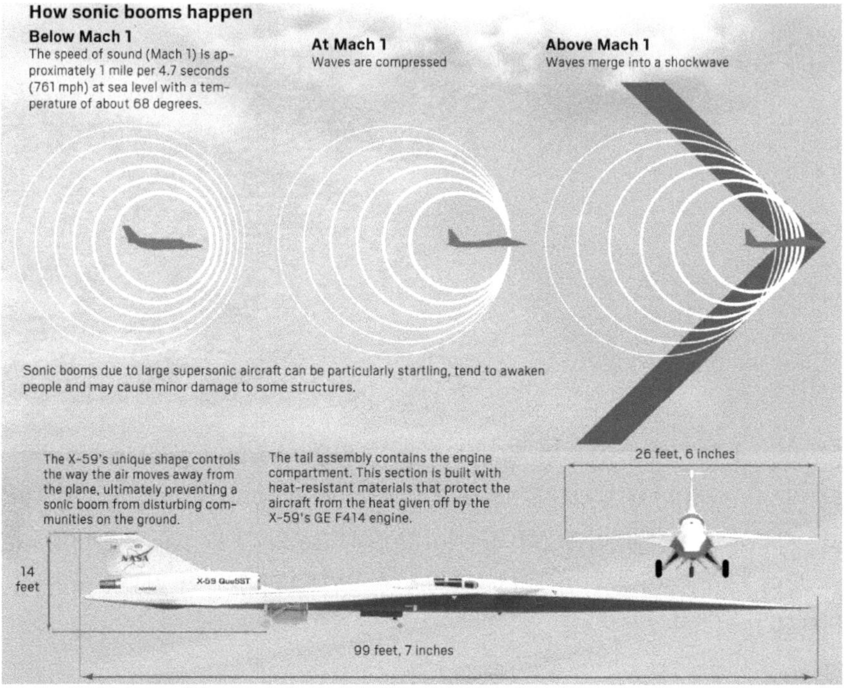

【그림5-4】 대형 초음속 항공기에서 발생하는 음속폭음은 사람이나 동물에 매우 민감하다. 때로는 유리창이나 약한 건물을 무너뜨릴 수 있다. 음속폭음은 M=1.0에서 충격파가 압축되기 시작해서 M>1.0 이상에서 충격파가 합쳐지면서 하나의 강력한 충격파가 된다. NASA에서 개발한 X-59 QueSST 음속폭음을 최소화할 수 있도록 독특하게 설계되었다.

서 음파의 강도를 느낄 수 있는 것과 같다. 비행기가 초음속 비행에 진입했을 때 비행기 표면 위에서 발생하는 국지 압력과 속도 변화는 충격파의 형태와 일치하여 나타난다. 비행기 표면에 바로 인접해 있는 충격파를 통한 압력점프(pressure jump)는 이들 표면에서 발생하는 국지 흐름 변화로 결정된다. 물론 충격파의 강도와 충격파를 통한 압력점프는 비행기로부터 멀어지는 거리에 따라 급격히 감소한다. 충격파를 통과한 압력점프가 비행기 표면으로부터 멀어질수록 감소하기는 하지만 완전히 없어지지 않고 매우 작은 압력파가 비행기로부터 상당한 거리에 남아있다는 것을 예측할 수 있다.

소리(sound)는 일련의 매우 약한 압력파들이 공기를 매체로 전달된다. 일반 가청 주파수 범위에서 소리를 들을 수 있는 강도의 한계는 대략적인 R.M.S 압력 값이 0.0000002 psf 정도의 압력파들이다. 동일 주파수 범위 내에서 소리를 느낄 수(feeling) 있는 강도의 한계는 대략적인 R.M.S 압력 값이 0.2~0.5 psf 정도이다. 소리를 느낄 수 있는 한계에서 지속적인 소리는 청각 고통을 유발할 수 있는 강도이다. 따라서 비행기가 초음속으로 비행할 때 발생한 충격파는 가청음을 유발할 수 있고, 극단적일 때 상당한 소음이 발생할 수 있는 크기까지 증가할 수 있다. 초음속 비행 중에 압력점프는 0.02~0.3 psf(pounds per square foot) 정도가 기록되었다.

5.2.3 음속폭음 형태

[그림5-3, 4]는 음속폭음의 발생과정을 잘 보여주고 있다. 비행기가 초음속 수평비행하고 있을 때 충격파의 패턴은 비행기의 유형과 비행 마하수에 크게 영향을 받으면서 발달한다. 비행기로부터 상당히 먼 거리에서 이들 충격파는 보통 두 개의 전선을 따라서 합쳐지는 경향이 있고 원뿔 표면 모양으로 비행기로부터 멀리 확장된다. 비행기로부터 기수 쪽에서 발생한 충격파(선수 충격파)와 꼬리날개 부분에서 발생한 또 하나의 충격파(꼬리 충격파)가 발생하기는 하지만 그림과 같이 약간의 시차가 있음을 알 수 있다. 이들을 전체적으로 관찰했을 때 마치 N-자 모양의 충격파가 형성되고 선수 충격파는 과압 상태이고, 꼬리 충격파는 상대적인 저압 상태로 발전하면서 비행경로 아래로 확장된다. 이들 한 쌍의 충격파가 지상에 도달하면서 과압 쪽이 먼저 도달하면서 폭음을 발생시키고 후속해서 저압

쪽의 충격파가 도달하면서 또 다른 폭음을 유발한다. 따라서 음속폭음은 "쿠-쿵" 하는 듯한 이중 폭음으로 나타나는 원인이다.

5.2.4 음속폭음의 잠재적 피해

충격파 강도는 비행기로부터 먼 거리에 있을수록 감소하지만, 압력점프는 비행기로부터 상당한 거리까지 가청 강도로 남아있다. 파장이 지상 또는 수면까지 확장되었다면 파장은 반사되고 반사 표면의 특성에 따라 일정 확장 거리까지 감지된다. 여기서 확장된 파장이 인구 밀집 지역을 가로질러 형성되었다면 이 지역 사람들은 음속폭음인 압력파들을 경험하게 될 것이다. 음속폭음의 가장 우려되는 피해는 폭음과 이로 인한 진동이다. 파장 강도는 음원으로부터 멀어질수록 급격히 감소하기 때문에 음속폭음은 [그림5-3]과 같이 방출 지점 근처에서 가장 강하게 청취할 수 있다. 음속폭음의 가장 큰 잠재적 문제는 요란의 소음 그 자체와 피해이다. 보통 음속폭음의 파손 잠재성은 매우 낮고 주요 효과들은 강도가 극도로 약하고 부서지기 쉬운 건축물로 한정되며 높은 잔류응력(residual stresses) 특성을 갖는다. 비행기에서 발생한 극도로 높은 압력파만이 석고 구조물이나 유리창에 금이 가게 할 수 있을 정도이다.

실제로 음속폭음의 가장 어려운 문제는 상당한 폭음과 이로 인한 우려와 피해이다. 비행기 근처에서 충격파를 통한 압력점프는 지상에서 통상적인 가청 음속폭음보다 훨씬 크다. 따라서 비행기들이 초음속으로 근접 편대비행하고 있다면 비행기 사이에 상당한 간섭에 직면할 수 있다. 이외에도 고속 비행기는 특히 낮은 하중계수 값을 갖는 대형 비행기에 근접해서 초음속으로 비행해서는 안 된다. 이 같은 이유는 강력한 압력파는 하중계수가 낮은 대형 비행기를 쉽게 흔들리게 하거나 구조적 파손을 입힐 수 있기 때문이다.

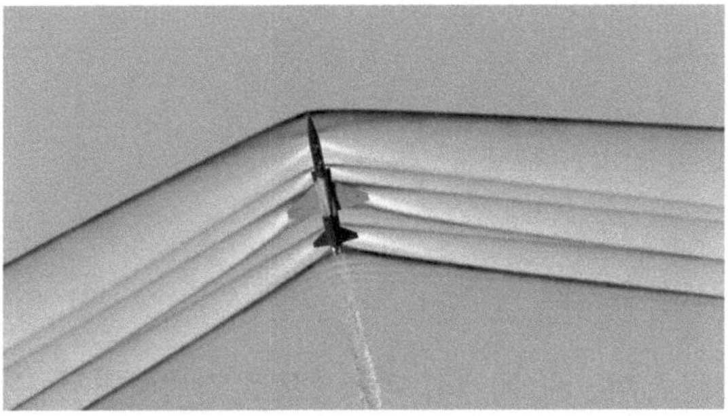

【그림5-5】 비행 중인 항공기에서 충격파는 기수, 날개 그리고 꼬리 충격파가 뚜렷하다. 이들이 시차가 있으므로 지상에서는 "쿠-궁"하는 소리로 들릴 수 있다.

5.2.5 음속폭음 영향 요소

일반적으로 음속폭음의 강도는 항공기의 받음각, 횡단면적, 고도 그리고 마하수와 같은 여러 요소에 달려 있다. 또한, 충격파를 유발하는 비행기의 특성은 상당한 중요성이 있는 데 이는 대형, 높은 항력 그리고 높은 총중량의 비행기가 높은 마하수에서 비행할 때 공기질량에 더 큰 에너지가 전달되기 때문이다. 고도가 높아질수록 음속폭음의 강도는 약해진다. 고고도에서는 형성된 파장 형태를 가로지르는 압력점프가 상당히 작기 때문이다. 이외에도 고고도에서는 압력 요란을 유발하는 음원과 지표면 사이의 거리가 더욱 증가하고 파장의 강도는 거리가 멀어질수록 감소한다. 기온과 밀도 그리고 대기의 자연적 난기류가 더해진 일반적인 변화는 높은 고도에서는 충격파가 반사되거나 멀리 퍼지는 경향이 있다. 그러나 안정 대기에서 고고도 초음속 비행기에서 발생한 압력 파장은 약 50~60km 거리에서도 들을 수 있을 정도의 가청 크기가 존재한다. 음속폭음은 건조한 공기보다 폭음을 더 크게 만드는 습한 공기의 영향을 받는다. 일반적으로 음속폭음은 다음과 같은 조건에 따라 달라질 수 있다.

① 항공기 고도와 속도

② 항공기 모양과 기하 구조

③ 비행 각도

④ 기온
⑤ 공기역학적 항력
⑥ 기타

5.2.6 회피기동

비행기가 초음속 급강하(supersonic dive)에서 아음속으로 감속하면서 음속폭음을 유발하지 않고 비행할 수 있다. 비행기가 초음속에서 아음속으로 감속함에 따라 앞전 선수 충격파와 꼬리 충격파 파장에서 벗어나게 된다. 이는 마치 선수파를 일으키며 항해하던 배가 파도 확산 속도 이하로 감속했을 때 선수파는 뱃머리에서 멀어지면서 벗어나게 되는 것과 같은 현상이다. 비행기가 아음속으로 감속되었을 때 충격파의 모양은 구면체로 변하면서 비행기 앞쪽으로 이탈한다. 충격파를 통한 밀도의 변화가 존재하기 때문에 비행기 앞으로 이동하는 충격파는 약한 파장으로 변질되고 이것은 마치 거대한 투명 셀룰로이드 또는 플라스틱판과 같이 비행기 앞에 펼쳐진 것처럼 보인다.

이외에도 밀도 변화와 비행기에서 벗어나고 있는 파장 모양이 태양 광선에 반사되어 조종사에게 "섬광"처럼 나타날 수 있다. 물론 아음속으로 감속하면서 비행기 앞으로 이동하는 파장들이 인구 밀집 지역까지 도달하여 음속폭음을 유발할 수 있다. 방출된 파장의 초기 방향은 비행기가 아음속으로 감속되는 순간 비행기의 비행경로와 일치한다. 이때 항공기의 진행 방향은 비록 멀리 있다고 할지라도 방출 파장이 인구 밀집 지역을 향하지 않도록 해야 한다. 이를 요약하면 선수 충격파는 비행경로 방향으로 확산하는 특성이 있다. 음속폭음의 영향을 최소화하기 위해서 인구 밀집 지역을 벗어날 수 있는 비행경로에서 아음속으로 감속하면 선수 충격파는 비행경로 앞으로 확장되면서 멀어져 자연적으로 소멸한다.

【그림5-6】 미래 초음속 여객기의 주요 기술적 과제 중 하나는 음속폭음을 낮추는 것이다. 이를 위해서 기수에 긴 스파이크를 장착해서 충격파 발생을 분산시켜 합쳐지지 않도록 유도하는 것이다. 동체와 날개를 일체형으로 설계하고, 한 개의 큰 꼬리 형상보다 작은 두 개의 꼬리로 분산해서 충격파 영향을 최소화했다.

5.2.7 요약

충격파는 항공기의 기수, 날개, 흡입구, 꼬리날개와 같이 각진 표면에 발생한다. 그러나 대부분 초음속 항공기는 앞쪽과 뒤쪽에서 하나의 큰 충격파가 결합하여 음속폭음을 발생시킨다. 음속폭음의 주원인이 충격파라는 것이 알려졌고, 이를 최소화할 수 있도록 분리하는 기술이 개발되고 있다. 약한 음속폭음은 대기 중에서 지상으로 이동하면서 사라질 것이다. [그림 5-6]과 같은 미래 초음속 항공기(SST)는 "노즈 스파이크"와 함께 동체와 날개 구조를 더 날렵하게 설계함으로써 소닉 붐을 최소화할 수 있다.

초음속 항공기가 지나간 뒤에 원뿔 모양의 파동이 형성된다. 때로는 바람과 대기의 온도 변화로 원뿔형 파동이 뒤틀려 지상에 도달하지 않을 수 있고 이를 "마하 차단 조건"이라고 한다. 소닉 붐을 줄이기 위한 주요 기술로 항공기의 모양과 크기에서 "QuietSpike"와 유려한 동체 및 날개 구조가 있다. 이들 설계는 항공기의 각 부분에서 발생하는 부분 충격파가 너무 크지 않게 그리고 상호작용으로 결합하는 것을 방지하는 데 도움이 될 것이다. 미래 저소음 소닉 붐 항공기는 충격파들이 상호 결합하지 않는 일련의 작은 소닉 붐 발생을 유도할 수 있도록 설계될 것이다. 때때로 앞뒤 충격 사이의 시간이 너무 짧아서 그 차이를 듣지 못한다.

❖ Quiet Spike

Quiet Spike는 Gulfstream Aerospace 그리고 NASA's Dryden Flight Research Center가 공동으로 음속폭음 억제를 실험하기 위해서 기수 앞쪽으로 길게 뻗어 나오는 특별히 설계된 붐(boom)이다.

Chapter 6 초음속 항공기 소개

6.1 개요

1903년 동력 비행기가 첫 비행을 한 후 약 43년(1946) 만에 음속을 돌파한 항공기가 개발되었다. 프로펠러 비행기로는 음속 장벽을 돌파할 수 없었고 제트엔진이 개발되면서 본격적인 제트기 시대가 되었다. 제트엔진의 지속적인 성능 향상과 초음속 항공역학의 적용으로 현재 초음속 비행기는 음속의 2~3배 이상을 넘어 그 이상의 속도에 도전하고 있다. 국산 KAI T-50(FA-50), KF-21 역시 초음속 항공기이다.

초음속 항공기는 20세기 후반 주로 연구 및 군사 목적으로 개발되었다. 민간 운송용 초음속 여객기(SST)는 모두 퇴역했지만, 전투기 위주로 초음속 항공기 개발은 계속되고 있다. 초음속에서 공기흐름 패턴과 성질은 아음속 공기역학과 극적으로 다르므로 이에 따른 항공역학과 상당한 기술적 문제를 수반한다. 특히 항공기가 천음속 영역을 통과할 때 공기역학적 항력이 급격히 증가하므로 높은 엔진 추력과 함께 짧고 날렵한 날개 그리고 유선형 기체 설계가 필수이다. 초음속 여객기의 필수요건으로 소닉 붐(폭음)을 해결하기 위한 연구가 진행되고 있다. 앞 장에서 초음속 공기역학 이론과 관련 구조를 다루었다. 이 장에서는 주요 초음속 항공기의 세밀한 특징 위주로 소개한다.

6.2 초음속 실험 항공기

6.2.1 Bell X-1

Bell X-1은 [그림6-1]과 같이 미국의 로켓 추진 초음속 연구 비행기로 수평 비행에서 음속을 초과한 최초의 항공기로 기록되었다. 1947년 10월 14일, 캘리포니아 모하비 사막 상공에서 B-29 폭격기의 폭탄 칸에서 발진된 X-1은 43,000피트(13,000m) 고도에서 시속 1,066km의 음속 장벽을 깨고 최고 시속 1,126km(700마일), 마하 1.06의 속도에 도달했다. 이 항공기에는 미 공군 대위 "척 예거(Chuck Yeager)"가 탑승했다. X-1은 초음속에서 안정적인 것으로 알려진 브라우닝 0.50구경(12.7mm) 기관총 탄환과 매우 흡사한 설계로 "날개 달린 탄환"으로 불렸다. 후퇴익에

【그림6-1】 Bell X-1

- 1946년 1월 19일 첫 비행
- Maximum speed: Mach 2.44, 2,594km/h, 1,401kn
- X-1E: M2.24, 2,330km/h, 1,260kn
- Service ceiling: 70,000ft(21,000m)

관한 연구가 아직 알려지지 않았기 때문에 이 항공기에는 적용되지 않았다. 또한, 수평 꼬리날개는 전체작동(all-moving; all-flying) 형태로 설계되었다.

❖ X-plane
X-plane은 미국의 일련의 실험용 항공기와 로켓으로 새로운 기술과 공기역학적 개념을 시험하고 평가하는 목적으로 제작된 항공기의 지정자이다. 그러나 모든 미국의 실험용 항공기가 X-plane으로 지정된 것은 아니다. 일부는 1962년 이전에 미국 해군으로부터 지정자를 받았고, 다른 항공기들은 제조사의 지정자 "X" 시리즈가 아닌 지정자 또는 분류된 코드명으로만 알려졌다.

6.2.2 X-15(North American X-15)

X-15는 미국 공군과 항공우주국(NASA)이 X-plane 시리즈의 실험용 항공기의 일부로 운용하는 극초음속(hypersonic) 로켓 추진 항공기다. 1967년 10월 3일 William J. Knight가 탑승한 X-15는 102,100피트(31,120m)의 고도에서 시속 7,274km, 마하 6.7 비행 기록을 세웠다. 이 기록은 동력 항공기에 조종사가 탑승한 공식 최고속도가 되었다. X-15는 2기의 Reaction Motors XLR11은 에틸알코올과 액체 산소를 사용한 액체 추진 로켓엔진을 사용했다. X-15는 극초음속으로 안정적으로 비행할 수 있도록 두꺼운 쐐기 모양 꼬리(wedge tail)로 설계되었다. 이것은 저속에서 상당한 양의 유해 항력을 발생시켰으며, X-15 항공기의 짧고 뭉툭한 후방은 F-104 전투기의 전체 항력만큼의 항력이 발생한다. 또한, 적절한 방향 안정성을 부여하기 위해서 날개 면적의 60%에 해당하는 수직 꼬리 면적이 요구되었다. 꼬리 부분에서 확장할 수 있는 사이드 패널은 전체 표면적을 증가시켜 극초음속에서의 안정성을 지원하고, 저속에서 에어 브레이크로서 항력을 두 배로 증가시켰다.

【그림6-2】 X-15(North American X-15)

- 1959년 6월 8일 첫 비행
- Powerplant: 1 × Reaction Motors XLR99-RM-2
  liquid-fuelled rocket engine, 70,400 lbf (313 kN) thrust
- Maximum speed: 7,270 km/h(3,930 kn)
- Service ceiling: 354,330ft (108,000m)

❖ NASA X-43

X-43은 극초음속에서 발생할 수 있는 공기역학적 현상 등을 실험하기 위해서 계획되었다. 이 항공기는 무인 극초음속 스크램제트 항공기로 약 마하 9.6을 기록한 가장 빠른 제트 동력 항공기다. 부스터 로켓으로 목표 속도와 고도에 도달한 후 폐기되고, 이후 X-43은 자체 엔진인 스크램제트를 사용하여 자유 비행한다. 이 비행체는 날개에 의존하지 않고 항공기의 동체가 비행을 위해 상당한 양의 양력을 제공하는 양력-동체 설계이다.

6.3 초음속 전투 항공기

6.3.1 Convair XF-92

이 항공기는 [그림6-3]과 같이 미국의 첫 델타 날개(delta wing) 실험용 제트 시제기였다. Convair는 독자적으로 얇은 고속 델타 날개를 개발했다. 날개는 앞전을 뒤로 젖히고 뒷전은 직선으로 되어 완전한 삼각형 모양을 이루었다. 이 같은 새로운 날개 설계로 공기역학적 특성이 크게 향상되었음을 발견했다. 이후 여러 항공기 설계에서 델타 날개가 사용되었다. 이 프로그램으로부터 얻은 안정성과 제어, 피치 업, 그리고 양항비 특성은 F-102, F-106, XF2Y-1 Sea Dart, 그리고 B-58 항공기 기술에 적용되었다.

【그림6-3】 Convair XF-92

- 1948년 9월 18일 첫 비행
- Powerplant: 1 × Allison J33-A-29 afterburning turbojet engine, 4,500 lbf (20 kN) thrust dry, 7,500 lbf (33 kN) with afterburner
- Maximum speed: 1,156km/h, 624kn
- Service ceiling: 50,750ft (15,470m)

6.3.2 F-86(North American F-86 Sabre)

F-86 세이버로 잘 알려진 천음속 제트 전투기로 한국 전쟁(1950-1953) 당시 소련의 MiG-15에 대응할 수 있는 미국의 첫 후퇴익 전투기로 잘 알려져 있다. F-86은 공중전 및 대지 공격 능력이 우수한 핵심 공중 전력 전투기 중 하나로 다른 시대의 전투기들과 비교했을 때 높은 평가를 받았다. 1940년대 후반에 개발되었고 1950년대 말까지 구식이 되었지만, 세이버는 다양한 임무를 수행할 수 있어 여러 국가의 공군에서 최일선 전투기로서 활약했다. 세이버는 모든 개량형을 포함하여 총 9,860대가 생산되어 지금까지 가장 많이 생산된 서구 제트 전투기다.

【그림6-4】 F-86(North American F-86 Sabre)

- 1947년 10월 1일 첫 비행(9,860대 생산)
- Powerplant: 1 × General Electric J47-GE-27 turbojet engine, 5,910 lbf (26.3 kN) thrust
- Maximum speed: 1,106km/h, 597kn) at sea level
- Maximum speed: 964km/h(521kn) at 35,000ft(10,668m)
- Service ceiling: 49,600ft (15,100m) at combat weight

6.3.3 MiG-21(Mikoyan-Gurevich MiG-21)

MiG-21은 [그림6-5]와 같이 구소련의 초음속 제트 전투기이자 요격기이다. MiG-21은 4대륙에 걸쳐 약 60개국 공군에서 채택되었고, 첫 비행 후 60년이 지난 지금도 여전히 많은 국가에서 운용되고 있다. 이 전투기는 항공 역사상 가장 많이 생산된 초음속 제트 항공기가 되었고, F-15와 F-16 전투기 이전에 어느 전투 항공기보다도 가장 긴 생산 기간을 기록했다. MiG-21은 비교적 저출력 재연소기 터보제트로 마하 2를 달성한 경량 전투기로 미국 F-104, F-5 그리고 Dassault Mirage III에 필적한다. 그러나 충격 원뿔(shock cone)과 전면 공기흡입구 특징은 레이더 장비를 위한 공간이 제한되기 때문에 구소련 외의 국가에서는 널리 사용되지 않았다.

【그림6-5】 MiG-21(Mikoyan-Gurevich MiG-21)

- 1955년 6월 16일 첫 비행(11,496대 생산)
- Powerplant: 1 × Tumansky R-25-300 afterburning turbojet, 40.18 kN (9,030 lbf) thrust dry, 69.58 kN (15,640 lbf) with afterburner
- Maximum speed: 2,175km/h (M2.05) at 43,000ft(13,000m)
- Maximum speed: 1,300km/h (M1.06) at sea level
- Service ceiling: 57,400ft (17,500m)

【그림6-6】 배면 스피드 브레이크와 벤트럴 핀

MiG-21은 델타 날개의 앞전 후퇴각은 57°, 붙임각은 0°, 그리고 상반각은 -2°이다. 뒷전에는 에일러론과 플랩이 있고 에일러론 앞에 날개 펜스가 있다. 동체는 타원형 프로파일과 세미-노모코크 형태이다. 엔진으로 유입되는 공기흐름은 흡입구 원뿔(inlet cone)로 조절된다. 초기 모델에서는 원뿔의 위치는 3개로 고정되었다. 마하 1.5 속도에서 원뿔은 최대 후방 위치로 완전히 들어간다. 마하 1.5~1.9 사이 속도에서 원뿔은 중간 위치로 이동한다. 그리고 마하 1.9 이상의 높은 속도에서 원뿔은 최대 전방 위치로 이동한다. 최신 모델에서 흡입구 원뿔은 실제 속도를 기반으로 이동한다. 기수의 양쪽에는 지상과 이륙 중에 엔진에 더 많은 공기를 공급하기 위한 측면 도어(door or gill)가 있다. MiG-21의 첫 번째 개량형에서는 피토 튜브가 기수 아래에 장착되었으나, MiG-21P 개량형에서 이 튜브는 공기흡입구 상단으로 옮겼다. 이후 버전에서는 피토 튜브 부착점을 오른쪽으로 15도 이동시켰고, 캐노피 바로 앞과 조종사의 시선(eye line) 아래에 비상 피토 헤드가 있다.

6.3.4 SR-71(Lockheed SR-71 Blackbird)

SR-71은 장거리 고고도 전략 정찰기로 마하 3.0 이상의 속도로 비행했다. 이 항공기 특징 중 하나로 [그림6-7]과 같은 세인(chines)은 강한 소용돌이를 일으켜 부가 양력을 생성함으로써 공기역학적 특성이 크게 향상되었다. 델타 날개의 작은 붙임각(angle of incidence)은 고속에서 더 큰 안정성과 항력을 낮출 수 있어 연료나 정찰 장비 등 더 많은 무게를 적재할 수 있다. 또한, 착륙 속도를 더 낮출 수 있었던 것 역시 세인에서 발생한 강한 와류에 의한 부가 양력이 높은 받음각에서 실속을 지연시킬 수 있었기 때문이다. 이 설계 개념은 F-5, F-16, F/A-18, MiG-29, Su-27과 같은 전투기의 기동성을 증가시키는 앞전 확장 장치(leading-edge extensions; LEX)로 작용했다.

SR-71의 공기흡입구(air inlet)는 마하 3.2 이상의 속도로 비행할 때 엔진에 유입되는 공기를 아음속으로 감속하여 순항할 수 있도록 설계되었다. 따라서 이 항공기는 마하 3.2에서 효율이 가장 높은 설계점(design point) 속도이다. 그러나 실제 SR-71은 NM 당 연소되는 연료 파운드로 측정되는 외기 기온에 따라 훨씬 더 빠른 속도에서 효율이 높은 것으로 나타났다. 각 흡입구의 앞쪽에는 "스파이크(spike)"라고 하는 뾰족한 이동 가능한 흡입구 원뿔은 지상에 있거나 아음속 비행 중에는 전면 위치에 잠겨있다. 마하 1.6을 넘어 가속했을 때 내부 잭-스크루가 피토-정압 시스템, 피치, 롤, 요 및 받음각을 고려한 아날로그 공기흡입구 컴퓨터 지시에 따라 스파이크를 안쪽으로 26인치(66cm)까지 이동시킨다. 스파이크 팁이 이동하면서 충격파를 흡입구 카울링(cawling)에 더 가깝게 끌어당겨 카울링 테두리 내부에 닿을 때까지 이동한다. 이 위치는 스파이크 중심 몸체와 흡입구 내부 카울링 측면 사이에서 반복적으로 스파이크 경사충격파를 반사시켜 누출 항력의 원인인 공기흐름 누출을 최소화했다. 아음속 디퓨저로 유입되었을 때

【그림6-7】 SR-71(Lockheed SR-71 Blackbird)

- 1964년 12월 22일 첫 비행
- Powerplant: 2 × Pratt & Whitney J58 afterburning turbojets, 25,000 lbf (110 kN) thrust each
- Maximum speed: 3,540km/h(1,910kn) at 80,000ft
- Maximum speed: Mach 3.3
- Service ceiling: 85,000ft (26,000m)

공기 속도는 최종 수직충격파로 인해 아음속으로 감속된다. 압축기로 유입될 때 확산 덕트를 사용함으로써 추가 감속이 이루어진다. 흡입구 내에서 수직충격파를 캡처(capture)하는 것을 [그림6-8]과 같이 "started inlet"이라고 한다. 블리딩 튜브와 바이패스 도어는 이 압력의 일부를 처리하고 흡입구가 "started" 상태로 유지될 수 있도록 흡입구와 엔진 나셀에 최종 수직충격파를 위치시키기 위해서 정밀하게 설계되었다.

SR-71은 쌍발 터보제트 엔진(Pratt & Whitney J58)을 탑재했다. 이 엔진은 32,500 lbf(145kN)의 정적 추력을 생산할 수 있는 성능으로 당시 기

【그림6-8】 SR-71의 흡입구는 축 대칭 원뿔 입구에서 스파이크 팁에서 발생한 충격파와 흡입구 테두리가 맞닿을 수 있도록 설계되었다.

술적 혁신을 이루었다. 엔진은 순항속도 마하 3.2에서 가장 효율적이다. 이륙할 때 재연소기는 추력의 26%를 제공하고, 이 비율은 재연소기가 마하 3에서 모든 추력을 제공할 때까지 속도에 따라 점진적으로 증가한다. 초기 유입되는 공기는 흡입구 스파이크와 중앙 몸체 그리고 흡입구 카울 사이의 수렴 덕트에 의해 압축(외부 압축)된다. 후속 수직충격파는 공기 속도를 엔진 속도보다 더 낮은 아음속으로 감속시켜 엔진 압축기로 유입된다. 이 압축기 흐름의 일부(순항 중 20%)는 4번째 압축기 단(stage)에서 빠져나와 6개의 바이패스 튜브를 통해 재연소기로 흐른다. 터보제트를 통과한 공기는 나머지 5개의 압축기 단에서 더 압축된 후 연소실로 보내져 연료가 분사된다. 터빈을 통과한 후 배기가스는 압축기 블리드 공기와 함께 재연소기로 흐른다. 항공기 속도가 마하 3에 도달했을 때 흡입구 압축기 온도 상승은 터빈 온도 제한이 변경되지 않았기 때문에 허용 연료 흐름을 감소시킨다. 회전 기계장치의 출력은 낮았지만 100% RPM으로 작동할 수 있을 만큼 충분하므로 흡입구를 통한 공기흐름은 일정하게 유지된다. 이때부터 터보제트 회전 기계장치는 항력 요소가 되고, 고속에서 엔진 추력은 재연소기 온도 상승으로 인한 결과이다. 이 때문에 최대 비행 속도는 430°C 이상의 온도에 대해 인증되지 않은 엔진 압축기로 들어가는 공기 온도에 의해 제한된다.

6.3.5 F-100(North American F-100 Super Sabre)

이 전투기는 [그림6-9]와 같이 North American Aviation이 설계하고 제작한 미국의 초음속 전투기다. 미국 제트 전투기 센추리 시리즈(Century Series)의 첫 번째 전투기로 수평비행에서 초음속으로 비행할 수 있는 최초의 미국 공군 전투기였다. 이 전투기는 1940년대 후반에 F-86 세이버 제공 전투기 후속 기종으로 개발되었다. F-100 슈퍼 세이버 초음속 전투기로 전체작동 테일플레인(all-moving tailplane) 또는 스테빌레이터를 갖춘 최초의 항공기였다. 현대의 스테빌레이터는 안티-서보 탭(anti-servo tab)을 사용하는 것과 달리 조종사 입력에 저항이 증가할 수 있도록 조종간에 스프링을 부착했다. 항공기는 기체의 주요 부품에 티타늄이 많이 사용되었다.

【그림6-9】 F-100(North American F-100 Super sabre)

- 1953년 5월 25일 첫 비행
- Powerplant: 1 × Pratt & Whitney J57-P-21/21A afterburning turbojet engine, 10,200 lbf (45 kN) thrust dry, 16,000 lbf (71 kN) with afterburner
- Maximum speed: 1,487km/h(803kn)
- Maximum speed: Mach 1.4
- Service ceiling: 50,000ft (15,000m)

6.3.6 F-4(McDonnell Douglas F-4 Phantom)

F-4 팬텀은 [그림6-10]과 같이 미국의 탠덤 2인승 쌍발엔진 전천후 장거리 초음속 제트 요격기이자 전폭기다. 1961년에 해군에 취역하기 시작했고, 전천후 성능이 입증되면서 미국 해병대와 미 공군에 의해 채택되어 1960년대 중반까지 공군의 주력 전투 항공기로 활약했다. 이 전투기는 1958년부터 1981년까지 총 5,195대가 제작되었고, 역사상 가장 많이 생산된 미국 초음속 군용기가 되었다. F-4 팬텀은 마하 2.2 이상의 최고속도를 낼 수 있는 대형 전투기로 공대공 미사일, 공대지 미사일, 각종 폭탄 등 9개의 외부 하드 포인트(hard point)에 18,000파운드(8,400kg) 이상

【그림6-10】 F-4(McDonnell Douglas F-4 Phantom II)

- 1958년 5월 27일 첫 비행
- Powerplant: 2 × General Electric J79-GE-17A after-burning turbojet engines, 11,905 lbf (52.96 kN) thrust each dry, 17,845 lbf (79.38 kN) with afterburner
- Maximum speed: 2,370 km/h (1,280 kn) at 40,000ft (12,000m)
- Maximum speed: Mach 2.23
- Service ceiling: 60,000ft (18,000m)

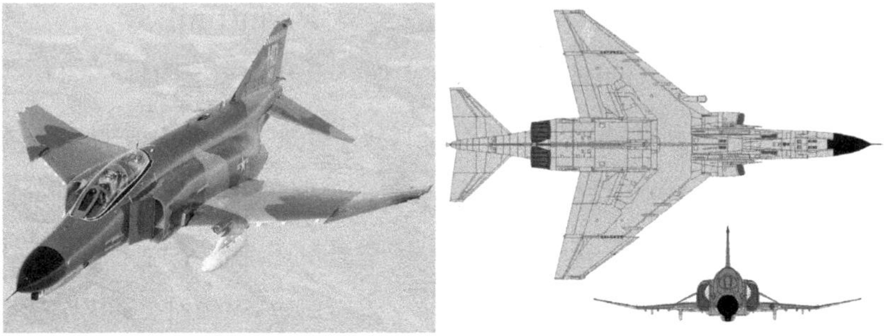

【그림6-11】 날개 중간 상반각과 꼬리날개 하반각

의 무기를 탑재할 수 있다.

F-4 팬텀 날개는 [그림6-11]과 같이 원래 일정한 하반각과 45도 후퇴각으로 설계되었지만, 안정성을 높이기 위해서 3도 상반각으로 설계되었다. 새로운 날개를 설계하는 대신 외부 날개 패널에 12도 상반각이 추가되었고, 전체적으로 3도 상반각이 적용되었다. 이 설계가 F-4 팬텀을 구분하는 주요 특징이다. 또한, 도그-투스(dog-tooth) 앞전과 드룹 도움날개(drooping ailerons) 또는 플랩퍼론을 통합하여 플랩퍼론은 아래로만 움직인다. 일부 기종은 블로우 플랩(blown flaps)이 적용된 앞전 플랩 경계층(flap boundary layer air) 공기 제어 시스템을 갖추었다. 날개 앞전 및 뒷전 플랩은 엔진 압축기에서 나오는 고압 블리딩 공기를 송풍할 수 있게 설계되어 높은 받음각에서 공기흐름을 유지하는 데 도움이 되는 얇은 공기층을 생성한다. 각 플랩퍼론 앞에는 스포일러가 있어 측면 제어에 도움이 된다. 앞전 플랩은 저속에서 부가 양력을 제공하기 위해 착륙할 때 확장된다. 테일플레인은 원피스 스테빌레이터로 약간 하반각으로 설계하여 고속에서 날개 내리흐름으로부터 더 멀리 떨어져 있다.

6.3.7 F-14(Grumman F-14 Tomcat)

F-14 톰캣은 [그림6-12]와 같이 미국의 항공모함에서 운용할 수 있는 초음속, 쌍발엔진, 2인승, 복식 수직안정판(twin tail), 전천후 가변형 후퇴익(variable-sweep)의 제공권 전투기로써 장거리 해군 요격 임무를 목적으로 개발되었다. 비행 중 날개는 속도에 따라 자동으로 앞뒤로 젖혀지는 가변 기하학 날개이다. 고속 요격이 필요한 상황에서 날개는 뒤로 최대로 젖혀지고, 이륙이나 착륙과 같은 저속에서는 앞으로 젖혀진다. 이러한 설계 중점에서 보았을 때 F-4의 공중 전투 성능을 높이기 위한 설계이다. F-14의 동체와 날개는 F-4 팬텀보다 더 빠른 상승 기동을 가능하게 하고, "트윈 테일"은 안정성을 더 높였다. 동체는 날개 후퇴각 위치에 따라 F-14의 공기역학적 양력 표면(lifting surface)의 약 40~60%를 제공한

【그림6-12】 F-14(Grumman F-14 Tomcat)

- 1970년 12월 21일 첫 비행
- Powerplant: 2 × General Electric F110-GE-400 afterburning turbofans, 16,333 lbf (72.65 kN) thrust each dry, 26,950 lbf (119.9 kN) with afterburner
- Maximum speed: Mach 2.34 (2,485km/h) at altitude
- Service ceiling: 53,000ft (16,000m)

【그림6-13】 F-14 글로브 베인

다. 이 같은 동체의 양력 표면은 공중충돌 후 날개의 절반 이상이 떨어져 나간 상황에서도 안전하게 착륙할 수 있게 하여 조종사의 생존성을 높였다.

F-14 톰캣의 가변 날개는 비행 중 20~68°까지 움직일 수 있으며, 마하수에 따라 날개 후퇴각은 최적의 양력 대 항력 비율을 유지하는 중앙 에어 데이터 컴퓨터(CADC)에 의해 자동으로 제어된다. 때로는 조종사가 필요에 따라 수동으로 시스템을 조작할 수 있다. 날개 피벗 지점(pivot point)을 서로 멀리 떨어진 거리를 두고 지정한 것은 파일런(pylon)에 무기 장착을 위한 충분한 공간을 확보할 수 있는 장점이 있고, 또 다른 면에서 총 양력 면적의 변동이 적으므로 날개의 움직임에 따라 양력 중심의 이동이 적어지므로 고속에서 트림 항력(trim drag)을 낮추는 장점이 있다. 날개를 뒤로 젖혔을 때 두께 대 코드 비율이 줄어 미 해군이 요구하는 마하 2.4의 최고속도를 충족시킬 수 있다. 항공기의 동체는 전체 양력에 상당한 도움이 되므로 날개 면적의 하중은 더 낮아진다.

조종계통에서 에일러론은 장착되지 않으며 저속에서는 날개 장착 스포일러에 의해 롤 조종(roll control)이 이루어지고(후퇴각이 57°를 초과하면 비활성화됨) 고속에서는 전체작동 테일러론(all-moving tailerons)의 차동 작동으로 이루어진다. 전체 스팬 슬랫과 플랩은 착륙과 전투 기동 모두에 양력을 증가시킨다. 슬랫은 착륙 중 17°, 전투 기동 중 7°로 설정되

【그림6-14】 항공모함 착륙을 위한 테일 후크

며, 플랩은 착륙 중 35°, 전투 기동 중 10°로 설정된다. F-14는 7.5G 하중을 위해 설계되었지만, 항공기의 사용 수명을 연장하기 위해 항공모함에서 6.5G로 제한했다.

[그림6-13]과 같은 글러브 베인(glove vanes)은 2개의 삼각형 모양의 접이식 표면으로 원래 날개 글러브의 앞쪽 부분에 장착되어 있었고, 높은 마하수로 비행 제어 시스템에 의해 자동으로 확장될 수 있었다. 이것은 항공기의 무게 중심 앞에서 부가 양력을 생성하는 데 사용되어 초음속에서 마하턱을 보상하는 데도 유용하다. 마하 1.4 이상에서 자동으로 전개된 이 글러브 베인은 F-14가 마하 2에서 7.5G 기동을 허용했고, 수동으로 완전 뒤로 젖힌 위치까지 확장할 수 있다. 그러나 장치 자체의 부가 무게와 복잡성 때문에 이후 기종에는 사용되지 않았다. 에어 브레이크는 엔진 나셀 사이 동체의 가장 뒷부분에 상하로 확장 가능한 표면으로 구성되어 있다. 바닥 표면은 왼쪽과 오른쪽 반으로 나누어져 있고, 꼬리 후크(tail hook)는 두 개의 절반 사이에 걸려 있으며 "캐스터 테일(castor tail)"이라고도 한다.

6.3.8 F-15(McDonnell Douglas F-15 Eagle)

F-15는 [그림6-15]와 같이 맥도넬 더글러스(현재 보잉의 일부)가 설계한 미국의 쌍발엔진 전천후 전술 전투기다. 이 전투기의 날개는 견부에 장착된(shoulder-mounted) 대형 캔틸레버 날개이고, 동체는 금속 세미 모노코크 형태이다. F-15의 날개평면은 앞전이 45° 후퇴각으로 변형된 크롭 델타 형태이고, 에일러론과 단순한 반-양력 플랩(half-lift flap)이 뒷전에 장착되어 있다. 앞전 가동 플랩은 사용되지 않았지만, 낮은 날개 하중과 날개 선상을 따라 스팬와이즈 위치가 변하는 고정된 앞전 캠버의 조합으로 대체했다. 에어포일 두께비는 뿌리 6%에서 끝에서 3%까지 다르게 설계되었다. 후방부는 금속 및 복합재 구조이며, 기동성과 안정성을 위한 테일플레인과 방향타는 매우 얇은 알루미늄/복합재 허니콤 구조로 된 2개의

【그림6-15】 F-15(McDonnell Douglas F-15 Eagle)

- 1986년 12월 11일 첫 비행
- Powerplant: 2 × Pratt & Whitney F100-PW-220 afterburning turbofan, 14,590 lbf (64.9 kN) thrust each dry, 23,770 lbf (105.7 kN) with afterburner
- Maximum speed: 2,656km/h(1,434 kn) at high altitude
- Maximum speed: Mach 2.5+ at high altitude
- Service ceiling: 60,000ft (18,000m)

【그림6-16】 F-15, 크롭 델타 날개평면, 레이크 윙팁, 스피드 브레이크, 도그-투스 전체작동 테일플레인

수직 스태빌라이저가 장착되어 있다. 전체작동 수평 꼬리날개는 일부 비행 기동할 때 롤 제어를 제공하기 위해 독립적으로 움직일 수 있게 설계되었다. 또한, 동체 상부에 에어 브레이크가 장착되어 있다. 공기흡입구는 가변 램프가 있는 직사각형 흡입구이다. 조종석은 전방 동체 높이에 장착되어 가시성을 높이고 조종사를 위한 360° 시야를 개선하기 위해 원피스 윈드실드와 대형 캐노피가 있다. F-15의 우수한 기동성과 가속력은 높은 엔진 추력 대 중량비(thrust-to-weight ratio)와 낮은 날개 하중의 조합으로 달성한다. 전투 기동을 위한 조건으로 날개 면적에 대한 항공기 중량의 비율은 기동성의 중요한 요소이며 높은 추력 대 중량비와 결합하여 항공기는 속도를 감소함이 없이 급선회 기동을 할 수 있다. F-15 윙팁은 양력을 증가시키고 항력 감소를 위한 "레이크(raked)" 팁으로 설계되었다. 레이크 윙팁은 후퇴익에서 끝부분을 약간 더 뒤로 젖힌 설계이다. 이것은 양력을 더 증가시키지만, 날개에 과하중이 가해지는 원인이 될 수 있다. 이 설계는 날개 면적을 줄이는 효과가 있으면서 동시에 효과적인 와시아웃(washout)은 높은 하중 조건에서 공기흐름의 분리를 지연시킨다.

6.3.9 F-16(F-16 fighting falcon)

이 전투기의 별칭은 "Fighting Falcon"이다. General Dynamics가 미국 공군(USAF)을 위해 개발한 단발엔진 초음속 다중 임무 전투기다. 1995년 Lockheed Martin에 매각되었다. 1976년 생산 승인 이후 4,600대 이상의 다양한 개량형 전투기로 생산되어 25개국 공군에서 임무를 수행하고 있다. F-16 전투기는 우수한 공중전(dogfight) 수행 능력을 인정받고 있는 주요 특징은 [그림6-17]과 같이 가시성이 좋은 프레임 없는 버블 캐노피, 조종성 향상을 위한 HOTAS(hands-on throttle-and-stick), 조종사에 대한 G-force의 영향을 줄이기 위해 수직에서 30° 기울어진 사출 좌석, 높은 기동성을 위해서 완화된 정적 안정성(RSS)과 FBW 조종계통을 최초로 채

【그림6-17】 F-16(General Dynamics F-16 Fighting Falcon)

- 1974년 1월 20일 첫 비행
- Powerplant: 1 × General Electric F110-GE-129 for Block 50 aircraft, 17,155 lbf (76.31 kN) thrust dry, 29,500 lbf (131 kN) with afterburner
- Maximum speed: Mach 2.05, 2,178km/h(1,176kn) at 40,000 feet,
- Maximum speed: Mach 1.2, (800kn) at sea level
- Service ceiling: 50,000ft (15,000m)

【그림6-18】 속도 조절을 위한 스플릿 플랩 스피드 브레이크와 방향 안정성을 위한 벤트럴 핀이 장착되어 있다. 러더 아랫부분 페어링에는 드래그 슈트가 들어있다.

택한 항공기다.

(1) 외형

F-16은 9G의 높은 기동성(maneuverability)을 위해 특수 제작된 최초의 전투기로 최대 Mach 2 이상의 속도로 비행할 수 있다. 특히 중량 대비 추력 비율(thrust-to-weight ratio; TWR or T/W ratio)이 1보다 커 높은 상승 기동과 수직 비행을 위한 가속을 제공한다. 흡입구는 기수 뒤쪽 동체 아래에 배치되어 공기흐름 손실을 최소화하고 공기역학적 항력을 줄일 수 있을 정도로 충분히 앞쪽에 배치되었다.

(2) 형상

F-16은 날개와 동체의 일체형으로 공기역학적 하중이 높다. 동체 앞쪽으로 확장된 와류 제어 스트레이크가 있고, 델타 날개 끝부분이 잘린 형태의 크롭 델타(cropped-delta) 날개이다. 동체 하부에 상어 아가리 모양으로 고정 기하학적 에어 인렛이 있다. 초음속에서 기동성 향상을 위한 전체작동 스테빌레이터(테일러론), 날개 뒷전의 후방 동체 아래에 [그림6-18]과 같이 한 쌍의 벤트럴 핀(ventral fins)이 있다. 스플릿 플랩 스피드 브레이크는 날개-동체 후방 끝에 위치하고, 동체 아래에 테일 후크(tail hook)가

【그림6-19】 초음속 비행을 위한 길고 뾰쪽한 기수와 스트레이크, 버블 캐노피, 낮은 동체 프로파일의 정밀한 조화는 조파항력을 크게 낮춘다. 모든 형상이 우수한 기동성과 초음속 비행에 적합하도록 설계되었다.

장착되어 있다. 방향타 아래의 페어링에는 ECM 장비 또는 드래그 슈트가 들어있다. 후속 F-16 모델은 동체의 윗부분을 따라 긴 도샬 페어링(dorsal fairing)이 특징이며, 부수 장비 또는 연료를 적재하는 데 사용된다.

(3) 와류 양력

1960년대 항공역학 연구에서 발표된 “와류 양력(vortex lift)”의 효율을 적용할 수 있도록 날개-동체 접합부에서 앞쪽으로 가늘고 길게 확장된 양력발생 표면(lifting surface)을 장착했다. [그림6-20]과 같이 날개뿌리부터 캐노피 앞부분까지 스팬이 점진적으로 작아지는 표면에서 발생하는 부가 양력은 주날개의 양력을 보조하면서 동시에 높은 후퇴각 날개를 보조하여 더 높은 받음각 기동을 가능하게 했다. 와류 양력 효과는 스트레이크(strake)라고 하는 앞전 확장으로 증가한다. 스트레이크는 날개 뿌리(동체와의 접합점)에서 동체의 앞쪽으로 길게 확장된 삼각 날개와 같이 작용한다. 동체와 날개 뿌리를 따라 확장된 스트레이크는 받음각이 증가함에 따라 날개 위에 생성되는 고속 와류로 인해 부가 양력이 발생하고, 실속 없이 더 큰 받음각 기동을 가능하게 한다. 스트레이크는 일종의 작은 가로세

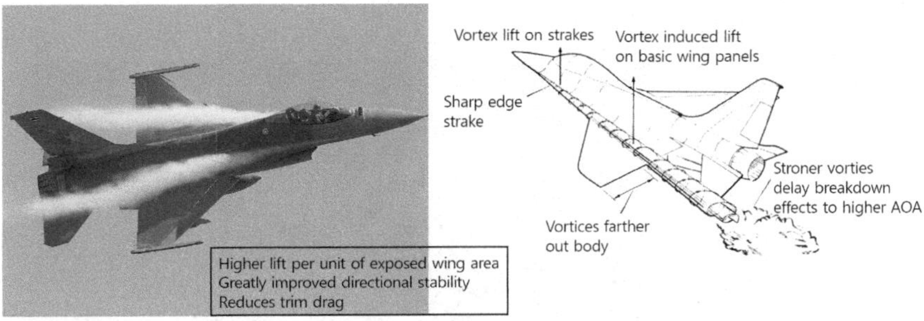

【그림6-20】 스트레이크는 부가 양력발생에 도움이 될 뿐만 아니라 방향 안정성 그리고 트림 항력을 낮추는 데도 중요한 역할을 한다. 또한, 강한 와류는 더 높은 받음각에서 흐름의 붕괴 효과를 지연시킨다.

로비의 날개로서 롤 비율(roll rates)과 방향 안정성을 증가시키고 무게를 낮추는 효과가 있다. 날개 뿌리가 깊으면 구조 강도와 내부 연료 적재량도 증가한다. 와류 양력은 착륙 속도 및 기동 비행에서 증가하는 받음각과 함께 높은 양력을 제공한다. 중간 정도의 후퇴각을 갖는 날개(예, F-16)에서는 LERX(leading-edge root extension)를 장착하여 조파항력 감소와 함께 선회 성능을 향상시키며 훨씬 더 큰 받음각 비행 자세를 가능하게 한다. 와류 양력의 사용은 와류 흩어짐이나 요(yaw)와 같은 고유한 불안정성에 의해 제한된다. 또한, 앞전 주위의 정상적인 부착 흐름의 일부인 앞전 흡입(suction)의 손실과 양력발생 증가로 인한 상당한 항력이 존재한다.

(4) 크롭 델타 날개 형상과 앞전 슬랫

F-16 전투기는 높은 기동성에 최적화할 수 있게 앞전 후퇴각 40°를 적용했고, 뒷전은 직선으로 된 변형된 형태의 델타 날개이다. 이것을 크롭(cropped) 델타 날개라고 한다. 이외에도 기동성을 높이기 위해 [그림6-21]과 같이 NACA 64A-204 에어포일에 가변 캠버 날개(variable-camber

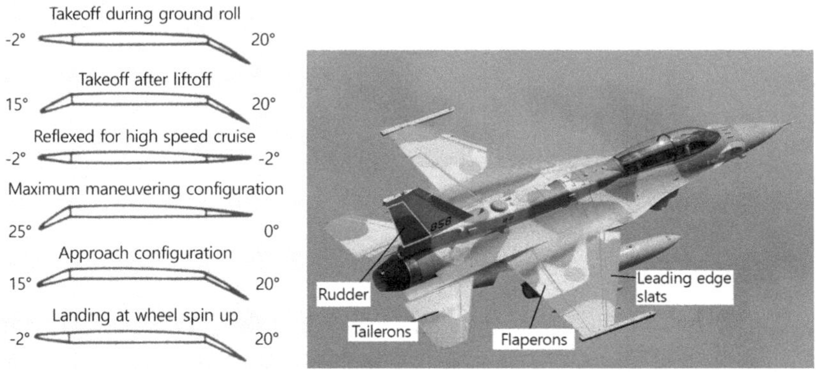

【그림6-21】 자동 가변 캠버는 비행 영역선도 전체에서 공기역학적으로 효율적인 날개 표면을 제공한다. 슬랫은 모든 비행 조건에서 항력과 버피팅을 최소화할 수 있도록 자동으로 전개된다. 선회 기동이나 순항 및 가속을 위해 날개 캠버를 최적화한다. 마하수 1.0 이상에서 LE 및 TE 플랩은 -2도로 고정된다. 낮은 받음각에서는 프로파일 항력을 감소시키고, 가속 특성을 향상시킨다. 이외에도 높은 양력계수에서 방향 안정성이 향상되고, 지속적이고 순간적인 양력이 최대 12%까지 증가한다. 이 같은 설계는 버핏 강도를 최대 60%까지 낮추었다.

wing)를 채택했다. 캠버는 비행 영역선도를 조절할 수 있도록 디지털 비행 제어 시스템과 연결된 앞전과 뒷전 플래퍼론(flaperons)에 의해 조정된다.

(5) 릴렉스 정적 안전성과 FBW

F-16 전투기는 항력을 줄이고 기동성을 높이기 위해 공기역학적으로 약간 불안정하게(relaxed) 설계된 최초의 전투기다. 대부분 항공기는 양성 정적 안정성을 갖기 때문에 조종간을 놓으면 항공기는 자체 안정성으로 수평직선비행으로 회복할 수 있다. 이것은 고유의 안정성을 극복해야 하므로 기동성이 떨어지고 트림 항력(trim drag)으로 알려진 형상 항력을 증가시킨다. 이 전투기는 정적 안정성을 다소 완화함으로써 기동 중에 안정성 특성

을 높일 수 있게 설계되었다. 이것은 양력을 증가시키고 항력을 낮출 수 있으므로 기동성을 크게 높였다. 실제 F-16 전투기는 마하 1 속도에 도달했을 때 공기역학적 변화 때문에 양성 안정성을 얻도록 설계되었다.

이 전투기는 조종사의 일정한 트림 입력의 필요성을 방지하고 제어된 비행에서 이탈하려는 경향을 방지하기 위해 4중(4채널) FBW(Fly-by-Wire) 비행 제어 시스템(FLCS)을 갖추고 있다. 비행 제어 컴퓨터는 조종간 및 방향타로부터의 조종사 입력을 수신(피드백)하여 제어 손실을 유도하지 않고 원하는 결과를 도출하는 방식으로 조종면을 제어하고 조작한다. 이 시스템은 조종사가 설정한 비행경로로부터 편차에 자동으로 대응하기 위해 항공기의 비행 자세에 대해 초당 수천 번의 측정을 수행한다. 비행 제어 컴퓨터는 자세, 속도 및 받음각(AOA)/G에 기초하여 3축에서 움직임을 제어하는 리미터(limiters)를 추가로 통합했다. 이러한 조종면은 슬립 또는 스키드와 같은 불안정성이나 실속을 유도하는 높은 AOA를 방지한다.

또한, 리미터는 9G 이상의 하중을 초과하는 기동을 방지한다. 시험비행 결과 높은 AOA 및 저속에서 다중 리미터에 수많은 입력이 제공되면 받음각은 25° 제한을 훨씬 초과(이를 departing이라 한다)할 수 있다. 이로 인해 딥 실속(deep stall)이 발생하고, 받음각 50°~60°에서 직립 또는 뒤집혀 거의 자유 낙하할 수 있다. 이처럼 매우 높은 받음각으로 기동하는 동안 항공기 자세는 안정적이지만 조종면은 효력이 상실된다.

피치 리미터(pitch limiter)는 회복을 시도하는 극단적인 피치 업 또는 피치 다운에서 스테빌레이터를 로크(locks) 시킨다. 이 상태에서 조종사는 회복을 위해 피치 조종을 통해 기수를 낮추거나 올릴 수 있다. FBW의 백업 역할을 하는 유체역학 조종장치가 있었던 YF-17과는 달리 General Dynamics는 조종간과 방향타 페달에서 비행 조종면까지 기계적 연결을 제거하는 혁신적인 시도를 했다. 이 때문에 F-16 전투기는 기계적으로 연

【그림6-22】 재연소기는 초음속 비행을 위한 필수 동력 요건으로 LERX와 함께 높은 받음각 기동을 가능하게 한다.

결된 조종장치 대신 비행 명령을 전적으로 전기 시스템에 의존함으로써 전기 제트기(electric jet)라는 별명이 붙었다. 또한, 비행 제어 시스템의 4중(4채널) 설계는 어느 한 시스템이 고장 났을 때 3중(채널)을 유지할 수 있어 조종계통에 지장을 초래하지 않는다. F-16 A/B 개량형에 FLCC는 아날로그 시스템으로 시작되었지만, F-16C/D Block 40부터 디지털 컴퓨터 시스템으로 대체되었다.

❖ 비행 제어 컴퓨터(flight control computer; FLCC)

FLCC는 조종간과 방향타 조종계통으로부터 입력을 수신하여 항공기의 조종면을 조작하는 라인 교체형 장치이다. 이 장치는 피치, 롤, 요 명령 신호를 비행 제어 시스템에 제공하는 4중 명령 증강 시스템이다. FLCC는 기계식 또는 유압식 비행 시스템 대신 플라이 바이 와이어(fly by wire) 비행 시스템이다. 조종간과 방향타의 비행 제어 시스템에서 전송된 정보는 전기 신호로 변환되고, 비행 조종면에 영향을 미치는 방법을 결정하는 비행 제어 컴퓨터에 유선으로 전송된다.

6.3.10 Eurofighter Typhoon

유로파이터 타이푼은 전형적인 델타 날개와 기수 커나드 델타 날개를 갖춘 쌍발엔진 다국적 전투기다. 기동성을 위해서 의도적으로 완화된 안정성(relaxed stability) 설계로 초음속과 저속 모두에서 민첩한 비행 특성을 보인다. 수동 조작만으로는 고유의 불안정성을 보상할 수 없으므로 인위적 안정성을 제공하는 4중 디지털 FBW 제어 시스템을 갖추고 있다. 롤 조종은 주로 에일러론으로 이루어지고, 피치 조종은 커나드와 에일러론의 작동으로 이루어지는 데 커나드는 내측 엘리본(플랩)까지 공기 흐름에 영

【그림6-23】 Eurofighter Typhoon

- 1994년 3월 27일 첫 비행
- Powerplant: 2 × Eurojet EJ200 afterburning turbofan engines, 60 kN (13,000 lbf) thrust each dry, 90 kN (20,000 lbf) with afterburner
- Maximum speed: 2,125km/h(1,147 kn)/ Mach 2.0 at 11,000m altitude
- Maximum speed: 1,530km/h (830kn) / Mach 1.25 at sea level
- Supercruise: Mach 1.5
- Service ceiling: 19,812m (65,000ft)

【그림6-24】 앞전 슬랫, 스피드 브레이크, 동체 스트레이크

향을 주기 때문이다. 요 조종(yaw control)은 대형 단일 방향타에 의해 이루어진다. 엔진은 동체 아래 스플리터 플레이트로 분리된 2개의 흡입구로 유입된다. 이외에도 동체 스트레이크, 확장된 뒷전 플래퍼론, 앞전 루트 확장 등 공기역학적 성능 개량으로 선회 중 25% 양력 향상, 선회 반경 감소, 그리고 저속에서 약 45% 증가한 받음각으로 기수 지향점(nose-pointing)이 크게 높아졌다.

【그림6-25】 Eurofighter Typhoon 흡입구와 추력 벡터링 노즐

6.3.11 J-20(Chengdu J-20)

청두 J-20은 중국 청두항공우주공사가 개발한 쌍발 전천후 스텔스 제공권 전투기로 개발되었다. 초기 모델을 기반으로 J-20A, J-20B(추력 벡터링), 그리고 J-20S(2인승)와 같은 개량형이 있다. 이 전투기 개발로 중국은 세계에서 두 번째이자 아시아에서 최초로 운용 가능한 스텔스 항공기를 운용하는 국가가 되었다. J-20은 미국의 F-22와 F-35에 이어 세계에서 세 번째로 운용 가능한 5세대 전투기로 평가된다. J-20은 [그림6-26]과 같이 날개-동체 일체형이고 기수 부분을 포함하여 전체적으로 길이가 길다. 조종실 바로 옆 뒤쪽에 레이더에 잘 관측되지 않는 무변환 흡입구(DSI)가 있다. 전체작동 커나드 표면은 뚜렷한 상반각으로 설계되었고, 흡입구 뒤

【그림6-26】 J-20(Chengdu J-20)

- 2011년 1월 11일 첫 비행
- Powerplant: 2 × Shenyang WS-10C afterburning turbofan, 142-147 kN (32,000-33,000 lbf) with afterburner
- Maximum speed: Mach 2.0
- Service ceiling: 66,000ft (20,000m)

【그림6-27】 J-20의 흡입구는 F-35와 유사하다. 전체 길이가 길고 날개가 상대적으로 후방에 배치되어 있어 피치 안정성을 위한 커나드와 LERX로 보조하고 있다.

에 배치되어 있어 LERX와 연결된다. 이들 표면은 델타 날개로 이어져 있다. 후방부에는 외측으로 기울어진 전체작동 복식 수직안정판, 짧지만 깊은 벤트럴 스트레이크, 그리고 레이더에 잘 관측되지 않는 엔진 배기가스가 있다. J-20의 중요한 설계 기준 중 하나는 높은 불안정성이다. 이를 위해서는 높은 받음각에서 지속적인 피치 조종이 필요한데, 이는 기존의 꼬리 평면이 실속으로 인해 효과를 상실한다. 반면에 커나드는 받음각의 반대 방향으로 편향되어 실속을 피할 수 있고, 그에 따라 조종력을 유지할 수 있게 설계되었다. 커나드 설계 역시 기존 델타 날개 설계보다 양호한 초음속 성능, 우수한 천음속과 초음속 선회 성능, 향상된 단거리 착륙 성능을 제공하는 것으로 알려져 있다. 앞전 확장과 동체 양력은 커나드 레이아웃의 성능을 향상시키기 위해 통합되었다. 이 조합은 일반 커나드 델타의 1.2배의 양력과 동등한 크기의 순수 델타 형상보다 1.8배의 양력을 생성하는 것으로 알려졌다. 또한, 항공기의 선회 성능에 중요한 초음속 양력 대비 항력 특성을 상실함이 없이 초음속 항력을 감소시키는 것으로 알려졌다.

6.3.12 F-22(Lockheed Martin/Boeing F-22 Raptor)

F-22 Raptor는 미국 공군(USAF)을 위해 개발된 단좌, 쌍발엔진, 초음속 전천후 스텔스(supersonic all-weather stealth) 전투기다. 또한, 미국 공군의 5세대 제공권 전투기로 평가받는다. 이 항공기는 미국 공군의 첨단 전술 전투기(ATF) 프로그램에 따라 설계되었지만 지상 공격, 전자전, 신호 정보 능력을 통합했다. 주요 계약자인 록히드 마틴은 F-22의 기체와 무기 시스템의 대부분을 제작하고 최종 조립을 수행했으며, 프로그램 파트너인 보잉은 날개, 후방 동체, 항공 전자공학 통합 및 훈련 시스템을 제

【그림6-28】 McDonnell Douglas F-15 Eagle

- 1972년 7월 27일 첫 비행
- Powerplant: 2 × Pratt & Whitney F119-PW-100 augmented turbofans, 26,000 lbf (116 kN) thrust each dry, 35,000 lbf (156 kN) with afterburner
- Maximum speed: Mach 2.25, 2,414km/h at altitude
- Mach 1.21, 1,482km/h, 800 knots at sea level
- Mach 1.82, 1,963km/h, supercruise at altitude
- Service ceiling: 65,000ft (20,000m)

공했다. F-22는 장기간의 개발과 초기 작전상의 어려움을 겪었지만, 미 공군의 전략적 공군력의 핵심 요소가 되었고, 스텔스, 공기역학적 성능, 임무 시스템의 결합으로 최고의 공중 전투 능력을 인정받았고, 차세대 전투기 개발의 모델이 되었다. 그러나 F-22의 높은 제작 비용과 운용비 급증 그리고 더 저렴하고 다목적 F-35의 개발로 추가 생산은 축소되거나 취소되었다.

F-22의 형상은 스텔스와 공기역학적 성능을 정밀하게 조화시켰다. 날개 평면과 패널 모서리가 정렬되어 표면은 레이더 단면(radar cross-section)을 최소화하기 위해 연속 곡면으로 설계되었다. 델타 날개 형상은 잘린(clipped) 다이아몬드 모양으로 되어 있고, 후방부의 4개의 조종면과 4개의 후방부 표면 그리고 사각형 모양 흡입구의 상단 바깥쪽 모서리까지 이어지는 앞전 뿌리 확장과 함께 각진 동체에 유연하게 일체형으로 설계되었다. 흡입구 상단 모서리는 동체의 앞부분 세인(chine)과 연결되어 있다. 비행 조종면은 앞전 플랩, 플래퍼론, 에일러론, 경사진 수직안정판의 방향타 그리고 전체작동 수평 꼬리(스테빌레이터)로 구성되어 있다. 스피드 브레이크 기능을 위해 에일러론은 위로 올라가고 플래퍼론은 아래로 내려가면서 방향타는 바깥쪽으로 움직여 항력을 증가시킨다. 비행기 형상에서 거의 모든 동체 부피가 날개의 후미 가장자리보다 앞에 놓여 있도록 설계된 것은 높은 초음속 비행을 위한 광범위한 면적 법칙이 적용된 결과이다. 또한, 스테빌레이터는 테일 붐으로부터 엔진 노즐의 후방으로 연장되었다. 모든 무기를 동체 내부에 적재함으로써 스텔스 기능을 높였다.

2개의 Pratt & Whitney F119 증강 터보팬(augmented turbofan) 엔진을 나란히 배치하여, ±20도 범위의 피치 축 추력 벡터링 노즐(thrust vectoring nozzles)로 배열되었다. 이 노즐은 비행 제어 및 관리 시스템에 완전히 통합되었고, 각 엔진의 최대 추력은 35,000 lbf(156kN)이다.

【그림6-29】 F-22 추력 벡터링 노즐과 캐럿 흡입구

캐럿 흡입구(caret inlets)는 전방 동체에서 약간 떨어져 있어 경계층 영향을 최소화했고, 상부 내측 모서리와 경사충격파를 발생시켜 양호한 총 압력 회복과 효율적인 초음속 흐름 압축(flow compression)을 제공한다. F-22는 기존 전투기보다 순항속도와 운용 고도가 높아 센서와 무기체계의 효율성을 높이고 지대공 미사일과 같은 지상 대공화기에 대한 생존력을 높였다. 또한, 재연소기를 사용하지 않고 초음속 비행을 할 수 있는 성능은 재연소기에 의존하는 항공기가 직면할 연료 부족으로 추격 또는 공격할 수 없는 원거리의 표적을 공격할 수 있다. F-22의 추력과 항공역학은 50,000피트(15,000m)에서 마하 1.5의 정상 전투 속도를 가능하게 하여 공대공 미사일의 유효 사거리를 50%까지 확장하고, 이전 플랫폼보다 JDAM(Joint Direct Attack Munition)에 2배의 유효 사거리를 제공한다. F-22의 구조는 지속적인 초음속 비행의 스트레스와 열을 견딜 수 있는 상당한 양의 고강도 재료로 제작되었다. 티타늄 합금과 비스말레이미드/에폭시(bismaleimide/epoxy) 복합재는 각각 구조 중량의 42%와 24%를 구성한다. 이 전투기의 공기역학, 릴렉스 안정성(relaxed stability), 강력한 추력 벡터 엔진은 비행 영역 전반에 걸쳐 뛰어난 기동성을 제공한다. 대형 조종면, 와류발생 세인(vortex-generating) 및 LERX, 벡터링 노즐 등으로 높은 받음각 특성을 제공한다. 또한, Herbst maneuver(J-turn)

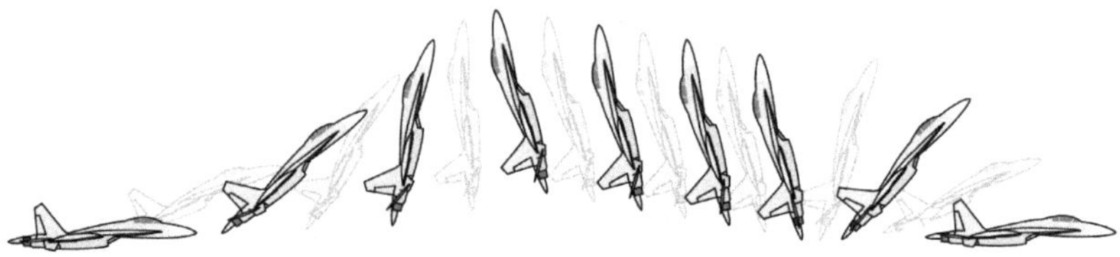

【그림6-30】 코브라 기동(Pugachev's Cobra)

and Pugachev's Cobra와 같은 기동 중 롤 조종을 유지하면서 60° 이상의 받음각 비행이 가능하다. 이외에도 3중 FBW 제어 시스템과 FADEC는 전투기의 고도 이탈 저항성과 제어 가능성을 높여주기 때문에 더욱 안전한 조종성을 제공한다.

❖ FADEC
FADEC(full authority digital engine)는 "전자 엔진 제어기(electronic engine controller; EEC)" 또는 "엔진 제어장치"(engine control unit; ECU)라고 하는 디지털 컴퓨터와 항공기 엔진 성능의 모든 측면을 제어하는 관련 부품으로 구성된 시스템이다. FADEC는 왕복 엔진과 제트엔진 모두에 사용된다.

6.3.13 Su-57(Sukhoi Su-57)

Su-57 전투기는 수호이(Sukhoi)가 개발한 쌍발엔진 스텔스 기능을 갖춘 제5세대 전투기다. MiG-29와 Su-27을 대체할 것으로 예상하는 다양한 전투 임무를 수행하는 전투기로 개발되었다. Su-57은 러시아에서 스텔스 기술로 설계된 최초의 항공기로 스텔스 전투기의 기반이다. Su-57은 지상 및 해상 공격뿐만 아니라 공중 전투가 가능한 다양한 전투 능력을 보유함으로써 스텔스, 슈퍼 기동성, 슈퍼크루즈, 통합 항공 전자 장치 및 대용량 내부 탑재 능력을 갖추고 있다. Su-57은 스텔스 외에도 모든 항공기

【그림6-31】 Su-57(Sukhoi Su-57)

- 2010년 1월 29일 첫 비행
- Powerplant: 2 × Saturn AL-41F1 afterburning turbofan, 88.3 kN (19,900 lbf) thrust each dry, 142.2 kN (32,000 lbf) with afterburner, 147.1 kN (33,100 lbf) in emergency power
- Maximum speed: Mach 2 (2,135km/h) at altitude
- Mach 1.3 (1,400km/h) supercruise at altitude
- Service ceiling: 66,000ft(20,000m)

【그림6-32】 Su-57 공기흡입구, 전체작동 수평 및 수직안정판

축에서 높은 기동성과 다양한 임무를 수행할 수 있는 대용량 내부 페이로드 베이(bay; 격실, 칸), 능동형 위상 배열 레이더와 같은 첨단 센서 시스템 및 높은 수준의 자동화를 달성하기 위한 시스템 통합 등이 주요 특징이다. Su-57은 기본적으로 F-22와 같은 매우 높은 수준의 기동성과 스텔스 성능을 갖추었으나, 롤링과 요 모멘트를 유도하기 위한 추력 벡터링을 사용할 수 없는 점, 엔진 사이에 무기 칸을 위한 공간 부족으로 인해 탑재량이 부족한 점, 그리고 추력 벡터링 시스템 고장이 발생했을 때 실속 회복을 위한 복잡한 점 등이 한계로 지적되었다. [그림6-31]과 같이 외형에서 보듯이 2개의 엔진은 제법 넓은 간격으로 배치된 날개-동체 일체형으로 설계되었으며, 전체작동 수평 및 수직 스태빌라이저로 구성되어 있고, 수직 스태빌라이저는 스텔스 기능을 위해서 약간 기울어 있다. 날개평면은 사다리꼴 모양이고 조종면은 앞전 플랩, 에일러론 및 플래퍼론으로 설계되어 있다. 이 항공기는 정적 불안정성과 기동성을 높일 수 있도록 추력 벡터링과 공기역학적 중심을 앞으로 이동시키는 대형 LERX가 통합되어 있다. LERX는 생성된 와류를 제어하도록 설계된 조정 가능한 앞전 와류 제어기(leading edge vortex controller; LEVCON)가 있으며, 추력 벡터링 시스템의 결함이 발생했을 때 신속한 실속 회복을 포함하여 높은 받음각에서의 기동성을 높였다. 비행 중 에어 브레이크의 작동은 플래퍼론

【그림6-33】 Su-57 전투기는 유일하게 360도 추력 벡터링 기능을 갖추고 있다. 이 기능은 항공기 동체와 다른 방향으로 비행할 수 있게 하여 곡예비행뿐만 아니라 전투 기동에서 4세대 전투기에 실질적인 위협이 될 수 있다.

이 아래로 내려가고, 수직 스태빌라이저가 안쪽으로 향하면서 항력을 증가시킨다. 항공기 구조 재료의 대부분이 40.5~44.5%의 알루미늄 합금 그리고 18.6%의 티타늄 합금으로 이루어져 있지만, 이외에도 복합 재료는 구조 중량의 22~26% 그리고 외부 표면의 약 70%가 사용되었다.

❖ 추력 단위, kN

힘의 단위 뉴턴(N)은 1kg의 질량(☞)을 초당 1미터의 속도로 가속하는데 필요한 힘(force)이다. 1 kN(1,000N)은 지구 중력에서 102 kgf, 또는 약 100kg의 하중을 지지하는 힘이다.

- F-16 전투기 제트엔진: 76kN=7,600kg, 재연소 추력 131kN=131,00kg
- A380 제트엔진 추력: 348kN=34,800kg, 4발 엔진의 총 추력 1392kN=139,200kg

6.3.14 F-35(Lockheed Martin F-35 Lightning II)

F-35는 제공권과 공격 임무 등 다양한 전투 임무를 동시에 수행할 수 있는 단좌, 단발 엔진, 전천후 전투기다. 또한, 전자전과 정보, 감시, 정찰 기능을 수행할 수 있다. F-35는 운용 기반에 따라 전형적인 지상 기반 F-35A(CTOL), 단거리 및 수직이착륙 F-35B(STOVL) 그리고 항공모함 기반 F-35C가 있다. F-35는 미국의 두 번째 5세대 전투기이자 첫 번째 운용 초음속 STOVL 스텔스 전투기로 높은 수준의 상황 인식과 장거리 공격 능력과 낮은 레이더 관측 가능성, 첨단 항공전자, 그리고 센서 융합 기능을 특징으로 한다.

【그림6-34】 F-35(Lockheed Martin F-35 Lightning II)

- 2006년 12월 15일 첫 비행
- Powerplant: 1 × Pratt & Whitney F135-PW-100 afterburning turbofan, 28,000 lbf (125 kN) thrust dry, 43,000 lbf (191 kN) with afterburner
- Maximum speed: Mach 1.6 at altitude
- Service ceiling: 50,000ft (15,000m)

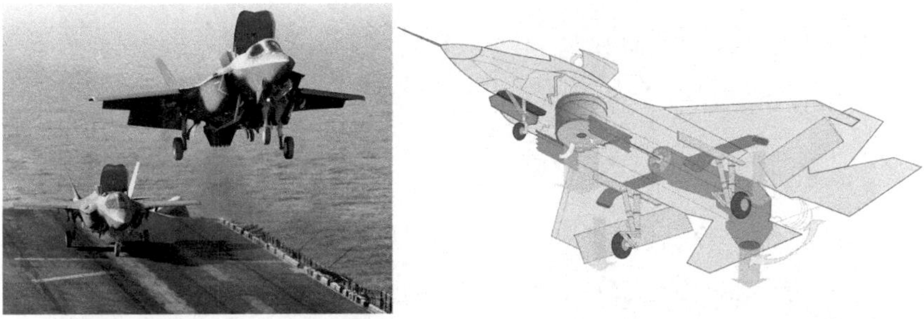

【그림6-35】 F-35B 모델의 추력 벡터링은 전투 기동 목적이 아닌 단거리 및 수직이착륙을 위한 수직 양력과 전진 추력을 제공한다.

F-35의 꼬리날개는 스텔스를 위해 기울어진 2개의 수직안정판으로 설계되었다. 조종면은 앞전 플랩, 플래퍼론, 방향타 및 전체작동 수평안정판(스테빌레이터)으로 구성되었다. 공기흡입구 앞쪽으로 앞전 루트 확장 또는 세인이 있다. 무변환 흡입구(DSI)는 범프 압축 표면과 앞젖힘 카울을 사용하여 엔진의 Y-덕트를 형성하는 흡입구에서 동체의 경계층을 분리시킨다. F-35A와 F-35B는 수륙양용 강습함에 파킹 및 엘리베이터에 맞게 날개길이(wingspan) 35피트로 상대적으로 짧지만, F-35C의 더 큰 날개는 연료효율이 더 높다.

F-35의 모든 개량형의 최고속도는 마하 1.6이다. F135 강력한 엔진은 재연소기 작동으로 초음속 돌파와 함께 우수한 아음속 가속력과 추력을 제공한다. 대형 스태빌라이저, LERX 및 플랩, 경사진(canted) 방향타는 받음각 50°에서도 탁월한 특성을 제공한다. F-35는 F-16의 두 배 이상의 내부 연료를 사용하여 전투 반경이 상당히 넓고, 우수한 스텔스 기능으로 효율적 임무 수행이 가능하다. 이외에도 헬멧 디스플레이는 F-35의 인간-기계 인터페이스의 핵심 부분이다. HMDS는 이전 전투기의 대시보드에 장착된 헤드업 디스플레이 대신 헬멧 바이저(helmet visor)에 비행 및 전투 정보를 표시할 수 있어 조종사가 어느 방향을 바라보든 바이저 화면에

【그림6-36】 F-35 Generation III 헬멧 장착 디스플레이 시스템(HMDS)은 전례 없는 전투기 기능의 중요한 요소이다. 최첨단 통신 및 센서를 융합하여 운용 환경에 대한 명확한 화면을 형성함으로써 F-35 조종사에게 독보적인 상황 인식과 적에 대한 결정적인 이점을 제공한다.

나타난 비행 정보와 전투 정보를 볼 수 있다. F-35는 단거리 및 수직이착륙 기능을 갖춘 F-35B 모델을 제외하고는 추력 벡터링 기능이 없다. 또한, F-35B의 팬과 팬에서 나오는 배기가스는 추력 벡터링 노즐에 의해 방향이 전환되어 필요한 수직 양력과 추진 추력을 제공한다. 따라서 이 기능은 전투에서 기동성을 높이기 위한 것이 아니다. 이러한 면에서 F-35A와 F-35C 모델은 각각의 전투 목적에만 초점을 맞추어 추력 벡터링을 전혀 사용하지 않았다.

6.3.15 슈퍼크루즈(supercruise)

일부 초음속 항공기는 재연소기를 사용하지 않고 음속 이상의 속도로 비행할 수 있다. 일반적으로 음속을 돌파하기 위해서는 강력한 추력이 필요하다. 대부분 초음속 항공기는 이를 위해 재연소기(afterburner)를 사용하고 있다. 그러나 슈퍼크루즈 항공기는 재연소기를 사용하지 않고 지속 초음속 비행이 가능한 성능을 갖춘 항공기다. 대부분 초음속 항공기는 슈퍼크루즈가 가능하지 않고 재연소기를 사용해서 짧은 시간 마하 1.0 이상의 속도를 낼 수 있다.

1954년 8월 3일 SNECMA Atar 101D2A 엔진을 탑재한 Gerfaut 연구용 항공기는 재연소기를 사용하지 않고 수평비행에서 마하 1을 초과했다. 록히드 F-104 스타파이터(Starfighter)는 엔진을 J65에서 J79로 교체한 후 재연소기를 사용하지 않고 마하 1.0을 돌파한 최초의 항공기다. 재연소기를 사용하지 않고 기록한 최대 속도는 마하 1.05였다. SR-71 초음속 항공기는 재연소기를 사용하여 초음속으로 장시간 순항할 수 있다. 일부 전투기는 슈퍼크루즈가 가능하지만, 고고도와 외부 장착이 없을 때만으로 한정되기 때문에 슈퍼크루즈 성능은 완전 무장 상태에서 유효 전투

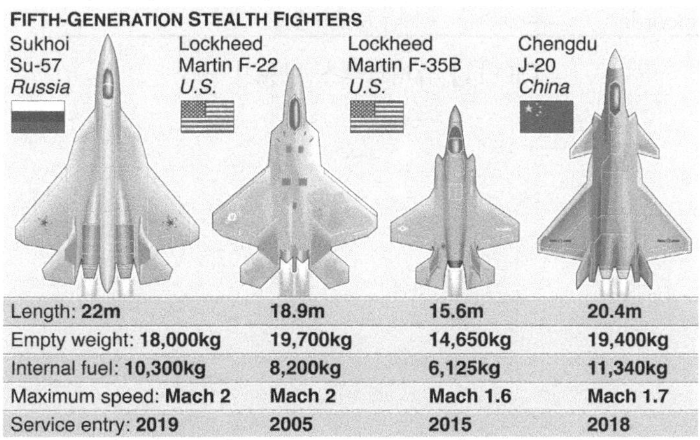

【그림6-37】 제5세대 전투기의 외형 비교

속도가 매우 빨라졌음을 의미한다. 일부 제5세대 전투기로 알려진 항공기는 슈퍼크루즈 성능을 갖추고 있다. 예를 들어 F-22 랩터는 전형적인 슈퍼크루즈 전투기로 전투 형상에서 장시간 재연소기를 사용하지 않고 음속의 1.5배 이상의 속도로 순항할 수 있는 능력이 있다.

민간항공에서는 콩코드와 Tu-144D(두 번째 개량형) 기종만이 재연소기를 사용하지 않고 순항 비행할 수 있었다. 콩코드는 초기 설계 후 무게 증가로 인한 이륙 성능을 보조하기 위해서 재연소기를 탑재했다. 이것은 초과 추력의 필요에 의한 것이 아니라 높은 항력의 천음속 속도 영역을 돌파하는 데 필요한 가속에 사용되었다. 재설계된 Tu-144D는 재연소기가 없는 엔진을 사용함으로써 페이로드 항속거리가 3,080km에서 5,330km로 증가했다.

Aircraft	Supercruise speed
Su-57	Mach 1.30
Dassault Rafale	Mach 1.40
Eurofighter Typhoon	Mach 1.50
Saab JAS-39E Gripen	Mach 1.10
F-16XL	Mach 1.1
F-22 Raptor	Mach 1.8
Concorde	Mach 2.02

【표-11】 슈퍼크루즈 항공기

6.3.16 B-1(Rockwell B-1 Lancer)

Rockwell B-1 Lancer는 미국 공군의 초음속 가변 후퇴각 날개 중폭격기다. B-2 Spirit, B-52 Stratofortress와 함께 미 공군의 3대 전략폭격기 중 하나이다. B-1은 1960년대에 B-58 허슬러(Hustler)의 마하 2 속도와 B-52의 장거리 및 탑재량을 결합한 플랫폼으로 처음 설계되었고, 결국 이들 두 폭격기 모두를 대체하기 위한 것이었다. B-1A는 고고도에서 마하 2.2의 최고속도와 저고도에서 마하 0.85의 장거리 비행이 가능하다.

【그림6-38】 B-1(Rockwell B-1 Lancer)

- 1986년 10월 1일 첫 비행
- Powerplant: 4 × General Electric F101-GE-102 afterburning turbofan engines, 17,390 lbf (77.4 kN) thrust each dry, 30,780 lbf (136.9 kN) with afterburner
- Maximum speed: 1,335km/h(721kn) at 40,000ft (12,000m)
- Maximum speed: Mach 1.25
- Service ceiling: 60,000ft (18,000m)

B-1은 가변 후퇴각 날개, 4개의 터보팬 엔진, 기수 커나드 및 십자형 꼬리와 함께 동체-날개 일체형으로 설계되었다. 커나드는 고속이나 저속 비행 중 공기역학적 버피팅(buffeting)을 완화한다. 날개는 15~67.5도까지 젖힐 수 있다. 고속에서 뒤로 완전히 젖힌 날개로 높은 아음속이나 초음속으로 기동하고, 저속에서는 완전히 펼친 모드로 비행한다. 항공기의 길이는 저고도에서 공기 난기류로 인해 휘어지는 문제가 발생했다. 이를 완화하기 위해 기수 부분에 작은 커나드 또는 베인을 장착했다. B-1A와 달리 B-1B는 마하 2 이상의 속도에 도달할 수 없다. 최고속도는 고도에서 마하 1.25이지만, 저속은 마하 0.92로 증가했다.

❖ 횡방향과 종방향(spanwise and chordwise)
횡방향 흐름은 날개뿌리에서 끝단으로 흐르는 흐름이고, 종방향 흐름은 앞전에서 뒷전으로 흐르는 흐름이다. 직사각형 날개에서 횡방향은 동체와 수직이고, 종방향은 동체와 평행한 방향의 흐름이다. 그러나 후퇴익에서는 그림과 같이 동체의 방향과 다르게 분석해야 한다.

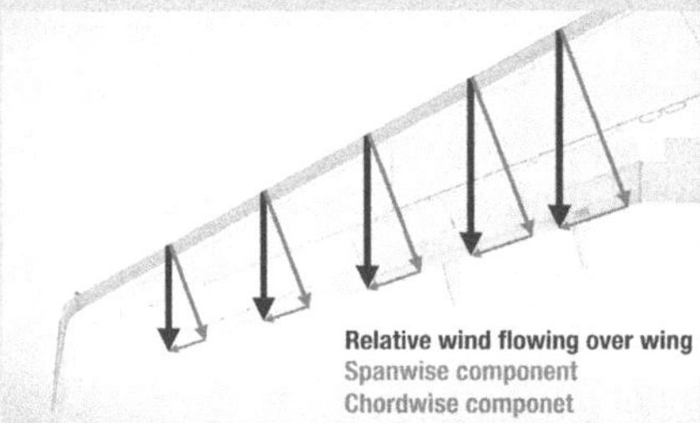

6.4 초음속 운송용 항공기

6.4.1 초음속 운송용 항공기 개발

제트엔진 개발과 함께 음속을 돌파한 항공기가 속속 개발되면서 민간항공에서도 초음속 여객기(supersonic airliner) 개발에 관한 연구가 시작되었다. 역사적으로 초음속 여객기는 [그림6-39]와 같이 콩코드와 투폴레프 Tu-144가 유일하다. 콩코드(Concorde)는 영국과 프랑스의 항공기 제작사들이 공동으로 제작한 초음속 운송용 항공기(supersonic transport; SST)이다. 이 항공기 개발에 관한 연구는 1954년 시작되었다. 이후 1969년 3월 2일 음속의 두 배가 넘는 시속 2,179km의 최대 순항속도로 첫 성공적인 비행을 했다. 콩코드는 1973년 9월 26일에 최초로 대서양 횡단 비행을 시작했고, 1976년 1월 21일에 세계 최초로 정기 초음속 여객기로 취항했다. 그러나 소음이나 환경적 영향 그리고 치명적 사고가 겹치면서 운항에 상당한 어려움을 겪었다. 콩코드 운항은 2003년 5월(프랑스)과 10월(영국) 마침내 중단되었다.

또 다른 초음속 항공기는 구소련에서 제작 운용한 투폴레프 Tu-144가 있고, 1968년부터 1999년까지 운용되었다. Tu-144는 1968년 12월 31

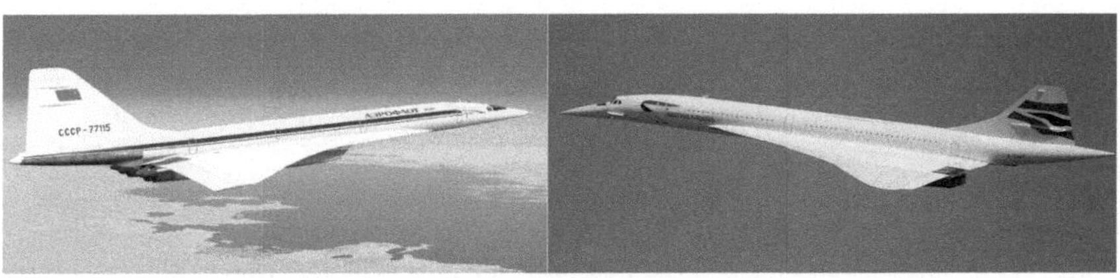

【그림6-39】 거의 동시대에 첫 비행에 성공한 민간 초음속 운송용 항공기다. 외형뿐만 아니라 성능이 비슷하다. 초음속이라는 공통과제를 해결하고 음속에 두 배에 가까운 속도로 비행했다.

일, 콩코드보다 2개월 앞서 제작된 시제기로 첫 비행을 한 세계 최초의 상용 초음속 운송용 항공기로 기록되었다. 1978년 5월 23일 여객 운송 중단, 1983년 화물 운송 항공기 운항 중단, 1999년 6월 26일 마지막 비행으로 완전히 퇴역했다.

미래 초음속 비행을 위해 필요 요건으로 청정 연료와 저소음 엔진으로 속도와 경제성 그리고 배출가스 저감을 달성할 수 있어야 한다. 이들 항공기 운항이 중단된 원인 중 하나로 음속을 돌파할 때 발생하는 폭음으로 비행경로 선상에 있는 사람이나 동물이 폭음으로 인한 소음 민원으로 육상 비행경로 비행을 금지했다. 소음은 미래 초음속 항공 여행 시대를 결정할 중요한 변수이다. 또한, 엄청난 양의 화석연료 연소로 인한 배출가스는 고고도 대기 환경 문제를 초래했다. 영국항공에서 분석한 콩코드의 시간당 평균 연료소모율은 25,600리터(B747-400의 시간당 평균 연료소비율 14,400리터)이다. 미래 초음속 운송용 항공기는 제작비와 운용비를 더 낮추고 환경친화적이어야 한다.

❖ Concordski

Tu-144는 콩코드와 유사성 때문에 "콩코드스키"라는 별명으로 불렸다. 이 두 항공기는 놀라울 정도로 비슷하다는 것은 의심할 여지가 없는 사실이다. 이에 "콩코드스키"라는 별명을 붙여 소련의 모방품에 대해 비꼬았다.

[General characteristics]		
Crew	Concorde	Crew: 3 (2 pilots and 1 flight engineer)
	Tu-144	Crew: 3
Capacity	Concorde	Capacity: 92~120 passengers
	Tu-144	Capacity: 150 passengers (11 first class & 139 tourist class)
Length	Concorde	61.66 m (202 ft 4 in)
	Tu-144	65.7 m (215 ft 7 in)
Wingspan	Concorde	25.6 m (84 ft 0 in)
	Tu-144	28.8 m (94 ft 6 in)
Height	Concorde	12.2 m (40 ft 0 in)
	Tu-144	12.55 m (41 ft 2 in)
Wing area	Concorde	358.25 m^2 (3,856.2 sq ft)
	Tu-144	506.35 m^2 (5,450.3 sq ft)
Empty weight	Concorde	78,700 kg (173,504 lb)
	Tu-144	99,200 kg (218,699 lb)
Gross weight	Concorde	111,130 kg (245,000 lb)
	Tu-144	125,000 kg (275,578 lb)
Max takeoff weight	Concorde	185,070 kg (408,010 lb)
	Tu-144	207,000 kg (456,357 lb)
Fuel capacity	Concorde	95,680 kg (210,940 lb)
	Tu-144	93,000 kg (205,000 lb)
Powerplant	Concorde	4 × Rolls-Royce/Snecma Olympus 593 Mk 610 turbojets with reheat, 140 kN (31,000 lbf) thrust each dry, 38,050 lbf (169.3 kN) with afterburner
	Tu-144	4 × Kolesov RD-36-51 turbojets, 240 kN (54,000 lbf) thrust each
[Performance]		
Maximum speed	Concorde	2,179 km/h (1,354 mph, 1,177 kn)
	Tu-144	2,500 km/h (1,600 mph, 1,300 kn)
Maximum speed	Concorde	Mach 2.04 (temperature limited)
	Tu-144	Mach 2.15
Cruise speed	Concorde	2,158 km/h (1,341 mph, 1,165 kn)
	Tu-144	2,125 km/h (1,320 mph, 1,147 kn)
Cruise Mach No.	Concorde	M=2.02
	Tu-144	M=2.0
Range	Concorde	7,222.8 km (4,488.0 mi, 3,900.0 nmi)
	Tu-144	6,500 km (4,000 mi, 3,500 nmi)
Service ceiling	Concorde	18,300 m (60,000 ft)
	Tu-144	20,000 m (66,000 ft)
Rate of climb	Concorde	3,300~4,900 ft/min (17~25 m/s) at sea level
	Tu-144	9,800 ft/min(50 m/s)
Wing loading	Concorde	488 kg/m^2 (1,000 lb/sq ft)
	Tu-144	410.96 kg/m^2 (84.17 lb/sq ft)
Thrust/weight	Concorde	0.373
	Tu-144	0.44

【표-12】 공개된 자료를 바탕으로 한 콩코드와 Tu-144의 제원 및 성능

【그림6-40】 유려한 모양의 원뿔 날개는 앞쪽에서부터 와류를 발생시켜 날개 전체에서 와류가 발생하도록 설계된 독특한 모양이다. 이 때문에 자세만으로 이착륙을 위한 부가 양력을 생성하기 때문에 필연적으로 이착륙 자세가 높다.

6.4.2 콩코드

초음속 여객기는 이전 두 모델이 퇴역한 후에도 수많은 설계 연구의 대상이 되었고 최근 그 결과가 가시화되기 시작했다. 이들 초음속 운송용 항공기(SST)가 퇴역하게 된 결정적 문제점은 과도한 음속폭음, 극도로 높은 배기가스, 높은 개발 비용과 과도한 연료 소모 등으로 인해 최신 아음속 여객기와 비교했을 때 속도를 제외하고 경쟁력에 한계가 있었기 때문이다. 초음속 비행에 관한 대부분 문제는 해결되었다.

대부분 초음속 항공기는 델타 날개 또는 변형된 형태의 델타 날개로 설계된다. 콩코드와 유로파이터 그리고 Tu-144 초음속 항공기는 전형적인 델타 날개이다. 델타 날개의 장점은 이륙할 때 상당한 항력을 낮출 수 있다. 또 다른 구조적 그리고 공기역학적인 이점은 고속으로 비행할 때 상대적으로 얇으면서도 충분한 견고함과 안정성을 유지할 수 있다. 콩코드 날개는 특이한 모양으로 항공기의 다른 영역보다 더 많은 관심의 대상이 되었다. 이 날개를 "ogival"이라 하고 특히 이착륙과 같은 저속 비행 중 더 큰 비행효율을 위해 최적의 델타 날개를 수정하려는 시도였다. 콩코드의 이륙이나 착륙 자세는 일반 아음속 비행기와 달리 자세가 상당히 높다. 반면 전형적인 아음속 항공기에는 저속 성능을 향상하기 위한 각종 플랩이라든지 앞전 슬랫과 같이 제어 및 트림을 위한 50개 이상의 고정 및 가동 1차 및 2차 제어장치가 있을 수 있다. 그러나 콩코드의 날개에는 오직 피치 및 롤 제어를 위한 전통적인 승강타와 도움날개 기능을 하는 6개의 엘리본(elevons)으로 대체하고 있다. 이 유형의 날개는 다른 날개 모양에서는 찾아볼 수 없는 고유의 특성이 있다. 이착륙의 저속에서부터 마하 2.0 이상의 속도 범위까지 고양력장치 없이 오직 자세의 변화만으로 넓은 범위의 받음각에서 충분한 양력으로 비행할 수 있으며, 전통적 아음속 날개가 실속할 수 있는 각도보다 훨씬 높은 받음각에서도 비행할 수 있다. 이것은 콩코드 날개에는 와류 양력(vertex lift)이라 하는 공기역학 기술이 적용되었다. 와류 양력은 콩코드 날개 특유의 부가 양력으로 저속 비행을 가능하게 했다.

(1) 와류 양력(vortex lift)

모든 후퇴익 날개끝에서는 와류(소용돌이)가 발생한다. 그러나 델타 날개는 속도가 느려짐에 따라 받음각이 증가하면서 델타 날개 앞쪽 앞전에서부터 약간의 와류가 형성되어 뒤로 이동하면서 점점 더 커져 결국 날개 윗면 전체를 뒤덮으면서 [그림6-41]과 같은 흡입력(suction)은 부가 양력의 원천이 된다. 실제 습한 대기 조건에서 이륙할 때 날개 위의 압력 감소로 인해 공기 중의 수증기가 응축되어 기체를 감싸고 있는 것을 볼 수 있다. 직선 날개에서는 공기흐름이 쉽게 분리되어 흐름의 불안정성으로 인한 진동이 발생한다. 그러나 콩코드 날개에서는 분리된 흐름이 한 쌍의 안정적인 원통형 모양의 소용돌이 형태로 회전한다. 이 같은 와류 회전 경향은 일반 날개의 속박 와류(bound vortex)와 달리 회오리바람처럼 원하는 안정적 공기 덩어리 형태의 와류이다.

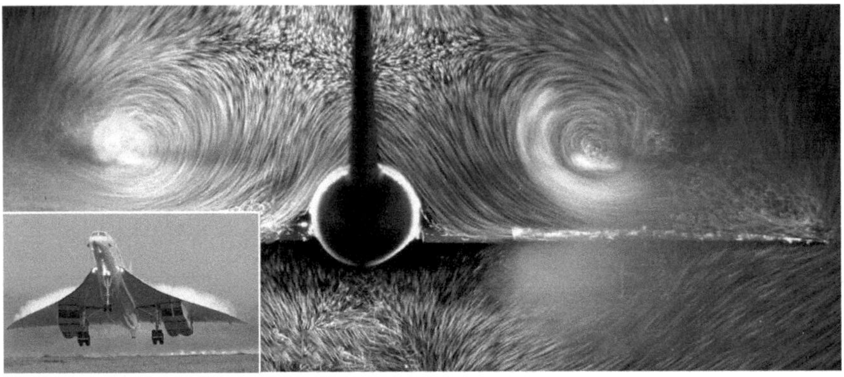

【그림6-41】 날개 풍동 시험에서 관찰한 날개 위에서 발생한 와류 흡입력이 위쪽으로 작용하면서 부가 양력을 발생시킨다. 이는 마치 강력한 회오리바람처럼 회전하고 있다. 습한 조건에서 이륙할 때 날개 위의 압력변화로 인해 주변 공기가 응축된 현상이 나타난다.

이 날개 설계에서 분리된 와류 흐름은 양력 생성의 대안적인 수단으로 활용된다. 와류의 회전속도가 매우 높아 중심부의 압력을 크게 낮춘다. 따라서, 날개 윗면 압력은 아랫면보다 낮고 양력발생은 변함이 없다. 이 낮은 압력은 날개 위의 와류 운동으로 인해 생성된다. 낮은 받음각일 때 양력발생은 일반 날개와 동일하지만, 높은 받음각일 때만 와류 양력의 효과가 발생한다. 콩코드의 날렵한 델타 날개는 정상 비행 조건에서 분리된 원통형 소용돌이 흐름에서 비행하도록 설계되었다.

앞전을 뾰쪽(sharp)하게 설계하는 것은 작은 받음각이나 중간 받음각에서도 흐름 분리(flow separation)를 유리하게 활용할 수 있기 때문이다. 이 원통형 흐름은 제어된 분리로 고려될 수 있다. 실제 실험에 따르면 받음각 40°까지도 실속 없이 양력을 발생하는 것으로 입증되었다. 이후 더 높은 받음각에서 와류가 흩어지기 시작하고 양력은 감소한다. 이 양력발생 방법이 초음속 비행에도 사용할 수 있으며 음속에 따른 항력급등을 지연시키는 이점도 있다. 이외에도 날개에 [그림6-42]와 같이 캠버, 드룹

【그림6-42】 콩코드는 이륙하여 마하 2의 속도로 대서양을 횡단했다. 목적지 공항에 진입하는 항공교통 흐름에 합류하기 위해 적정 속도로 낮추고, 다른 항공기와 함께 순서에 따라 착륙하기까지 전체 비행 단계를 유연하게 적용할 수 있어야 한다. 이를 위해 날개는 유려한 원뿔형이고 캠버, 드룹(droop) 그리고 비틀림 설계가 통합되었다.

(droop) 및 비틀림(twist) 등을 적용한 수많은 실험이 수행되었으며 이는 날개 위에서 형성되는 와류가 높은 받음각에서 안정적으로 유지되도록 보장하기 위함이다.

(2) 드룹 노즈(droop nose)

초음속 항공기는 음속을 돌파하는 순간 엄청난 폭음이 발생하여 지상에 피해를 줄 수 있다. 이 음속폭음은 민간 초음속 운송용 항공기의 인증 요건이 된다. 콩코드, Tu-144 그리고 X-59 QueSST는 공통으로 긴 노스로 설계되었다. 이것이 고속 및 초음속 비행에 따른 충격파 효과를 완화하기 위한 필수 설계이지만, 이착륙할 조종사의 지상 시야를 현저하게 제한하는 문제가 있다. 이를 위한 설계가 [그림6-11]과 같은 “droop nose”이다. 이 설계 개념은 조종실 앞쪽의 기수를 필요에 따라 아래로 숙일 수 있

【그림6-43】 콩코드 "드룹 노스"는 바이저와 함께 통합되었다. 이는 이륙을 위해 5°, 접근과 착륙을 위해 17.5°(생산 항공기에서 12.5°로 변경됨)까지 낮출 수 있다.

어 조종사의 시야를 확보할 수 있다.

콩코드의 기체는 초음속 비행에 적합하도록 총알처럼 유선형으로 설계함으로써 항력을 줄이고 공기역학적 효율을 높일 수 있다. 이는 아음속 여객기와 달리 초음속 비행을 위해 유선형 모양의 매우 길고 뾰족한 기수가 필수라는 것을 의미한다. 콩코드는 매우 높은 받음각으로 이착륙할 수 있고, 이것은 델타 날개가 저속에서 양력을 생산할 수 있기 때문이다. 이러한 높은 받음각에서 고정된 유선형 기수는 활주로를 완전히 가릴 수 있고, 조종사가 사용할 수 있는 시야는 약 5°에 불과하다. 이 기능은 델타 날개와 같은 매우 작은 가로세로비 날개에 제한적으로 사용된다.

(3) 엘리본

콩코드는 [그림6-44]와 같이 6개의 엘리본(elevons)으로 피치와 롤을 조종하고, 요(yaw)는 2개의 방향타로 조종된다. 다른 항공기와 달리 콩코드

【그림6-44】 콩코드는 전형적인 비행기와 달리 꼬리 조종면이 없다. 날개 뒷전을 따라서 좌우 3개씩(외측, 중간, 내측; 2개가 한 쌍) 총 6개의 엘리본이 배치되어 있다. 방향타 역시 상하로 2개가 장착되어 있다.

에는 꼬리날개 조종면이 없고, 날개의 뒷전을 따라 엘리본이 배치된다. 노스-업과 노스-다운(피치) 조종은 이들 6개의 엘리본(안쪽에 있는 한 쌍의 엘리본)으로 조종하고, 중간과 외측 엘리본 쌍은 도움날개로 작용한다.

(4) 무게와 균형

콩코드 항공기에서 무게중심은 초음속과 아음속 비행에 매우 중요하게 활용되었다. 이 항공기가 마하 2로 비행할 때 양력 중심은 대략 6피트(2m) 정도 이동할 수 있다. 높은 아음속으로 비행하는 운송용 항공기는 가동 스테빌레이터를 사용하거나 초음속 전투기는 전체작동 스테빌레이터를 사용해서 이를 제어한다. 그러나 콩코드는 항력으로 인해 허용되지 않으며 테일플레인이 없어 항공기를 제어하기 위한 별도의 장치가 거의 없다. 비행 속도에 따른 날개의 양력 중심 변화는 [그림6-45]와 같이 연료를 전방 트림 탱크에서 후방 트림 탱크(trim tanks)로 보내 적절한 균

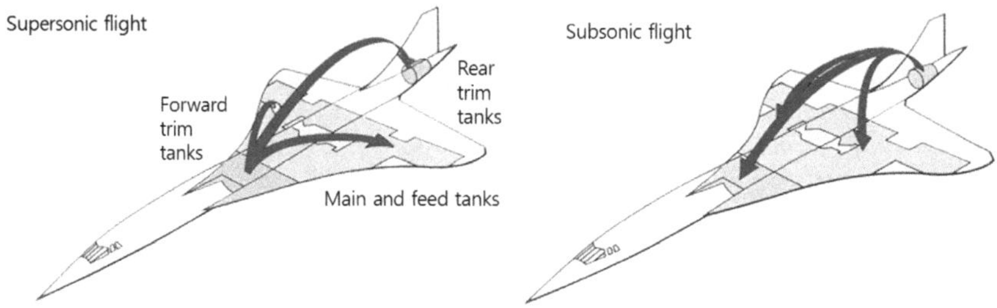

【그림6-45】 콩코드는 초음속 비행에 따른 세로 안정성을 연료를 앞뒤로 이송하는 방법으로 해결했다.

형을 유지한다. 순항 구간이 끝나는 지점에서 감속 연료는 날개 이송(wing transfer) 탱크로 보내고 전방 트림 탱크로 이송함에 따라 양력 중심은 다시 뒤로 이동하고 무게중심은 앞으로 이동한다. 항공기가 착지하면서 안정성 문제와 꼬리가 더 낮아지지 않도록 균형을 잡기 위해 전방 트림 탱크에 연료를 더 많이 펌핑하는 것이 일반적이다. 또한, 연료의 이송은 더 낮은 속도에서 추가 이점을 제공한다. 이착륙할 때 항공기 후방을 무겁게 만들어 엘리본 제어 표면이 아래쪽으로 이동하여 이 무게를 상쇄하고 느린 속도에서 날개의 캠버가 더 많은 양력을 생성한다.

또 다른 특징은 날개 중간 부분에 있는 좌우 탱크 사이에서 항공기를 가로질러 연료를 이동할 수 있다. 이를 통해 항력이 다시 증가하고 성능이 저하될 수 있는 엘리본에서 약간의 편향 없이도 항공기 롤 트림(roll trim)을 설정할 수 있다. 연료는 냉각 목적의 히트 싱크(heat sink; 잉여 열에너지 흡수하는 장치)로도 사용된다. 정속 구동 및 발전기, 엔진 윤활유 등의 공기 조화 시스템과 유압 시스템의 열은 열교환기를 통해 연료로 전달된다.

6.4.3 Tu-144

콩코드보다 약 2개월 정도 앞서 첫 비행을 한 투폴레프 Tu-144는 "콩코드스키"라는 별명이 붙을 정도로 콩코드와 유사한 면이 많다. 콩코드와 Tu-144 시제기 모두 "ogival" 델타 날개로 설계되었지만, Tu-144 날개에는 콩코드의 원뿔 캠버(conical camber)가 없다. 실제 생산된 Tu-144 날개는 [그림6-46]과 같이 스팬와이즈 및 코드와이즈 캠버를 포함한 이중 델타 날개(double delta wing)로 대체되었다. Tu-144의 한 특징은 조종실 바로 뒤에 커나드를 장착했다. 이 커나드는 저속에서 양력을 보조하는 기능을 할 수 있도록 고정 더블-슬롯 앞전 슬랫과 접이식 더블-슬롯(double-slotted) 플랩 형식이다. 델타 날개 항공기에서 엘리본이 아래로 움직이면서 양력이 증가하지만, 동시에 기수를 숙여지게 한다. 커나드는 기수-하향 모멘트를 상쇄함으로써 이 항공기의 착륙 속도를 170~180노트(315~333km/h)로 낮추었다.

【그림6-46】 이중 델타 날개는 높은 받음각에서 양력이 발생할 수 있고 실속을 지연시키는 특성이 있다. 이착륙하는 동안 안정성을 유지하기 위해서 더블-슬롯 플랩 형식 커나드를 장착하고 있다.

6.4.4 X-59 QueSST

2024년 초 시험비행 예정인 초음속 운송용 항공기 X-59 QueSST의 시제기 역시 [그림6-47]과 같이 이전 초음속 항공기 모델처럼 가늘고 날렵하지만, 음속폭음(sonic boom)을 최소화할 수 있도록 설계되었다. 이외에도 첨단 복합소재와 항공전자 기술 그리고 디스플레이 기술을 포함하여 한 단계 더 업그레이드된 동력장치를 탑재했다. 최신 터보팬 아음속 여객기는 뉴욕에서 파리까지 비행하는데 약 8시간이 걸리는 거리지만, QueSST는 대략 4시간 내외에 도착할 수 있을 것으로 예상한다. 음속폭음은 압력의 변화에 의한 것으로 항공기가 음속을 돌파할 때만 발생하는 것이 아니라 마치 보트가 지나간 흔적처럼 제트기에서 연속적으로 발생한다. NASA의 SST 개발의 중점은 더 조용한 항공기 개념으로 이것은 충격파를 최소화하는 설계 개념이다. 충격파에 따른 음속폭음을 완전히 피할 수는 없지만, 공기흡입구 및 조절 표면과 같이 압력이 모이는 표면을 최소화하고 동체의 길이에 확산시킴으로써 충격파 발생을 낮출 수 있게 설계되었다.

【그림6-47】 X-59 QueSST는 전체 길이는 약 100피트이다. 이 중 기수 부분이 대략 38피트를 차지할 정도로 기존 초음속 항공기보다 더 길고 전체적인 측면 높이 역시 낮다.

【그림6-48】 Lockheed Martin X-59 QueSST는 NASA에서 개발 중인 낮은 음속폭음의 초음속 항공기 시제기이다. 2016년 2월 개발이 시작되어 2024년 시험비행이 예정되어 있다. 고도 55,000피트(16,800m), 마하 1.42(시속 1,510km)로 순항하여 초음속 운송 감항성 평가를 위해 약 75 PLB(Perceived Level Decibel)의 음속폭음을 평가하게 될 것이다.

(1) 동체

X-59 동체에는 [그림6-48, 49]와 같이 조종실이 포함되고, 38피트 길이의 기수가 동체에 장착된다. 조종사는 X-59의 기수 위와 아래에 장착된 2대의 카메라에서 나오는 복잡한 컴퓨터 처리 이미지를 보여줄 4K 컴퓨터 모니터(XVS)를 통해 전경을 볼 수 있다. XVS는 [그림6-49]와 같이 안전 비행을 위해 추가적인 안전 보조 역할을 한다. X-59의 긴 기수는 돌출된 조종석 덮개를 허용하지 않기 때문에 새로운 시각 시스템이 필요했다. X-59의 독특한 모양은 공기가 비행기에서 점진적으로 멀어지도록 하는 방식으로 제어하여 궁극적으로 음속폭음을 최소화하는 설계에 중점을 두었다.

【그림6-49】 조종실에서 기수까지 대략 11m가 되기 때문에 조종사 시야가 제한된다. 이를 위해서 센서와 디지털카메라 등으로 조종실 화면으로 볼 수 있도록 설계되었다.

(2) eXternal Vision System (XVS)

외부 시각 시스템(external vision system; XVS)은 시계기상조건(VMC)에서 [그림6-49]와 같이 항공기 외부 구조(긴 기수와 낮은 프로파일)로 인해 볼 수 없는 곳을 여러 센서를 사용해 실시간으로 보여주는 시스템이다. XVS는 외부 센서, 주로 비디오 이미지로 구성되며, 윈드스크린을 증강하거나 대체하기 위한 하나 이상의 디스플레이를 통해 조종사에게 실시간으로 전경을 제공한다.

❖ Ogive or ogival(원뿔 탄두/기수)
탄도학 또는 공기역학에서 오기브는 주로 총알이나 다른 발사체의 원뿔 모양 탄두 또는 기수를 의미하는 것으로 원뿔 모양의 유선 모양은 공기 저항을 감소시킨다.

【단 원 복 습】

1. 고속 공기역학에서 중요시되는 속도의 기준은 무엇인가?
2. 음속 장벽의 본질은 무엇인가?
3. 음속은 고도에 따라 감소하는 경향이 있다. 그 이유는 무엇인가?
4. 공기밀도와 관련해서 아음속과 초음속의 차이점은 무엇인가?
5. 물체가 공기 속을 아음속으로 이동 중일 때 압력장은 어떻게 변화하는가?
6. 압력 파장의 불연속이 발생할 수 있는 조건은 무엇인가?
7. 에어포일에 흐르는 아음속과 초음속의 흐름 방향의 전환에 대해서 비교 설명하시오.
8. 아음속과 초음속 흐름 중 압력경고가 적절히 전달될 수 있는 흐름은 무엇인가?
9. 압축성 흐름과 비압축성 흐름의 근본적인 차이는 무엇인가?
10. 비압축성 흐름에서 흐름의 연속성은 무엇으로 유지되는가?
11. 압축성 흐름에서 흐름의 연속성은 무엇으로 유지되는가?
12. 비압축성 흐름의 수축-확산 과정에서 속도의 변화는 어떻게 이루어지는가?
13. 압축성 흐름의 수축-확산 과정에서 속도의 변화는 어떻게 이루어지는가?
14. 비압축성 흐름의 수축-확산 과정에서 밀도의 변화는 어떻게 이루어지는가?
15. 압축성 흐름의 수축-확산 과정에서 밀도의 변화는 어떻게 이루어지는가?
16. 마하수란 무엇인가?
17. 비행 마하수와 임계 마하수의 차이는 무엇인가?

18. 임계 마하수가 중요시되는 이유는 무엇인가?
19. 천음속 영역이 특별히 문제가 되는 이유는 무엇인가?
20. 재래식 에어포일에 마하수 1.0을 초과하는 흐름이 존재할 때 충격파는 어떠한 형태로 발달하는가?
21. 초음속 흐름 속에 놓인 물체에서 발생하는 충격파의 종류는 무엇이 있는가?
22. 경사충격파 뒤의 속도, 밀도 그리고 정압의 변화는 어떻게 되는가?
23. 경사충격파의 각도를 결정하는 자유공기흐름 마하수와 쐐기 각도의 관계를 설명하시오.
24. 경사충격파가 물체의 앞부분으로부터 떨어져 나갈 수 있는 조건은 무엇인가?
25. 수직충격파란 무엇인가?
26. 수직충격파의 특징 중 하나인 속도의 변화에서 수직충격파 뒤의 속도는 어떻게 변하는가?
27. 수직충격파 뒤의 흐름 방향, 정압 그리고 밀도는 어떻게 변하는가?
28. 전형적인 에어포일 윗면에서 수직충격파가 형성될 수 있는가? 그 이유는 무엇인가?
29. 수직충격파가 형성될 수 있는 3가지 형태에 대해서 간단히 설명하시오?
30. 높은 아음속에서는 충격파 발생에 관해서 주의해야 할 필요가 있다. 어떤 충격파가 발생할 수 있고 그 이유는 무엇인가?
31. 팽창파에서 속도는 어떻게 변화하는가?
32. 팽창파 뒤의 정압과 밀도는 어떻게 변화하는가?
33. 팽창파 역시 다른 충격파들과 같이 에너지를 소모하고 충격파로 간주할 수 있는가?
34. 초음속 흐름에서 양력 발생이 없음에도 강력한 공기의 저항으로 존재

할 수 있는 항력은 무엇인가?

35. 조파항력의 근본 원인은 무엇으로 볼 수 있는가?
36. "음속장벽"의 본질은 무엇인가?
37. 조파항력이 발생할 수 있는 속도 영역은 대략 얼마인가?
38. 에어포일 모양에서 조파항력에 가장 큰 영향을 미치는 요인은 무엇인가?
39. 초음속 흐름에서 파장의 종류와 강도를 결정하는 요인들은 무엇인가?
40. 초음속 영역보다 천음속 영역의 항력계수가 더 높은 이유는 무엇인가?
41. 조파항력을 감소시키기 위해서 적용된 기술들은 무엇이 있는가?
42. 고속 공기역학적 중심은 아음속 공기역학적 중심과 비교했을 때 어떠한 차이점이 있고 어떠한 문제점들을 유발할 수 있는가?
43. 공기역학적으로 "완벽 형태(perfect shape)"라고 할 수 있는 물체에 대해서 간단히 설명하시오.
44. 고속항공기의 날개가 뒤쪽에 배치되고 동체의 일부가 잘록하게 파인 설계를 어떻게 설명할 수 있는가?
45. 면적법칙이 항공기 설계에 적극적으로 활용되는 근본 이유는 무엇인가?
46. 충격파의 강도를 최소화하고 양력 발생에 기여할 수 있도록 하는 이상적인 에어포일 모양은 무엇인가?
47. 마하수가 증가할수록 기수 마하콘에서 벗어날 수 있는 후퇴각은 (증가, 감소)되어야 한다.
48. 마하콘이 좁아질수록 강력한 피칭 모멘트가 발생한다. 그 이유는 무엇인가?
49. 충격파 방지체란 무엇인가?
50. 고속 민간항공기에서 충격파 방지체가 적용된 사례는 무엇이 있는가?
51. 마하턱이란 무엇인가?
52. 마하턱과 아음속 일반 실속과는 어떠한 차이가 있는가?

53. 마하턱이 임계 마하수 이하에서 발생할 수 있는 원인은 무엇인가?
54. 충격파 방지체가 동체 안쪽으로 배열되는 이유를 마하턱과 연관하여 설명하시오.
55. 날개의 마하턱 현상을 더욱 악화시킬 수 있는 요소는 무엇이 있는가?
56. 날개의 후퇴각 설계가 마하턱 현상을 일으키는 원인은 무엇인가?
57. 초음속 전투기의 꼬리 조종면이 전체작동 혹은 스테빌레이터로 설계되어야 하는 이유는 무엇인가?
58. 강력한 전방 피칭 모멘트를 전체작동 수평 꼬리 조종면을 사용하는 것 외에 콩코드에서 적용된 사례는 무엇인가?
59. 항력발산 마하수란 무엇인가?
60. 항력발산 마하수의 주요 원인은 무엇인가?
61. 임계 마하수보다 높아질 때 에어포일 단면에서 양력계수와 항력계수는 어떻게 변하는가?
62. "버피팅(buffeting)"이란 무엇을 의미하는가?
63. 일반적으로 항력발산 마하수가 발생할 수 있는 한계점은 얼마인가?
64. 항력발산 마하수를 지연시키는 방법은 무엇이 있는가?
65. 천음속에서는 두꺼운 에어포일보다 얇은 에어포일이 더 유리하다. 그 이유는 무엇인가?
66. 천음속에서는 얇은 에어포일이 더 유리하지만, 구조적인 단점은 무엇이 있는가?
67. 가로세로비가 약 4 이하일 때 임계 마하수를 상당히 지연시킬 수 있는 장점이 있으나 아음속 유도항력 면에서는 어떠한 단점이 있는가?
68. 초임계 에어포일과 재래식 에어포일의 모양을 비교 설명하시오.
69. 초임계 에어포일을 사용함으로써 얻을 수 있는 장점은 무엇이 있는가?
70. 초임계 에어포일의 윗면은 상대적으로 평평하다. 이 설계가 갖는 의미

는 무엇이고 이로 인한 문제점을 어떻게 해결하는가?
71. 초임계 에어포일의 앞전 반경이 상대적으로 크다. 어떠한 장점이 있는가?
72. 두께비가 증가할 때 더 큰 충격파를 예상해야 하는 이유는 무엇인가?
73. 재래식 에어포일에서 임계 마하수에 도달했을 때 국지흐름의 최대 속도는 얼마가 될 수 있다는 것을 의미하는가?
74. 확실하게 초음속 영역에 접어들었을 때 아음속이 존재하는 구역은 어디인가?
75. 천음속으로 비행하는 항공기에서 "윙드롭"과 같은 롤링 모멘트가 발생할 수 있는 조건은 무엇인가?
76. 항력발산 마하수를 초과한 항력급등으로 인한 전형적인 현상들은 무엇인가?
77. 초음속 비행에 적합한 에어포일과 동체는 어떻게 설계되어야 하는가? 그 이유는 무엇인가?
78. 고도와 압축성의 관계가 중요시되어야 하는 이유는 무엇인가?
79. 초음속 항공기가 강력한 조종성을 갖추어야 하는 이유는 무엇인가?
80. 일반적으로 천음속 영역을 비행하는 대형 민간항공기가 최대 임계 마하수에서 비행할 수 있도록 설계되는 이유는 무엇인가?
81. 후퇴각 날개에 흐르는 합력 속도를 구성하고 있는 분력들은 무엇인가?
82. 자유공기흐름 속도보다 후퇴익에 작용하는 속도는 (빠르다, 느리다.) 그 이유는 무엇인가?
83. 후퇴익의 속도 분력에서 앞전에 평행하게 흐르는 분력은 에어포일의 공기역학적 특성에 영향을 주지 못한다. 그 이유는 무엇인가?
84. 공기역학적으로 후퇴익이 갖는 중요한 장점 중 하나는 무엇인가?
85. 후퇴각이 없는 날개와 후퇴각 60도를 갖는 날개를 비교했을 때 마하수 대비 항력계수는 어떠한 차이가 있는가?

86. 천음속 후퇴각 효과를 활용하기 위한 최소의 각도는 얼마인가?
87. 높은 마하수(M<2.0)에서 항력급등을 지연시키는 데 필요한 후퇴각은 대략 얼마인가?
88. 후퇴익에서 사이드슬립 상태가 되었을 때 세로 안정성을 회복하는 절차를 간단히 설명하시오.
89. 후퇴각과 테이퍼가 조화되었을 때 발생할 수 있는 단점 중 하나는 무엇인가?
90. 후퇴각 날개에서 날개끝 실속이 잘 발생할 수 있는 이유는 무엇인가?
91. 구조적으로 후퇴익의 문제점은 무엇이 있는가?
92. 대부분의 후퇴각 날개에서 앞전보다 뒷전의 후퇴각이 작다. 그 이유는 무엇인가?
93. 날개끝 실속이 항공기 운항에 미치는 영향은 무엇인가?
94. 날개길이방향 흐름은 무엇이고 날개에 미치는 영향은 무엇인가?
95. 날개길이방향 흐름을 제어하는 방법은 무엇이 있는가?
96. 음속폭음이 발생하는 직접적인 원인은 무엇인가?
97. 음속폭음이 이중 폭음으로 발생하는 것을 어떻게 설명할 수 있는가?
98. 음속폭음이 가장 크게 발생할 수 있는 조건은 무엇인가?
99. 정적 상태에서 음속폭음이 청취할 수 있는 대략적인 거리는 얼마인가?

#부록, 초음속 항공기 목록

(개발 완료 연도순)

Type	Country	Class	Role	Date	No.	Notes
Bell X-1	United States	Rocket	Experimental (Prototype)	1947	7	First supersonic aircraft
Douglas D-558-2 Skyrocket	United States	Rocket	Experimental (Prototype)	1948	3	Dual jet and rocket powerplants
Republic XF-91 Thunderceptor	United States	Turbojet	Fighter	1949	2	Interceptor
Douglas X-3 Stiletto	United States	Turbojet	Experimental (Prototype)	1951	1	
Bell X-2	United States	Rocket	Experimental (Prototype)	1952	2	
Convair F-102 Delta Dagger	United States	Turbojet	Fighter	1953	992	Interceptor
Convair F2Y Sea Dart	United States	Turbojet	Fighter (Prototype)	1953	5	Seaplane Interceptor
Mikoyan-Gurevich MiG-19	Soviet Union	Turbojet	Fighter	1953	2172	
Nord Gerfaut	France	Turbojet	Experimental (Prototype)	1953	2	
North American F-100 Super Sabre	United States	Turbojet	Fighter	1953	2294	
Fairey Delta 2	United Kingdom	Turbojet	Experimental (Prototype)	1954	2	First aircraft to pass 1,000 mph
Grumman F-11 Tiger	United States	Turbojet	Fighter	1954	200	
Lockheed F-104 Starfighter	United States	Turbojet	Fighter	1954	2578	Interceptor
McDonnell F-101 Voodoo	United States	Turbojet	Fighter	1954	807	

Type	Country	Class	Role	Date	No.	Notes
Mikoyan-Gurevich MiG-21	Soviet Union	Turbojet	Fighter	1955	11496	
Nord Griffon	France	Turbojet	Experimental (Prototype)	1955	2	Dual turbojet-ramjet powerplant
Republic F-105 Thunderchief	United States	Turbojet	Attack	1955	833	
Saab 35 Draken	Sweden	Turbojet	Fighter	1955	651	
Sukhoi Su-7	Soviet Union	Turbojet	Fighter	1955	1847	
Vought F-8 Crusader	United States	Turbojet	Fighter	1955	1219	
Convair B-58 Hustler	United States	Turbojet	Bomber	1956	116	Strategic.
Dassault MD.550 Mirage	France	Turbojet	Fighter (Prototype)	1956	1	Interceptor
Grumman F11F-1F Super Tiger	United States	Turbojet	Fighter (Prototype)	1956	2	
Sukhoi Su-9	Soviet Union	Turbojet	Fighter	1956	1150	Interceptor
English Electric Lightning	United Kingdom	Turbojet	Fighter	1957	337	Interceptor
North American F-107	United States	Turbojet	Attack (Prototype)	1957	3	
Saunders-Roe SR.53	United Kingdom	Rocket	Fighter (Prototype)	1957	2	Interceptor. Mixed powerplant (jet + rocket)
Avro Canada CF-105 Arrow	Canada	Turbojet	Fighter (Prototype)	1958	5	Interceptor
Dassault Mirage III	France	Turbojet	Fighter	1958	1422	Interceptor. Active only in Pakistan Air Force
McDonnell Douglas F-4 Phantom II	United States	Turbojet	Multirole	1958	5195	

Type	Country	Class	Role	Date	No.	Notes
North American A-5 Vigilante	United States	Turbojet	Fighter	1958	120	Interceptor
Shenyang J-6	China	Turbojet	Fighter	1958	4500	
Sukhoi Su-11	Soviet Union	Turbojet	Fighter	1958	108	Interceptor
Yakovlev Yak-28	Soviet Union	Turbojet	Multirole	1958	1180	
Convair F-106 Delta Dart	United States	Turbojet	Fighter	1959	340	Interceptor
Dassault Mirage IV	France	Turbojet	Bomber	1959	66	Strategic nuclear.
Myasishchev M-50	Soviet Union	Turbojet	Bomber (Prototype)	1959	1	
North American X-15	United States	Rocket	Experimental (Prototype)	1959	3	
Northrop F-5	United States	Turbojet	Fighter	1959	2603	
Northrop T-38 Talon	United States	Turbojet	Trainer	1959	1189	
Tupolev Tu-22	Soviet Union	Turbojet	Bomber	1959	311	Strategic bomber
Yakovlev Yak-27	Soviet Union	Turbojet	Patrol	1960	165	Reconnaissance
Tupolev Tu-28	Soviet Union	Turbojet	Fighter	1961	198	Interceptor
Bristol 188	United Kingdom	Turbojet	Experimental (Prototype)	1962	2	
Lockheed A-12	United States	Turbojet	Patrol	1962	15	Hybrid turbojet-ramjet engines. Reconnaissance
Sukhoi Su-15	Soviet Union	Turbojet	Fighter	1962	1290	Interceptor
EWR VJ 101	West Germany	V/STOL	Fighter (Prototype)	1963	2	
Lockheed YF-12	United States	Turbojet	Fighter (Prototype)	1963	3	Interceptor
BAC 221	United Kingdom	Turbojet	Experimental (Prototype)	1964	1	Fairey Delta 2 adapted to test the ogival delta wing for Concorde.

Type	Country	Class	Role	Date	No.	Notes
BAC TSR-2	United Kingdom	Turbojet	Attack (Prototype)	1964	1	Tactical Strike/Reconnaissance (TSR)
General Dynamics F-111 Aardvark	United States	Turbofan	Fighter	1964	563	Also bomber and EW Variants.
Helwan HA-300	Egypt	Turbojet	Fighter (Prototype)	1964	3	Interceptor
Lockheed SR-71 Blackbird	United States	Turbojet	Patrol, Reconnaissance	1964	32	Hybrid turbojet-ramjet engines.
Mikoyan-Gurevich MiG-25	Soviet Union	Turbojet	Fighter	1964	1186	Interceptor
North American XB-70 Valkyrie	United States	Turbojet	Bomber (Prototype)	1964	2	Strategic bomber
Dassault Mirage IIIV	France	V/STOL	Fighter (Prototype)	1965	2	
Nanchang Q-5	China	Turbojet	Attack	1965	1300	
Aeritalia F-104S	Italy	Turbojet	Fighter	1966	246	Interceptor
Chengdu J-7	China	Turbojet	Fighter	1966	2400	
Dassault Mirage F1	France	Turbojet	Fighter	1966	720	
Dassault Mirage F2	France	Turbofan	Attack	1966	1	
Northrop HL-10	United States	Rocket	Experimental (Prototype)	1966	1	
Sukhoi Su-17	Soviet Union	Turbojet	Attack	1966	2867	
Dassault Mirage 5	France	Turbojet	Attack	1967	582	
Dassault Mirage G	France	Turbojet	Multirole (Prototype)	1967	3	
Mikoyan-Gurevich MiG-23	Soviet Union	Turbojet	Fighter	1967	5047	
Saab 37 Viggen	Sweden	Turbofan	Fighter	1967	329	
Sukhoi Su-24	Soviet Union	Turbojet	Attack	1967	1400	
SEPECAT Jaguar	Multi-National	Turbofan	Attack	1968	543	

Type	Country	Class	Role	Date	No.	Notes
Tupolev Tu-144	Soviet Union	Turbojet	Transport	1968	16	SST
Concorde	Multi-National	Turbojet	Transport	1969	20	SST. Anglo-French
Martin Marietta X-24A	United States	Rocket	Experimental (Prototype)	1969	1	
Shenyang J-8	China	Turbojet	Fighter	1969	408	Interceptor
Tupolev Tu-22M	Soviet Union	Turbofan	Bomber	1969	497	Strategic bomber
Grumman F-14 Tomcat	United States	Turbofan	Fighter	1970	712	
Mikoyan MiG-27	Soviet Union	Turbojet	Attack	1970	1075	
Nanchang J-12	China	Turbojet	Fighter (Prototype)	1970	8	
Northrop M2-F3	United States	Rocket	Experimental (Prototype)	1970	1	
IAI Nesher	Israel	Turbojet	Multirole	1971	61	
Mitsubishi F-1	Japan	Turbofan	Fighter	1971	77	
Yakovlev Yak-38	Soviet Union	V/STOL	Fighter	1971	231	
McDonnell Douglas F-15 Eagle	United States	Turbofan	Fighter	1972	1723	F-15E Strike Eagle multirole variant
Sukhoi T-4	Soviet Union	Turbojet	Bomber (Prototype)	1972	1	Strategic bomber
IAI Kfir	Israel	Turbojet	Multirole	1973	220	
Dassault-Breguet Super Étendard	France	Turbojet	Attack	1974	85	
General Dynamics F-16 Fighting Falcon	United States	Turbofan	Fighter	1974	4604	
Northrop YF-17	United States	Turbojet	Fighter (Prototype)	1974	2	
Panavia Tornado	Multi-National	Turbofan	Multirole	1974	992	

Type	Country	Class	Role	Date	No.	Notes
Rockwell B-1 Lancer	United States	Turbofan	Bomber	1974	104	Strategic bomber
Mikoyan MiG-31	Soviet Union	Turbofan	Fighter	1975	519	Interceptor
Mitsubishi T-2	Japan	Turbofan	Trainer	1975	90	
Mikoyan-Gurevich MiG-29	Soviet Union	Turbofan	Fighter	1977	1600	
Sukhoi Su-27	Soviet Union	Turbofan	Fighter	1977	680	
Dassault Mirage 2000	France	Turbofan	Fighter	1978	601	
McDonnell Douglas F/A-18 Hornet	United States	Turbofan	Multirole	1978	1480	
Dassault Mirage 4000	France	Turbofan	Fighter	1979	1	
Tupolev Tu-160	Soviet Union	Turbofan	Bomber	1981	36	Strategic bomber
Northrop F-20 Tigershark	United States	Turbofan	Fighter (Prototype)	1982	3	
Atlas Cheetah	South Africa	Turbojet	Fighter	1986	60	
British Aerospace EAP	United Kingdom	Turbofan	Experimental (Prototype)	1986	1	Developed into the Eurofighter Typhoon
Dassault Rafale	France	Turbofan	Multirole	1986	240	
IAI Lavi	Israel	Turbofan	Multirole (Prototype)	1986	3	
Sukhoi Su-33	Soviet Union	Turbofan	Fighter	1987	35	
Yakovlev Yak-141	Soviet Union	V/STOL	Fighter (Prototype)	1987	4	
Saab JAS 39 Gripen	Sweden	Turbofan	Multirole	1988	271	
Xian JH-7	China	Turbofan	Multirole	1988	270	
AIDC F-CK-1 Ching-kuo	Taiwan	Turbofan	Fighter	1989	137	
Sukhoi Su-30	Soviet Union	Turbofan	Multirole	1989	630	

Type	Country	Class	Role	Date	No.	Notes
Northrop YF-23	United States	Turbofan	Fighter (Prototype)	1990	2	
Rockwell-MBB X-31	United States	Turbofan	Experimental (Prototype)	1990	2	
Sukhoi Su-34	Soviet Union	Turbofan	Attack	1990	147	
IAI Nammer	Israel	Turbofan	Fighter	1991	1	Prototype
Eurofighter Typhoon	Multi-National	Turbofan	Fighter	1994	661	
Boeing F/A-18E/F Super Hornet	United States	Turbofan	Multirole	1995	608	
Mitsubishi F-2	Japan	Turbofan	Multirole	1995	98	
Sukhoi Su-37	Russia	Turbofan	Fighter (Prototype)	1996	1	
HESA Azarakhsh	Iran	Turbojet	Fighter (Prototype)	1997	6	
Lockheed Martin F-22 Raptor	United States	Turbofan	Fighter	1997	195	
Sukhoi Su-47	Russia	Turbofan	Fighter (Prototype)	1997	1	
Chengdu J-10	China	Turbofan	Multirole	1998	548	
Shenyang J-11	China	Turbofan	Fighter	1998	440	
Boeing X-32	United States	V/STOL	Experimental (Prototype)	2000	2	
Lockheed Martin X-35	United States	Turbofan	Experimental (Prototype)	2000	2	
Mikoyan Project 1.44	Russia	Turbofan	Experimental (Prototype)	2000	1	
HAL Tejas	India	Turbofan	Multirole	2001	40	
KAI T-50 Golden Eagle	Republic of Korea	Turbofan	Trainer	2002	200	
CAC/PAC JF-17 Thunder	Multi-National	Turbofan	Multirole	2003	164	Pakistan-China
Guizhou JL-9	China	Turbojet	Trainer	2003		

Type	Country	Class	Role	Date	No.	Notes
Boeing EA-18G Growler	United States	Turbofan	Patrol	2004	172	Electronic warfare (EW)
HESA Saeqeh	Iran	Turbojet	Fighter	2004	12	
Hongdu L-15	China	Turbofan	Trainer (Prototype)	2005		
Lockheed Martin F-35 Lightning II	United States	Turbofan	Multirole	2006	820	
Mikoyan MiG-35	Russia	Turbofan	Fighter	2007	8	
Sukhoi Su-35	Russia	Turbofan	Multirole	2008	154	
Shenyang J-15	China	Turbofan	Fighter	2009	50	
Sukhoi Su-57	Russia	Turbofan	Fighter (Prototype)	2010	16	
Chengdu J-20	China	Turbofan	Fighter	2011	50	
Shenyang J-16	China	Turbofan	Multirole	2012	172	
Shenyang J-31	China	Turbofan	Multirole (Prototype)	2012		
Mitsubishi X-2 Shinshin	Japan	Turbofan	Experimental (Prototype)	2016	1	
AIDC T-5 Brave Eagle	Taiwan	Turbofan	Trainer	2020	4	
KF-21 Boramae	Republic of Korea	Turbofan	Multirole	2022		

[From Wikipedia, the free encyclopedia, 2023]

【참고문헌】

1. Aircraft Engines and Gas Turbines, Kerrebrock J L, 1992, MIT Press
2. Fighter Combat, Shaw R L, 1988, United States Naval Institute
3. Gas Turbine engine, Cohen H, Rogers G F C, 2001, Longman
4. Gas Turbine engines, R.E Birch, 2001, Jeppesen
5. Jet Engines, Klaus Hunecke, 1997, Airlife
6. Jet Propulsion, Nicholas Cumpsty, 2009, Cambridge University Press
7. The Jet Engine, 1986, Rolls Royce
8. Aeronautics and Space, FAA, Department of Transportation
9. Advisory Circular 61-107B, Aircraft Operations at Altitudes Above 25,000 Feet Mean Sea Level or Mach Numbers Greater than .75, U.S. Department of Transportation
10. Air Training Command Manual 51-3, Aerodynamics for Pilots, 15 November 1963
11. Davies, D. P., Handling the Big Jets, Civil Aviation Authority, Kingsway, London, 1985
12. FAA-H-8083-15, Instrument Flying Handbook, U.S. Department of Transportation, Flight Standards Service, 2001.
13. Gulfstream G450 Aircraft Operating Manual, Revision 35, April 30, 2013.
14. ICAO Doc 7488/3-Manual of the ICAO Standard Atmosphere, ICAO, 1993

http://howthingsfly.si.edu/
http://i.imgur.com/
http://miningandconstruction.com/
http://www.aerodynamics4students.com/
http://www.concordesst.com/
https://eaglepubs.erau.edu/
https://en.wikipedia.org/
https://forums.flightsimulator.com/

https://i.stack.imgur.com/
https://i.ytimg.com/
https://interestingengineering.com/
https://st4.depositphotos.com/
https://static.wixstatic.com/
https://www.aircraftrecognitionguide.com/
https://www.heritageconcorde.com/
https://www.noaa.gov/
https://www.tec-science.com/
https://sciencenotes.org/
https://st4.depositphotos.com/
https://www.noaa.gov/
http://miningandconstruction.com/
https://www.tec-science.com/
https://www.researchgate.net/
https://forums.flightsimulator.com/
http://howthingsfly.si.edu/
https://interestingengineering.com/
http://www.aerodynamics4students.com/
https://eaglepubs.erau.edu/
https://upload.wikimedia.org/wikipedia/commons/
https://aerotoolbox.com/
https://faqbite.com/
https://www.heritageconcorde.com/
Wikimedia
Wikipedia